祁漫塔格矽卡岩型铅锌多金属矿床两期成矿特征与成矿预测

——以牛苦头大型铅锌多金属矿床为例

王书来　吴锦荣　王新雨　简成卫　李　旺
杨新雨　李加多　王　幻　李双龙　刘　明　著

北　京
冶　金　工　业　出　版　社
2025

内容提要

本书在多年来牛苦头铅锌多金属矿床研究和勘查成果的基础上，对成矿特征和成矿作用进行了系统研究总结。本书共9章，主要运用成矿地质体与成矿地质作用、成矿构造与成矿结构面、成矿地球化学特征的研究方法，初步查明了矿区“两期岩浆作用—断裂活动—成矿阶段—矿化分带”之间的成因关系与规律性，揭示了两期成矿作用成矿地质体地球化学性质、蚀变分带与成矿机制，构建了牛苦头矿区两期叠加成矿模式。另外，基于对成矿规律的新认识，开展了矿区深、边部找矿预测，为牛苦头矿区矿产勘查提供了科学依据。

本书可供矿床学研究、找矿勘查、矿山地质等方面的地质科研人员、地质勘探技术人员、高等院校相关专业师生参考。

图书在版编目（CIP）数据

祁漫塔格矽卡岩型铅锌多金属矿床两期成矿特征与成矿预测 ：以牛苦头大型铅锌多金属矿床为例 / 王书来等著. -- 北京 ：冶金工业出版社，2025. 8. -- ISBN 978-7-5240-0339-7

Ⅰ. P618. 401

中国国家版本馆 CIP 数据核字第 2025U8J539 号

祁漫塔格矽卡岩型铅锌多金属矿床两期成矿特征与成矿预测
——以牛苦头大型铅锌多金属矿床为例

出版发行	冶金工业出版社	**电　话**	(010)64027926
地　址	北京市东城区嵩祝院北巷 39 号	**邮　编**	100009
网　址	www. mip1953. com	**电子信箱**	service@ mip1953. com

责任编辑　张熙莹　刘璐璐　美术编辑　彭子赫　版式设计　郑小利
责任校对　梅雨晴　责任印制　范天娇
北京捷迅佳彩印刷有限公司印刷
2025 年 8 月第 1 版，2025 年 8 月第 1 次印刷
787mm×1092mm　1/16；12. 25 印张；297 千字；188 页
定价 148. 00 元

投稿电话　(010)64027932　投稿信箱　tougao@cnmip. com. cn
营销中心电话　(010)64044283
冶金工业出版社天猫旗舰店　yjgycbs. tmall. com
（本书如有印装质量问题，本社营销中心负责退换）

前　言

位于柴达木盆地西南缘的祁漫塔格成矿带东西长约550 km，大地构造上属于东昆仑造山带西段。牛苦头铅锌多金属矿床位于祁漫塔格成矿带中部，是一个以铅锌矿化为主的矽卡岩型矿床，为青海祁漫塔格成矿带近年来发现和探明的大型铅锌矿床。该矿床已探明 Cu+Pb+Zn 储量大于100万吨，是东昆仑西部铅锌铜铁多金属成矿带重要的组成部分，最具有成矿潜力的铅锌多金属矿床。该区早古生代为前寒武纪基底基础上裂陷，晚古生代为前陆盆地，到早中生代（印支期）形成陆缘火山岩浆岩带。

祁漫塔格成矿带经历了长期构造演化及多期次不同性质岩浆的侵入，成矿地质条件十分优越，矿产资源丰富，尤其是在阿达滩断裂一带，存在着一条以铁为主，并包含铜、铅、锌、锡、钨、钼、钴、金等多金属成矿带。根据不完全统计，该区已发现包括虎头崖铅锌矿床、野马泉铁铅锌多金属矿床、四角羊—牛苦头铅锌矿床等大、中型矿床多处。从成矿类型来看，该区的矿床多数与岩浆活动关系密切，多为华力西期或印支期中酸性岩浆岩与地层接触交代形成的岩浆-热液矽卡岩型矿床。其在近岩体及接触带以矽卡岩型矿化为主，如四角羊—牛苦头铅锌铁铜矿床；远离岩体以热液（或层控矽卡岩）型矿化为主，如维宝铅锌铜多金属矿床。从成矿时代来看，主要有华力西期和印支期两期。其中华力西期的成矿包括白干湖斑岩-矽卡岩型锡钨矿床、乌兰乌珠尔斑岩型铜矿床、夏日哈木岩浆型铜镍矿床，以及野马泉铁铅锌矿床和四角羊—牛苦头铅锌多金属矿床。印支期成矿更为普遍，包括维宝铅锌多金属矿床、虎头崖铅锌矿床、卡尔却卡铜多金属矿床、野马泉铁多金属矿床及牛苦头铅锌矿床（M1矿段）。

相对于祁漫塔格地区其他矿床，牛苦头铅锌多金属矿床的研究工作开展较晚，研究程度也相对较低。2017—2023年北京矿产地质研究院承担了“青海省牛苦头铅锌多金属矿床成矿规律与成矿预测研究”科技专项课题，在系统收集以往地质调查、勘查资料的基础上，总结矿床地质特征和找矿标志，研究两期岩浆岩性质及与成矿之间的关系，总结成矿规律及成矿地质特征。取得的主要成果和认识：(1) 创新性提出牛苦头矿区两期岩浆成矿作用，并建立了矿区两期成矿作用找矿模式；(2) 确认早期成矿岩体为华力西期晚泥盆世二长花岗岩，晚期成矿岩体为印支期斑状花岗岩；(3) 明确了牛苦头矿区的关键控矿要素，总结了矿区成矿规律和找矿标志，圈定了找矿远景区 3 处和找矿靶区 5 处，进行了成矿潜力评价。经初步工程验证，该矿区新增 Cu+Pb+Zn 16.5 万吨金属量的找矿突破。

本书前言、第 8 章和第 9 章由王书来、王新雨执笔，第 1 章由吴锦荣、王新雨执笔，第 2 章由吴锦荣、王新雨、简成卫执笔，第 3 章和第 4 章由王新雨执笔，第 5 章由王新雨、吴锦荣、简成卫、李加多执笔，第 6 章由王新雨、杨新雨、王幻、刘明执笔，第 7 章由王新雨、李旺、杨新雨、王幻、李双龙执笔。英文翻译王幻、耿健，审校王新雨。书中插图、照片、表格由杨星、刘杨、陈昱进行编辑和审核，王书来、王新雨对全书进行了审核、修改和定稿。

本书的研究工作得到了中国铝业集团有限公司领导江少卿、汪东波的指导；中色紫金地质勘查（北京）有限责任公司祝新友教授，北京矿产地质研究院有限责任公司王玉往教授、龙灵利教授、李德东教授、解洪晶教授，青海鸿鑫矿业有限公司技术中心张坤高级工程师、罗文成高级工程师、蔡亚伟工程师、郭天军工程师、王艳工程师、李岩工程师等，在本书编写工作中给予了各种支持和帮助。在此，谨向所有给予帮助的单位和个人深表谢意！

作　者

2025 年 2 月

目　　录

1　区域地质背景

1.1　区域地质概况

1.1.1　区域成矿地质背景

东昆仑造山带位于青藏高原北部，南邻巴颜喀拉，北邻柴达木盆地，其西端以阿尔金大型走滑断裂为界（许志琴 等，2007），东西延伸约 1500 km，大致以乌图美仁一带为界，又可以划分为东、西两段。从北到南，被昆中缝合带、昆南缝合带分为 3 个构造单元（莫宣学 等，2007）。

东昆仑造山带西段，系指青海省西部部分，西北以阿尔金走滑断裂为界，东北以昆北断裂为界，南部以昆中断裂为界，为夹持于三者之间的楔状区域（见图 1-1）。区内赋矿地层以元古宇蓟县系狼牙山组、奥陶纪滩间山群和晚石炭世缔敖苏组为主，长城纪小庙岩群中低级变质岩系中也有部分矿床发育。构造上受昆北和昆中两断裂控制，主构造线为 NW 或近 EW 向，褶皱以 NWW 向的复式背斜和向斜构造为主，NWW 向、NW 向和近 EW 向断裂的交会聚合部位是成岩成矿的有利部位。区内岩浆侵入活动频繁，主要以泥盆纪—二叠纪和三叠纪为主（见图 1-1）。泥盆纪—二叠纪侵入岩呈 NWW 向展布，岩性包括闪长岩、花岗闪长岩、二长花岗岩等。三叠纪侵入岩呈 NW 向展布，与区内矽卡岩型多金属矿床关系密切（毛景文 等，2012；赵一鸣 等，2013；见图 1-1），主要岩性有闪长岩、石英二长岩、花岗闪长岩、二长花岗岩和斑状花岗岩等。

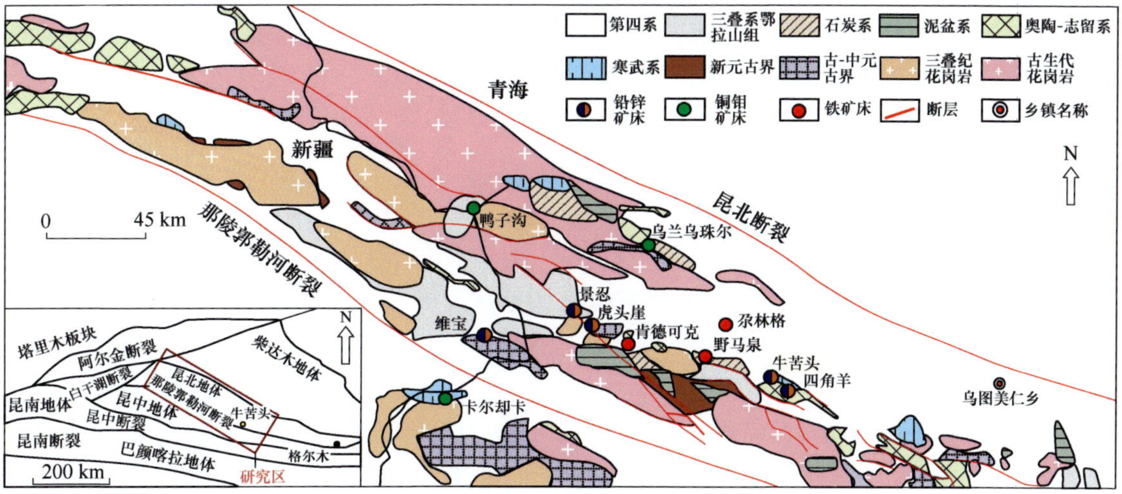

图 1-1　祁漫塔格区域构造与地质矿产简图

（修编自徐国端，2010；Zhong et al.，2018a；王新雨 等，2023）

祁漫塔格成矿带东西长约550 km，位于东昆仑造山带的西段，东起乌图美仁乡一带，西至阿尔金断裂，北与柴达木盆地相邻，西南与库木库里盆地相接（见图1-1）。作为东昆仑造山带的西延部分，祁漫塔格成矿带经历了类似的构造演化阶段。

牛苦头矿区地处柴达木地块南缘祁漫塔格成矿带的中部。该区为在前寒武纪基底上于早古生代形成的裂陷、晚古生代前陆盆地、印支期陆缘火山岩浆岩带，是东昆仑西部铅锌铜铁矿成矿带的重要组成部分（见图1-1）。

祁漫塔格地区经历了长期构造演化及多期次不同性质岩浆的侵入，因而具备优越的成矿地质条件，矿产资源丰富，尤其是在阿达滩断裂一带（见图1-1），存在着一条以铁矿为主，包含铜、铅、锌、锡、钨、钼、钴、金等诸多矿种的祁漫塔格成矿带。根据不完全统计，该区发现矿床19处，矿点上百处，其中大型矿床4处（虎头崖铅锌矿床、野马泉铁铅锌多金属矿床、四角羊—牛苦头铅锌矿床、尕林格铁矿床），中型矿床4处（肯德可克铁多金属矿床、它温查汉铁矿床、它温查汉西铁多金属矿床和那陵郭勒河西铁多金属矿床）及大量正在勘查和工作的矿（床）点（李荣社 等，2007，2008；李世金 等，2008，2009；王盘喜 等，2021；姚磊，2015；姚磊 等，2015，2016）。近年来，随着找矿突破战略行动的开展，自然资源部将该区列为青海祁漫塔格铁铜多金属矿整装勘查区，更加凸显出该区具备良好的成矿地质条件和值得期待的找矿前景。

从成矿类型来看，该区的矿床多数与岩浆活动关系密切，为中酸性岩浆与地层接触产生的岩浆热液-矽卡岩型矿床。其在岩体和地层接触部位以岩浆接触交代矽卡岩型矿床为主（如四角羊—牛苦头铅锌铁铜矿床），在远离岩体接触带多以热液与地层接触引发层控（热液）矽卡岩型矿化（如维宝铅锌铜多金属矿床）为主。

从成矿时代来看，主要有华力西期和印支期两期。其中，华力西期成矿作用形成的矿床包括白干湖斑岩-矽卡岩型锡钨矿床、乌兰乌珠尔斑岩型铜矿床、夏日哈木岩浆型铜镍矿床，以及野马泉矿区的M13矿段和四角羊—牛苦头矿区M1、M4矿段的铅锌多金属矿床。印支期成矿作用形成的矿床包括维宝铅锌多金属矿床、虎头崖铅锌矿床、卡尔却卡铜多金属矿床、尕林格铁多金属矿床、野马泉M4-M5铁多金属矿床及肯德可克铁多金属矿床（周建厚 等，2014；杨宝凯 等，2019；于娟 等，2020）。

1.1.2　区域地球物理特征

1.1.2.1　航磁特征

航磁测量结果反映区域内磁场为一个低值区。在大面积负磁场背景中出现了一些幅值为10~80 nT、最高可达182 nT的正异常或局部异常，该区域内航磁异常分布呈明显的带状航磁异常（编号009），异常带展布方向呈NWW向，与区域构造线基本一致。

1.1.2.2　地磁特征

1∶5万磁法测量（青海省地质调查院，2008）在区域范围内圈定出规模不等的磁异常63处，异常群带分布与区内的地质构造带走向大体一致，这些异常在分布上也与航磁异常基本吻合，明显呈带状分布，且多集中成群出现，尤其是与区内矿床（点）的产出密切相关。

1.1.3 区域地球化学特征

1.1.3.1 成矿带地球化学特征

成矿带内 Bi、Sb、Cd、W、Mo、Sn、Sr、Au、Rb、Pb、Hg、U、Cu、F、Be、Ba、Th、As 等元素呈高含量、高背景分布，Li、Co、B、Ni 在矿带内呈低背景、低含量分布，矿带内 Sn 的平均含量背景高居首位。

据已有的区带地球化学资料得知，区带内分异系数 $C_{\text{Ⅵ}}>1.00$ 的元素分别为 Hg、Au、Sb、Bi、Cd、As，$C_{\text{Ⅵ}}=0.5\sim1.0$ 的元素有 Bi、Cd、As、W、Ag、Pb、Sn、Cu、Cr、Ca、Mg、Mo、Ni、B、Zn，$C_{\text{Ⅵ}}=0.3\sim0.5$ 的元素有 Th、Co、Ba、F、Zr、V、Rb、Sr、Nb、La、Mn、U、Ti。

通过对该成矿带内元素聚类分析，该区带内主要可分为 7 个族群。Ⅰ族群：Ag、Pb、As、Cd、Zn、Bi、W、Mo、Ba，主要反映了区内主要成矿和矿化元素因子；Ⅱ族群：B、Co、V、Fe、Ti、Cr、Ni、Cu、Mn，该元素组合主要反映了区内与基性-超基性岩地层有关的元素组合；Ⅲ族群：Sb，为独立因子；Ⅳ族群：Hg，为独立因子；Ⅴ族群：Be、Rb、K、La、Th、Nb、Y、Zr、P、Sn、Si、F、Li、U，显示了区内与中酸性侵入岩、稀有稀土有关的元素组合；Ⅵ族群：Au；Ⅶ族群：Sr、Ca、Mg，对应区内碳酸盐分布地层。

1.1.3.2 区域地球化学异常特征

东昆仑成矿带内分布有祁漫塔格 Cu、Sn、Bi、Pb 异常带，卡尔却卡—香日德 W、Y、As、Au、Cu、Mo、La 异常带，布喀达坂峰—布青山 Au、Sb、Cu、As、La、Sn 异常带，鄂拉山—苦海 Au、As、Sb、Cu、Ag、Hg、Cd 异常带，玛沁—玛曲 As、Sb、Au、Hg、Ni、W、Cd、La 异常带，其中牛苦头矿区主要位于祁漫塔格 Cu、Sn、Bi、Pb 异常带（见图 1-2）。

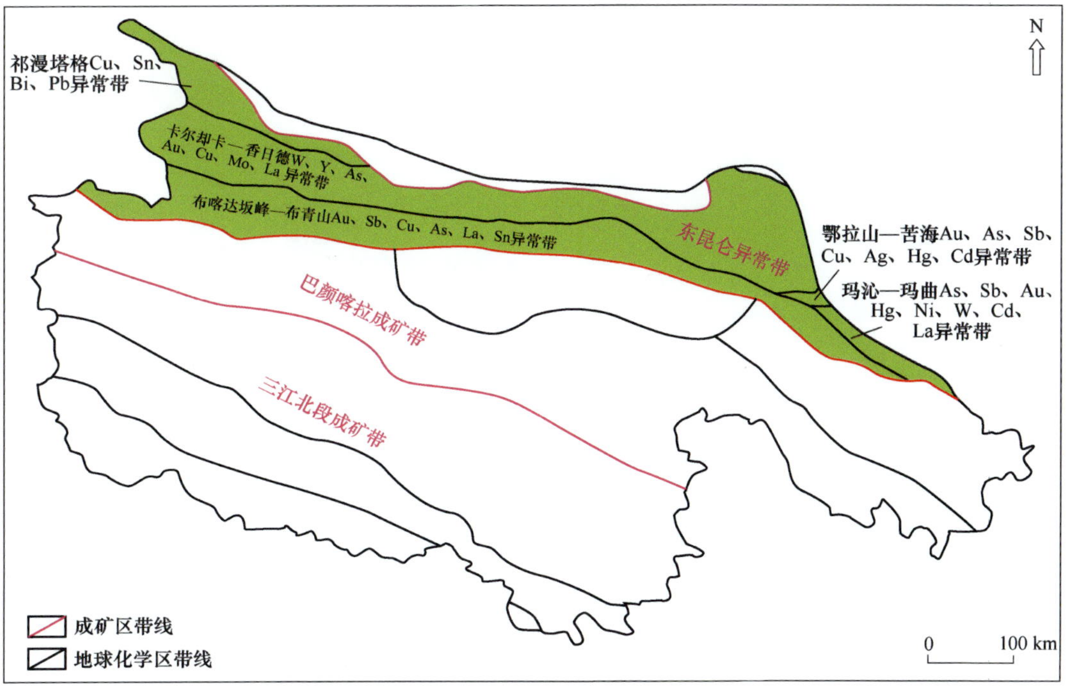

图 1-2 东昆仑成矿带地球化学异常带示意图

祁漫塔格 Cu、Sn、Bi、Pb 异常带的主要综合异常有乌兰乌珠尔 AS108$_{甲1}$SnCu（La、Be、Pb、W、As、Nb）、肯德可克西 AS13$_{甲1}$Sn（Cd、Mo、Bi、W、Ag、Cu）、牛苦头沟 AS147$_{甲1}$Sb（Cd、Hg、Rb）、球路嗅窝头 AS148$_{甲1}$Cu（Cr、Sn、Y、Th、Co、Pb、F）、骆驼峰北 AS159$_{甲1}$Cu（Au、Cd、Co、As、Cr、Ni、V）等，成矿元素为 Cu、Pb、Zn、Sn、Co、Fe。

该异常带主要受乌兰乌珠尔花岗岩岩基及其南、北两个断裂和蛇绿岩带的约束控制，多金属元素异常主要与华力西-印支期中酸性侵入岩密切相关，部分铅锌（银）异常与晚三叠世陆相火山岩有关。已发现矿床（点）有茫崖镇鸭子沟铅锌矿床、虎头崖铜铅锌矿床、乌兰乌珠尔铜矿床、景忍东铜锡矿床、肯德可克铁铅锌矿床、四角羊—牛苦头铅锌铁铜多金属矿床、野马泉铁多金属矿床、球路嗅窝头东南钴矿点等，主要矿床类型为矽卡岩型、热液型（张爱奎 等，2016）。

1.2　区域构造与岩浆演化

祁漫塔格地区经历了复杂的构造演化历史（见图 1-3）。总体上，祁漫塔格地区所属的东昆仑地区经历了前寒武纪基底形成演化阶段—新元古代中期塔里木-柴达木陆块南部产生始特提斯洋阶段—寒武纪早期东昆仑始特提斯洋形成扩张阶段—早奥陶世开始持续俯冲消减阶段。早奥陶世俯冲阶段由南向北，形成北侧祁漫塔格山早古生代末期火山岩浆弧；吐木勒蓝闪石片岩及其伴生辉长岩（^{40}Ar-^{39}Ar 年龄（445±2）Ma）及东昆仑东段高钾埃达克岩的出现表明晚奥陶世俯冲结束，碰撞开始。志留纪祁漫塔格山岛弧的北侧发生局部伸展作用，形成祁漫塔格北部的白干湖组弧后复理石盆地、阿牙克及白干湖等A 型花

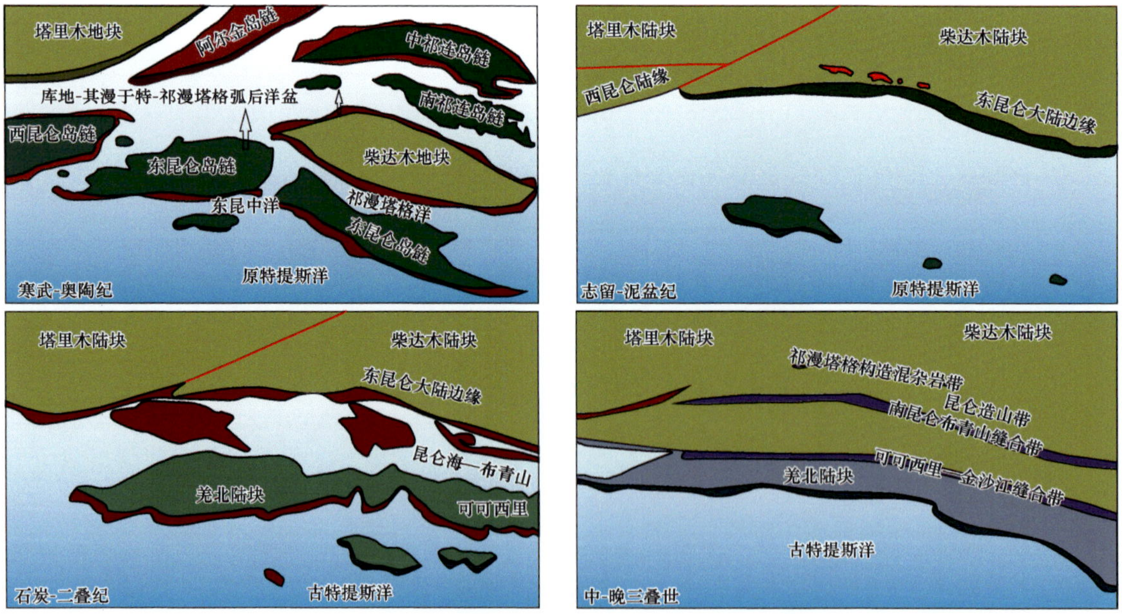

图 1-3　祁漫塔格地区地质构造演化与成矿作用示意图

（据高永宝，2013）

岗岩侵入。早-中泥盆世祁漫塔格地区出现大量过铝质花岗岩（I型或S型）及喀雅克登塔格等地区闪长岩-辉长岩，说明东昆仑在早-中泥盆世已由碰撞挤压环境转向后碰撞的伸展环境，并同时发育岩浆混合作用。区域下、中泥盆统的缺失及上泥盆统牦牛山组磨拉石建造的广泛发育，表明东昆仑在晚泥盆世已进入造山后崩塌阶段（Zhong et al.，2017，2018a，2018b）。

石炭纪至二叠纪，该区下沉成为陆表海，形成了一套以碳酸盐岩为主体的浅-滨海相沉积物，代表了相对稳定环境；晚二叠世至早三叠世，由于古特提斯洋向北俯冲，陆壳碰撞并发生叠覆或陆内造山，该时期（260~240 Ma）为俯冲造山期，发育一套岛弧岩浆岩；中-晚三叠世为碰撞-后碰撞阶段，结合区域发育的约格鲁杂岩体角闪辉长岩（(239±6) Ma）、石灰沟外滩角闪辉长岩（(226.4±0.4) Ma）、玛兴大坂壳幔混合特征二长花岗岩（(218±2) Ma）、尕林格壳幔混合花岗岩（(228.3±0.5)~(234.4±0.6) Ma）、虎头崖含暗色包体花岗闪长岩（(224.3±0.6) Ma；高永宝，2013）、卡尔却卡含暗色包体花岗闪长岩（(234.1±0.6) Ma）及暗色包体（(234.4±0.6) Ma）等，指示东昆仑地区在239~212Ma地幔底侵古老陆壳形成壳源花岗质岩浆，同时幔源基性岩浆与壳源花岗质岩浆发生不同程度的混合（张爱奎，2012；高永宝，2013）。于沟子碱性花岗岩（(210.0±1.0) Ma）的发育指示碰撞结束，进入造山后伸展阶段。白垩纪末期至古近纪初期的古新世，印度大陆向北东碰撞，使喀喇昆仑陆块向北下插，昆仑造山带南部向南推覆；到古近纪中期始新世，塔里木陆块向南下插，昆仑造山带北部向北推覆，使昆仑造山带形成V字形造山结构，形成了巍峨的山系，古近纪晚期渐新世推覆构造区域停止。阿尔金走滑断裂是NW向的推覆构造区域趋于结束才开始活动的（何书跃 等，2009；高永宝，2013）。

2 矿区与矿床地质概况

2.1 矿区地质概况

牛苦头矿区地处祁漫塔格成矿带中部，西侧与野马泉矿区相邻，北侧与尕林格铁多金属矿区相接，东南为四角羊矿区（刘建楠，2018；王新雨 等，2020）。各矿段以原磁异常区编号为序，可分为 M1、M4 和 M2 三个矿段（见图 2-1；坚润堂 等，2017；赵献昆 等，2018；祝新友 等，2019；Wang et al.，2023）。矿区出露地层相对简单，主要为上奥陶统滩间山群（O_3t）、上石炭统缔敖苏组（C_2d）和第四系，构造则以 NWW 为主，地表出露岩浆岩主要形成于华力西期和印支两期，华力西期岩浆岩主要为晚泥盆世闪长岩、花岗闪长岩、石英闪长岩系等，广泛分布于矿区范围内；印支期晚三叠世岩浆岩分布范围小，仅分布于 M1 矿段附近，出露岩性主要为辉长闪长岩和斑状花岗岩。各矿段矿化特征略有差异，其中 M1 和 M4 矿段以磁黄铁矿矿化、闪锌矿矿化、方铅矿矿化、磁铁矿矿化和黄铜矿矿化为主，伴随大规模的矽卡岩化。

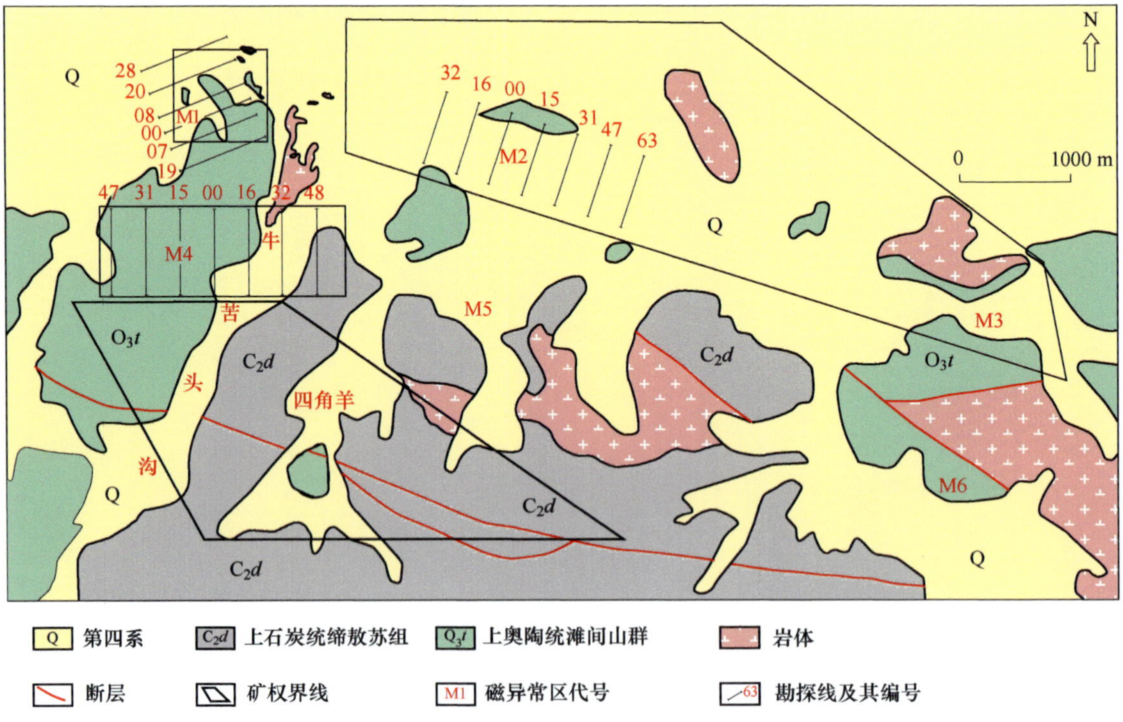

图 2-1 牛苦头矿区地质简图

（据 Wang et al.，2023）

2.1.1 地层

矿区出露地层主要为上奥陶统滩间山群、上石炭统缔敖苏组及第四系砂砾覆盖层。

2.1.1.1 上奥陶统滩间山群

区域上奥陶统滩间山群岩性为一套以轻变质为主的碎屑岩、火山岩及碳酸盐岩，与下伏元古宇金水口群下岩组呈断层接触，与上覆上泥盆统契盖苏群多呈角度不整合接触，展布方向为NWW—SEE向。其岩性从老至新可划分为3个组合，下部为碎屑岩夹火山岩组，主要为一套轻变质的千枚岩、砂岩、板岩、变砂岩、岩屑砂岩夹变砾岩、结晶灰岩、大理岩及火山岩；中部为火山岩组，主要为深绿色蚀变玄武岩、安山玄武岩夹少量板岩及灰质白云岩，其中火山岩枕状构造、杏仁构造、气孔状构造发育；上部为碳酸盐岩组，灰白色、深灰色大理岩、结晶灰岩，夹二云母石英片岩、含铁石英岩。在牛苦头矿区，主要出露中部岩组，岩石较为坚硬，常形成陡峻雄伟的山峰，在M2矿段岩石产状较为陡倾，火山岩夹层中通常含有滩间山群特有的火山岩（如安山玄武岩、玄武岩等），与下伏碎屑岩夹火山岩组和上覆碳酸盐岩组均呈整合接触；上部岩组为碳酸盐岩岩组，岩性为条带状大理岩、结晶灰岩夹少量结晶片岩及含铁石英岩，与下伏火山岩组呈整合接触，与上覆上泥盆统契盖苏群火山岩组呈不整合接触。

2.1.1.2 上石炭统缔敖苏组

上石炭统缔敖苏组在矿区出露面积较大，主要分布在矿区南、东侧（见图2-1），为一套浅海相碳酸盐沉积，地层总体倾向NNE，主要岩性为大理岩、结晶灰岩。矿区施工的钻探工程中均揭露了该套地层，地层西侧薄、东侧厚，一般为140 m，最厚为183 m，地层总体北倾，产状为10°~20°∠20°~50°。该地层与深部岩体接触，接触带附近形成了赋矿矽卡岩，说明该套地层与深部中酸性岩体是该区形成矽卡岩型铅锌铁多金属矿床的主要容矿岩系。

（1）生物碎屑灰岩：呈灰-灰白色，具生物碎屑结构，块状、条带状构造，方解石含量为70%~90%（见图2-2）。

（2）结晶灰岩：灰-灰白色，一般为微细粒结构，块状、条带状构造。方解石含量约为80%。

（3）大理岩：一般呈灰白-肉红色，为钻探工程中揭露的主要岩性，为中到粗粒粒状变晶结构，方解石80%~95%。岩石呈块状、条带状构造，为主要成矿围岩（见图2-3）。

(a) (b)

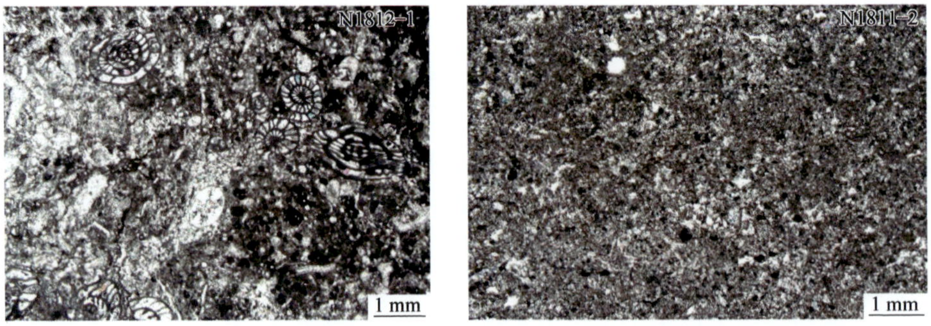

(c)　　(d)

图 2-2　牛苦头矿区灰岩标本及镜下特征

（a）灰岩岩芯标本；（b）灰岩手标本；（c）含化石灰岩镜下特征，单偏光；（d）微晶灰岩镜下特征，单偏光）

(a)　　(b)

(c)　　(d)

图 2-3　大理岩岩芯标本及镜下特征

（a）纯白大理岩岩芯箱；（b）粉红色大理岩手标本；（c）大理岩镜下特征，单偏光；（d）大理岩镜下特征，单偏光

2.1.2　构造

该区经历了区域 NWW 向和 NE 向构造的长期继承活动，以及新的次级构造。矿区现今的构造格架主要是以 NWW 向和 NE 向为主的两组断裂（见图 2-4）。

矿区 NWW 向断裂主要受区域 NWW 向昆北断裂和那陵郭勒河断裂影响，在牛苦头矿区表现明显，通过遥感影像构造解译，可见 NWW 向（F1、F2 等断裂）构造（见

图 2-4)。在 M2 矿段通过钻孔工程，深部也有见到。

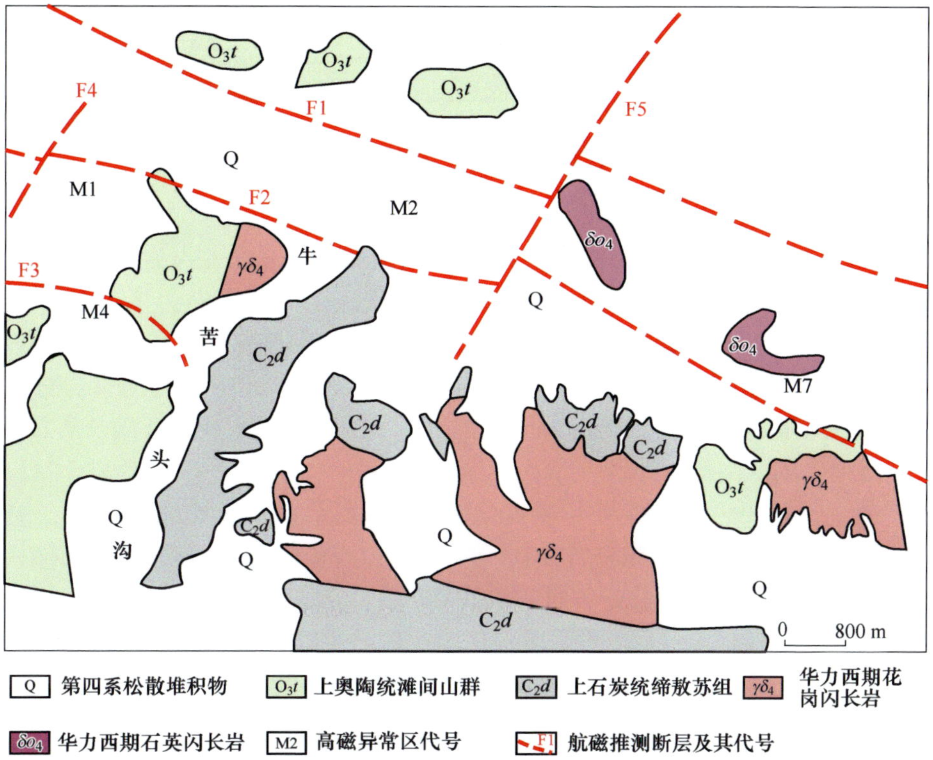

图 2-4　牛苦头矿区地质与构造简图

NWW 向的 F1 和 F2 断裂为主要控矿构造，其次为 F3 断裂。

2.1.2.1　F1 断裂

F1 断裂主要沿 M2 矿段和 M5 矿段呈 NWW 向展布，断层 NW 延长约 2000 m，穿过整个矿区。F1 断裂总体倾向 NE，倾角为 45°~52°不等，主要表现为一套压扭性、逆冲性质的高角度逆冲断层。根据 M2 矿段 00 线剖面测量，F1 断裂自南南西至北北东方向断裂逐渐变深，变化范围分别为 99~115 m（ZK0005）、289.64~293.6 m（ZK0009）、333.5~345.2 m（ZK0004）、366.79~389.77 m（ZK0008）、400.7~432.59 m（ZK0006）的和 519.31~538.53 m（ZK0007），断层宽度为 5~30 m，为逆冲性质。断裂带内主要表现为压扭性构造角砾岩及构造断层泥。向 NWW 向延续到 24 线以外，向 SEE 向被后期 NE 向断层 F5 断裂错断。

2.1.2.2　F2 断裂

F2 断裂自 M2 矿段沿 NW 向从 M1 矿段北穿过，NW 延长约 2000 m，向 NW 延伸断续穿过整个矿区。有 NWW—SEE 向的 F4 断裂错断 F2 断裂，矿区内岩体和矿化受 NWW—SEE 向的断层和 NE—SW 向的断层控制。另外，F2 断裂在 M2 矿段深部也有体现，如在钻孔 ZK0003、ZK0002、ZK0001 底部地层与岩体接触部位均显示该断层的存在。

2.1.2.3　F3 断裂

F3 断裂是由低空航磁解译出来的线性构造，表现为 M4 矿段北侧磁异常等值线急剧变化，断裂带沿线在地表表现为陡崖和密集的劈理带。推测 F3 断裂发育在 M4 矿段成矿前，为 M4 矿体的导矿构造。

此外，NE 向断裂最为显著的 NE—SW 向构造就是大量 NE—SW 向冲沟，如矿区内的四角羊沟和牛苦头沟。尤其是牛苦头沟西侧可见构造活动造成的拖曳构造，进一步证实了这种 NE—SW 向构造的实际存在性。

2.1.3　岩浆岩

牛苦头矿区岩浆岩类型复杂，岩性主要有花岗闪长岩、二长花岗岩、细粒花岗岩、正长花岗岩、细粒花岗岩、石英闪长岩等。岩浆岩时代主要分为两期：华力西期中-晚泥盆世和印支期晚三叠世。华力西期中-晚泥盆世岩浆岩分布于整个牛苦头—四角羊矿区，岩性主要为花岗闪长岩、二长花岗岩、闪长岩、辉长闪长岩，其中花岗闪长岩分布面积最广。印支期晚三叠世岩浆岩主要岩性为斑状花岗岩、二长花岗岩及辉长闪长岩，主要分布于 M1 矿区露天采场西南侧。

与成矿有关的主要为华力西期中-晚泥盆世花岗闪长岩、二长花岗岩（M1、M4 和 M2 矿段）和印支期晚三叠世斑状花岗岩（M1 矿段），为成矿岩体。两期成矿岩体在岩石学、矿物学、年龄，以及主要地球化学特征上均存在明显差异。

2.2　矿区地球物理特征

牛苦头地区目前已开展了 1∶10000 的地面磁法、航空磁法、重力、高频大地电磁（MT）及音频大地电磁法（AMT）等多种物探测量，物探资料较为丰富，本节重点叙述岩石磁性特征、低空航磁测量及电磁测量成果等地球物理特征。

2.2.1　岩矿石物性特征

2.2.1.1　*岩矿石磁性特征*

标本磁性测量结果（见表 2-1）显示，磁（黄）铁矿石具较强磁性，能引起较强磁异常；多金属矿石具中等磁性，能引起上百个纳特斯拉的磁异常，其他各类岩石均显示弱磁性。从而表明，引起工作区磁异常的地质体主要为铁多金属矿石。矽卡岩型多金属矿石具中等磁性，能引起中等强度的磁异常。而其他各类岩石均显示弱磁性。

表 2-1　牛苦头矿区磁性参数测量结果

标本名称	块数	磁化率 K ×10^{-6}			剩磁强度 J_r ×10^{-6}		
		最小值	最大值	平均值	最小值	最大值	平均值
磁（黄）铁矿石	11	6048	42886	14862	7638	46347	15758
矽卡岩	16	112	773	274	10	127	50
多金属矿石	43	122	1097	625	21	303	121
灰岩	73	7	320	75	18	277	64
大理岩	41	12	93	69	6	47	21

续表 2-1

标本名称	块数	磁化率 K ×10^{-6}			剩磁强度 J_r ×10^{-6}		
		最小值	最大值	平均值	最小值	最大值	平均值
（含碳质）大理岩	31	4	324	81	16	154	60
矽卡岩化大理岩	20	99	744	207	20	275	76
角岩	30	35	592	226	8	204	122
花岗（闪长）岩	69	26	347	179	6	148	61

2.2.1.2　岩矿石电性特征

通过对牛苦头矿区典型标本的分析（见表 2-2），可以看出，矿区内涉及岩性电性参数特征情况为：（1）灰岩整体具有超高阻、低极化的物性特征；（2）碳质灰岩整体中低阻、中低极化的物性特征；（3）含矿化（主要为黄铁矿化等）碳质灰岩整体具有低阻、超高极化的物性特征；（4）大理岩整体具有超高阻、低极化的物性特征；（5）角岩整体具有中阻、低极化的物性特征；（6）含矿化角岩整体具有的中低阻、高极化物性特征；（7）矽卡岩整体具有低阻、中低极化物性特征；（8）矿体（铅锌铜）整体具有超低阻、超高极化的物性特征；（9）花岗岩整体具有高阻、低极化的物性特征；（10）含矿化花岗岩整体具有中高阻、中极化的物性特征。

表 2-2　岩矿石电性参数

岩　性	标本块数/块	极化率 η/%		电阻率 ρ/Ω·m	
		变化范围	几何平均值	变化范围	几何平均值
灰岩	61	0.06~2.75	1.02	958~15292	4294
碳质灰岩	60	0.34~9.10	4.20	22~4501	653
碳质灰岩（含矿化）	9	7.99~15.66	10.49	14~264	62
大理岩	61	0.18~2.82	1.06	545~21620	4784
角岩	60	0.29~4.86	1.58	220~3016	1206
角岩（含矿化）	8	5.81~9.70	7.42	522~2419	1027
矽卡岩	30	0.62~6.72	2.35	13~1094	179
矿体	46	2.38~64.86	15.15	2~47	19
花岗岩	60	0.41~3.74	1.25	228~15811	2545
花岗岩（含矿化）	3	2.63~7.42	4.11	1085~3079	1897

2.2.2　航磁异常特征

矿区 1∶10000 低空航磁测量共圈出 9 个航磁异常，M1、M2、M4 航磁异常对应前人所做的地磁高磁异常，编号相同，重新圈定 M3、M5、M6、M7、M8、M9 6 个航磁异常，各磁异常特征及异常源性质见表 2-3，磁异常的平面位置如图 2-5 所示。

表 2-3　磁异常特征及异常源性质

异常编号	异常特征	异常性质推断
M1	位于测区西侧，异常中心 ZK1808 孔附近，异常幅值：204nT； 异常形态：椭圆形，NW 向，长轴方向 950 m，短轴方向 450 m	推断异常为磁（黄）铁矿与多金属矿有关的矽卡岩引起
M2	位于测区中部，异常幅值：186 nT； 异常形态：呈 NW—SE 向长轴状分布，长度约为 4 km，宽度约为 1 km，异常等值线南密北疏	推断异常由磁（黄）铁矿与多金属矿有关的矽卡岩引起。磁异常南边梯度大，北边平缓，磁性体向北倾斜，倾角较大。 异常幅值为 80～160 nT，小于 M1 异常的幅值，推断磁性体埋深大于 M1 的
M3	位于 M1 北侧，南北两侧有两个异常中心； 异常幅值：110 nT 和 104 nT； 异常形态：近等轴状，轴向分别为 NE、NW，南北长度为 1.5 km，东西宽度为 0.6 km	根据 M2 和 M5 异常空间展布关系，推断三者为同一磁性体所引起，即磁（黄）铁矿与多金属矿有关的矽卡岩引起的。与 M2、M5 同处一 F1 断裂边界
M4	位于测区南西部，异常幅值：166 nT； 异常形态：异常范围较大，呈长方形，轴向 EW，东西长度为 2.3 km，南北宽度为 1 km，异常等值线北密南疏	推测磁性源为隐伏磁性体。 异常分布范围和该区见矿钻孔范围一致，推断异常为深部磁黄铁矿、磁铁矿与多金属矿有关的矽卡岩引起，并且在次级构造边缘处，所以是成矿有利地段
M5	位于 M1 异常东北 0.7 km； 异常幅值：170 nT； 异常形态：呈椭圆形，NW 向展布，长轴方向 620 m，短轴方向 350 m，等值线北疏南密	该异常在 M2 和 M3 异常之间，三者在一条带上。异常位于 M1 异常东北侧，推断之间有一条断层将他们分割，所以推断为磁黄铁矿与多金属矿有关的矽卡岩引起。推断异常体北倾
M6	M5 异常东北方向； 异常幅值：105 nT； 异常形态：NW 向分布，长度约为 1.8 km，宽度约为 0.7 km，异常等值线北密南疏	该异常和 M2 异常在同一条带上，与 M2 异常同源，所以推测异常应为隐伏的岩体中夹入磁黄铁矿或矽卡岩引起的，应为下一步的工作靶区
M7	位于测区东南角；异常幅值：77 nT； 异常形态：异常 NW 走向，长度约为 1 km，宽度约为 0.8 km	对应前人工作定名的“M3 异常”。磁化率，推断 3 种岩性（矽卡岩化大理岩、强磁性、闪长岩）能引起呈多峰值带状异常，是引起该区磁异常的主要岩性。该异常由两个异常峰值组成，推断之间有断层
M8	位于测区东边界，在测区内未封闭； 异常幅值：166 nT； 异常形态：近北西走向，长度约为 0.9 km	异常位于地质构造北侧边缘处，分布于华力西期花岗闪长岩岩体与碳酸盐岩接触部位局部地段发现有铁多金属矿
M9	位于测区北边界东部，主体已出测区； 异常幅值：78 nT； 异常形态：异常 NW 走向	化极后磁异常主体北移出测区外，异常源性质有待进一步工作确定

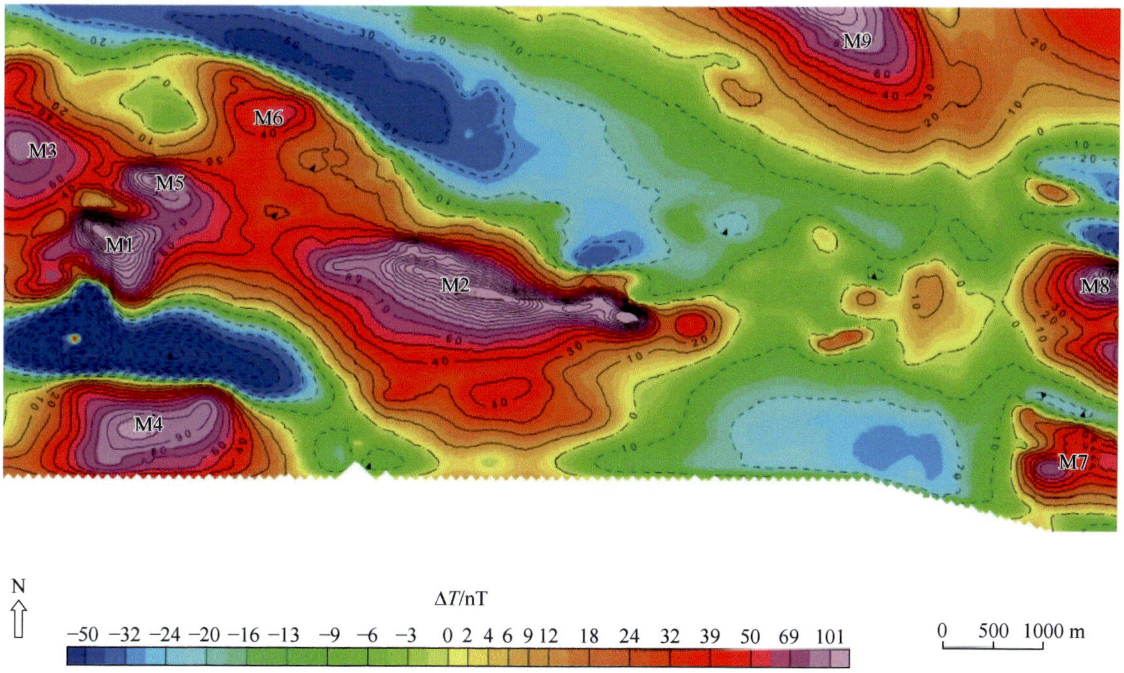

图 2-5 牛苦头矿区化极后 ΔT 航磁异常图

2.2.3 电磁异常特征

昆明勘察设计研究院 2015 年在牛苦头矿区实施物探高频大地电磁测量工作，完成 3 条高频大地电磁测深剖面，即 MT1、MT2 和 MT3 剖面。

牛苦头 MT1 剖面中，M4 矿段的低阻特征非常明显，M1 矿段也显示较好的低阻异常。其中，M1 与 M4 矿段之间的大断裂也有明显的电性显示，进而使 M1 较 M4 矿段的异常更加明显。M1 矿段受南、北两个断裂控制，部分地段沉积岩厚度较大，沉积岩中可能含有少量碳质，导致低阻区间的范围明显大于矽卡岩矿体范围。

MT2、MT3 两条剖面皆通过 M2 矿段。MT3 布置在 0 号勘探线剖面上，MT 测量等值线叠合地质剖面后，很清晰地显示低阻凹陷与地质剖面上由两个断裂夹持的地层完全对应，断裂间的地层、含矿地质体均显示低电阻特性，深度达 1000 m，与钻勘验证的结果完全一致。

2.3 矿区地球化学特征

1∶5 万地球化学测量（青海省地质矿产勘查院，2000 年）结果表明，在牛苦头西侧野马泉矿区外围 M13 磁异常区圈定出两处综合异常，分别为 $AS_{01乙2}$Pb、Ag(Zn、Sn、Hg) 综合异常和 $AS_{04乙2}$Pb(Ag、Hg、Sn) 综合异常。

2.3.1 $AS_{01乙2}$Pb、Ag(Zn、Sn、Hg) 综合异常

$AS_{01乙2}$Pb、Ag(Zn、Sn、Hg) 综合异常位于牛苦头矿区西侧约 5 km 处，主要发育有 Ag、

Pb、Zn、Sb、Hg 等元素异常组合，按异常规模强度排序为：Pb(15.1)>Ag(4.86)>Hg(3.8)>Sb(0.99)>Zn(0.93)，其中 Pb 的峰值为 3120×10^{-6}，Ag 的峰值为 2200×10^{-9}（见表 2-4）。

表 2-4　矿区外围 AS01 综合异常参数

参数			Ag	Pb	Zn	Sb	Hg
含量	$\times10^{-6}$	峰值	2.2	3120	500	25	56
		均值	0.43185	402.1	323	13.9	19.6
		标准离差	0.7849	1019.7	250.31	11.19	12.03
衬度			5.4	10.1	3.59	1.98	1.5
异常强度			4.86	15.1	0.93	0.99	3.8
面积			0.9	1.5	0.26	0.5	2.5
异常下限			80	40	90	7	13
浓度分级			3	3	3	2	2

该异常出露地层为缔敖苏组灰白色灰岩夹大理岩，异常东部见华力西期花岗闪长岩侵入碳酸盐岩中，局部见有强烈的矽卡岩化。异常浓集部位处于接触带处，各元素密切套合，峰值点重叠，异常所处的矽卡岩中 Pb、Ag 含量均高于周边围岩，推测异常由矿区矽卡岩带 Pb、Ag 矿化引起。

2.3.2　$AS_{04乙2}$Pb(Ag、Hg、Sn) 综合异常

$AS_{04乙2}$Pb(Ag、Hg、Sn) 综合异常位于牛苦头矿区东南侧约 8 km 处，其主要元素为 Pb，特征组合元素为 Pb、Ag、Hg、Sn。异常规模较小，强度较低，各元素套合程度一般，浓度分级不明显。异常区内未发现明显有利矿化蚀变的线索，找矿前景一般。

2.4　矿床地质特征

牛苦头 M1、M4 和 M2 3 个矿段的矿床地质存在明显差异性，以下将对三个矿段的矿床地质特征进行详细叙述。

2.4.1　M1 矿段

M1 矿段共圈出 50 条铅锌铁多金属矿体，均为隐伏矿体（见图 2-6）。矿体埋深较浅，平均标高 3470~3570 m，目前已地表露采。已知矿体均产于（底部）花岗闪长岩岩体上部与滩间山群接触带附近的矽卡岩中，构成厚度为 50~80 m 的含矿带。最下部矿体靠近花岗闪长岩岩体，最上部矿体距岩体之上约 80 m。矿体类型绝大多数为铅锌矿体，其次有磁黄铁矿、磁铁矿、黄铜矿和毒砂矿体。矿体多为透镜状或似层状，倾向 NE 向，倾角较缓，为 0°~22°。矿体主要产于层状矽卡岩中，铅锌矿的赋矿矽卡岩类型主要为锰钙铁

辉石黑柱石矽卡岩、锰钙辉石矽卡岩、石榴子石锰钙铁辉石矽卡岩、黑柱石锰钙辉石矽卡岩及黑柱石矽卡岩。矿石以条带状、稠密浸染状、块状构造为主。矿石结构主要为不均匀粒状变晶结构、柱状变晶结构。矿石矿物主要为方铅矿、闪锌矿、磁黄铁矿、磁铁矿，其次为黄铁矿、毒砂、斑铜矿、蓝铜矿等。脉石矿物主要包括石榴子石、辉石、黑柱石、阳起石、透闪石、石英、方解石、绿泥石等。矿体规模不一，矿体的平均品位：Pb 为 1.43%，Zn 为 3.19%，Cu 为 0.33%，S 为 23.82%。M1 矿段最主要的矿体有 1 号矿体和 5 号矿体。

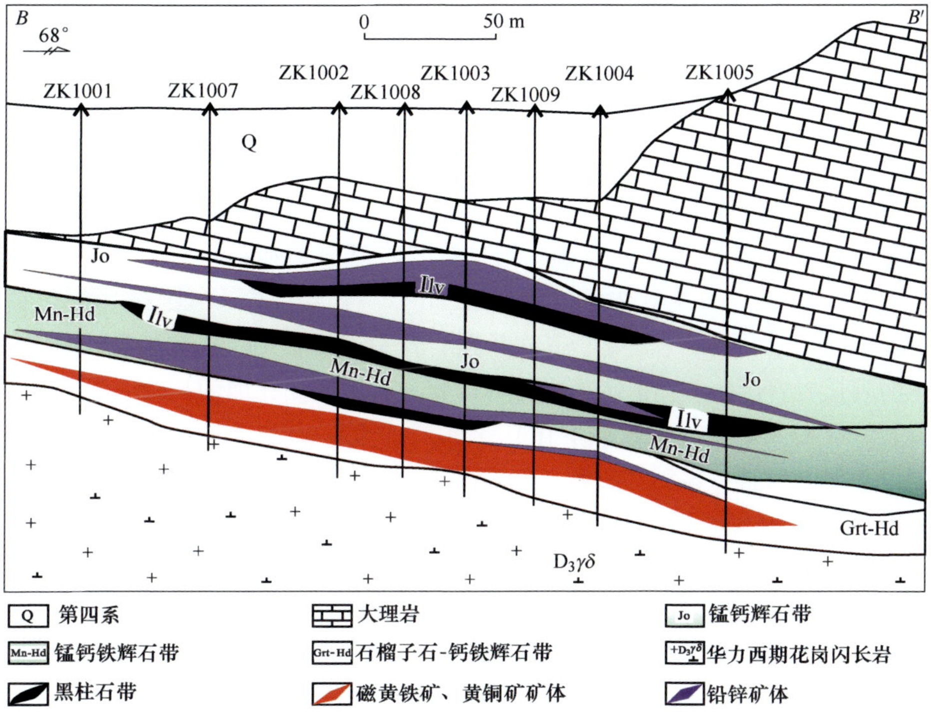

图 2-6 M1 矿段 10 号勘探线剖面图

1 号矿体：由 24、22、20、18、16、14、12、10、08、06 号勘探线上的 50 个钻探工程控制，矿体长度为 500 m，平均厚度为 6.59 m，倾向 NE 向，倾角为 4°~18°。其为 M1 矿段埋深中等、规模较大的一条矿体，矿体赋存于中部的矽卡岩带内。矿体形态呈似层状、豆瓣状，西浅东深，矿体沿倾向及走向均具分枝复合、膨大收缩的特征。矿体的平均品位：Pb 为 1.91%，Zn 为 3.55%，S 为 23.82%（见表 2-5）。

表 2-5 牛苦头矿区主要矿体特征

矿段	矿体编号	矿化类型	矿体长度/m	矿体厚度/m	倾向倾角/(°)	平均品位/%				
						Cu	Pb	Zn	MFe(磁铁矿)	S
M1	1	铅锌矿、磁黄铁铅锌矿	500	6.59	4~18		1.91	3.55	—	23.82
	5	铅锌矿、磁黄铁铅锌矿、磁黄铁黄铜矿	925	13.01	1~22	0.33	1.07	3.01	—	24.36

续表 2-5

矿段	矿体编号	矿化类型	矿体长度/m	矿体厚度/m	倾向倾角/(°)	平均品位/%				
						Cu	Pb	Zn	MFe(磁铁矿)	S
M4	1	铜铅锌矿、磁铁磁黄铁矿	2300	8.87	0~39	0.44	1.25	2.53	33.15	18.83
	2	铜铅锌矿、磁铁矿	1600	2.76	6~36	0.34	1.50	2.21	41.55	22.29
M2	7	铅锌矿	400	10.58	8~54	—	1.20	2.61	—	5.87
	8	铅锌矿	400	3.03	8~24	—	1.78	5.09	—	15.40
	9	磁黄铁、银铅锌矿	400	2.17	12~45	—	0.45	3.55	—	18.28

5 号矿体：由 20、18、16、14、12、10、08、06、04、00、03、07、15 号勘探线上的 76 个钻探工程控制，矿体长度为 925 m，倾向为 NE 向，倾角为 1°~22°，平均厚度为 13.01m。其为 M1 矿段埋深最大、规模最大的一条矿体。矿体赋存于深部矽卡岩带中，形态受下伏花岗闪长岩控制明显，为铜、铅、锌、硫复合型矿体。矿体平均品位：Pb 为 1.07%，Zn 为 3.01%，Cu 为 0.33%，S 为 24.36%。

矿床围岩蚀变主要是矽卡岩化，其次为角岩化、大理岩化、碳酸盐化、硅化等热液蚀变。从花岗闪长岩岩体向外，依次构成如下蚀变分带：蚀变花岗闪长岩—石榴子石、钙铁辉石矽卡岩带（磁铁矿化、磁黄铁矿化）—锰钙铁辉石矽卡岩带（铅锌矿化+少量黑柱石）—黑柱石矽卡岩带—锰钙辉石矽卡岩带—大理岩（见图 2-6）。

M1 矿段的主成矿期可分为 4 个蚀变-矿化阶段：（1）进变质阶段，主要形成石榴子石、辉石等无水硅酸盐矿物；（2）退变质阶段，形成黑柱石、阳起石、透闪石、绿帘石、绿泥石等含水硅酸盐矿物，以及少量磁铁矿，这些含水硅酸盐矿物和磁铁矿常常交代早期形成的石榴子石、辉石等；（3）石英-硫化物阶段，形成磁黄铁矿、黄铁矿、闪锌矿、方铅矿及毒砂等金属矿物，并发育有少量石英、绿泥石等脉石矿物，是主要的成矿阶段；（4）碳酸盐阶段，成矿晚期，主要形成石英、方解石脉等，这些脉体常切穿早期形成的矽卡岩矿物和金属硫化物等（见图 2-7）。

(a)

(b)

(c)　(d)

图 2-7　牛苦头 M1 矿段各成矿阶段矿物穿插图

(a) 进变质阶段石榴子石被磁黄铁矿交代；(b) 进变质阶段辉石被退变质阶段黑柱石交代；
(c) 进变质阶段辉石矽卡岩被石英-硫化物阶段闪锌矿交代；(d) 碳酸盐阶段方解石与黄铁矿交代矽卡岩
Grt—石榴子石；Po—磁黄铁矿；Ilv—黑柱石；Px—辉石；Sp—闪锌矿；Cal—方解石

2.4.2　M4 矿段

M4 矿段共圈定出 7 条铁铅锌多金属矿体，均为隐伏矿体，总体来看，按其与底部岩体的距离分上、中、下三条矿带（见图 2-8）。深部矿带靠近岩体，中部矿带距岩体之上 30~40 m，浅部矿带距岩体之上 110~140 m。矿体均北倾，倾角多为 4°~30°；矿体形态一般为似层状、豆瓣状，少数为透镜状，内部有夹石，可见分枝复合现象；平均品位：Pb 为 1.43%，Zn 为 3.19%，Cu 为 0.33%，S 为 23.82%。M4 矿段最主要的矿体有 1 号矿体和 2 号矿体，其特征列于表 2-5。

矿体多赋存在底部花岗闪长岩与上部纯白大理岩之间的接触变质矽卡岩带上，矿石矿物主要为方铅矿、闪锌矿、磁黄铁矿、黄铜矿及磁铁矿，矿石结构主要为均匀粒状变晶结构、粒柱状变晶结构，构造则以浸染状和团块状为主。脉石矿物主要为方解石、石榴子石、辉石、黑柱石及帘石等，脉石矿物结构主要为均粒粒状变晶结构、粒柱状变晶结构。

蚀变分带上，由内向外，依次是蚀变花岗闪长岩→石榴子石、钙铁辉石矽卡岩带（磁铁矿化、磁黄铁矿化）→锰钙铁辉石矽卡岩带（铅锌矿化+少量黑柱石）→黑柱石矽卡岩带→锰钙辉石矽卡岩带→大理岩（见图 2-8）。

牛苦头 M4 矿段成矿阶段与 M1 基本一致，基本也可分成进变质阶段、退变质阶段、石英-硫化物阶段及碳酸盐阶段。各阶段矿石矿物品位及含量可能略有差异。

2.4.3　M2 矿段

M2 矿段目前尚处于普查阶段，共发现 24 条铅锌铁多金属矿体，矿体规模一般较小，且较分散。24 条矿体中，矿体产状北倾，倾角为 40°~60°，其主要矿体为 14~16 号矿体，平均视厚度分别为 1.55 m、18.78 m 和 6.82 m，其 Pb 品位为 0.75%~2.15%，Zn 品位为 2.77%~6.02%，局部含磁黄铁矿矿体，S 品位可达 14.92%。矿体特征列于表 2-6。

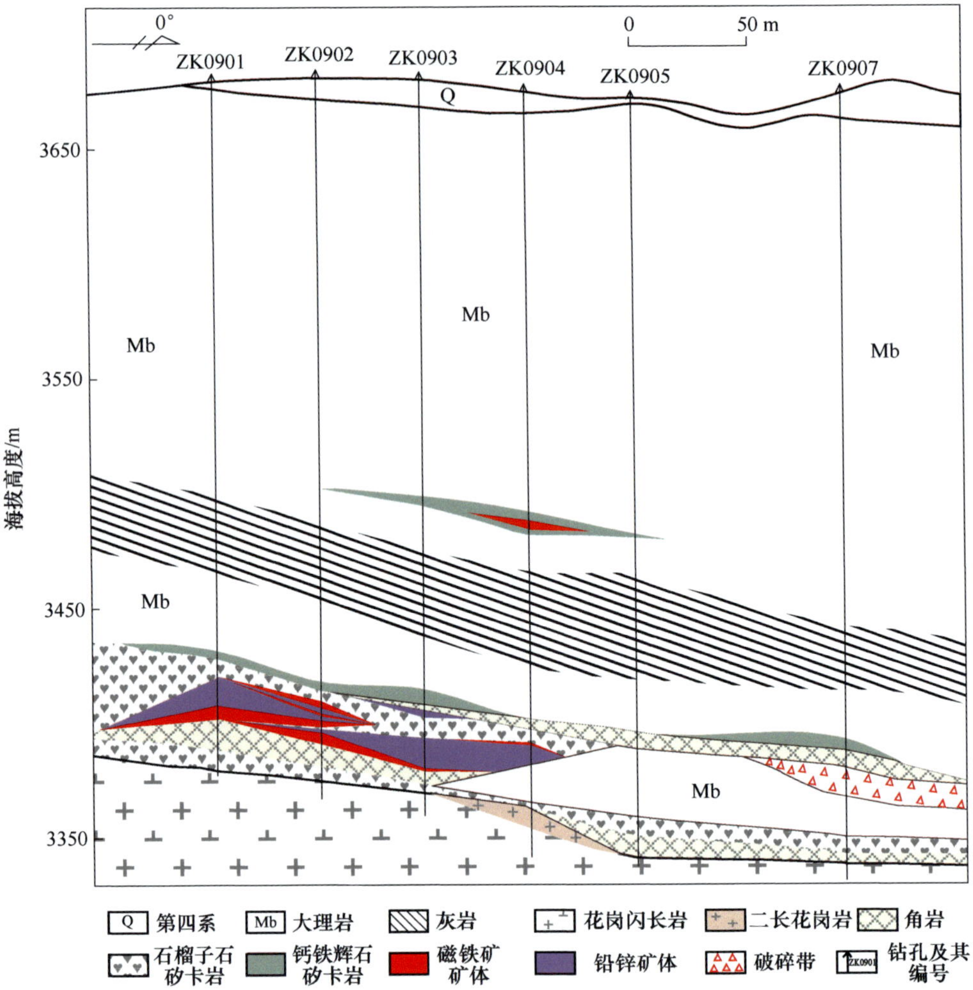

图 2-8　M4 矿段 09 号勘探线剖面

表 2-6　M1～M4 矿段与 M2 矿段矽卡岩矿物、闪锌矿的差异性对比

矿物名称及性质	M1～M4 矿段	M2 矿段
石榴子石	石榴子石多发育环带，呈褐红色、浅绿色。其成分主要为钙铁榴石和钙铝榴石	石榴子石，浅绿色，不发育环带，呈浸染状、星点状，较分散。其成分主要为钙铝榴石
辉石	暗绿色。其成分主要为锰钙铁辉石、钙铁辉石，指示锰质端元	浅绿色，灰白色。其成分主要为透辉石，指示钙质端元
黑柱石	褐色，浅褐色。其成分主要为锰质矽卡岩	M2 矿段丢失
闪锌矿	铁闪锌矿，颜色深。In 值含量高	铁闪锌矿，颜色浅。In 值含量低，反映低温环境
成矿专属性	具备 Pb-Zn 矿成矿条件	Pb、Zn 矿成矿专属性指示弱

矿石矿物组合比较复杂。金属矿物主要有闪锌矿、方铅矿、磁铁矿、磁黄铁矿、黄铜矿、黄铁矿等，它们在不同的矿石类型中的含量不尽相同；脉石矿物主要有方解石、白云石、石英、透辉石、石榴子石、黑柱石、绿泥石、绿帘石、石墨及蚀变绢云母、黑云母、白云母等。容矿岩石主要为矽卡岩（或矽卡岩化大理岩）。

矿石矿物具有两期成矿的复合特征，早期以磁铁矿、磁黄铁矿及黄铁矿、黄铜矿为主。晚期以闪锌矿、方铅矿和黄铁矿组合为主。金属矿物结构以他形粒状、交代乳滴状、交代残留结构为主。矿石构造可见浸染状、细脉状、团块状等。非金属矿物以他形粒状和柱粒状为主，部分呈碎粒状结构。非金属矿物颗粒普遍较大，矿物相互交代不明显，可解离性比较好。

M2 矿段相较于 M1、M4 矿段，矽卡岩化、硫化物矿化强度较弱。但 M2 矿段自底部二长岩花岗岩至地层也呈现了明显的蚀变矿化分带，如靠近岩体处明显的磁铁矿化、磁黄铁矿化、黄铁矿化及共生的透辉石化，远离岩体的弱石榴子石化、绿帘石化、铅锌硫化物矿化。总之，M2 矿段也表现了明显的矽卡岩矿床的典型蚀变矿化分带特征。

成矿阶段上，可以将 M2 矿段成矿过程划分为 4 个主要的阶段：进变质阶段、退变质阶段、石英-硫化物阶段和碳酸盐阶段。通过与 M1、M4 矿段成矿阶段的对比可以发现，M2 矿段退变质阶段矽卡岩化程度较弱，尤其是阳起石、透闪石矽卡岩化程度很弱，另外这一阶段的特征矿物（如黑柱石）没有见到，磁铁矿、赤铁矿等氧化物也十分少见。

2.4.4 矿石结构构造

牛苦头 M1 和 M4 矿段矿石组成比较复杂，金属矿物主要为磁黄铁矿、闪锌矿、方铅矿、磁铁矿，另有少量黄铜矿、赤铁矿、毒砂等；脉石矿物主要有石榴子石、辉石、黑柱石、阳起石、绿帘石及绿泥石等。

2.4.4.1 *矿石结构*

(1) 交代结构：这种结构在浸染状矿石中最为常见，可见磁铁矿交代早期矿物，如石榴子石、辉石、黑柱石等，被交代矿物通常呈残余结构、骸晶结构或港湾状结构等（见图 2-9（a)），局部矿石呈半自形-他形粒状结构，部分呈交代矿物假晶（见图 2-9（b））。

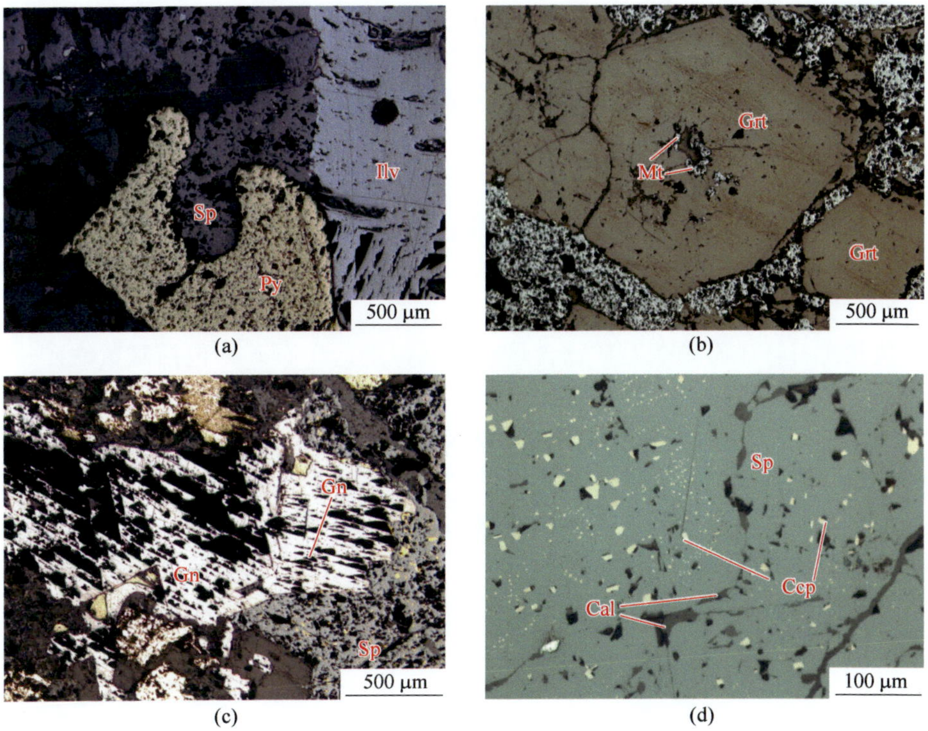

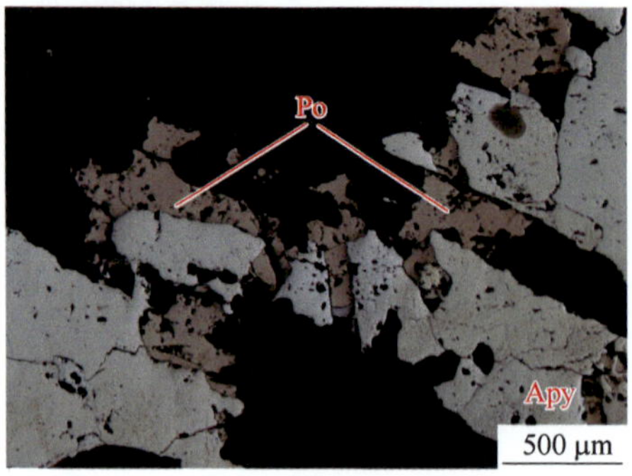

(e)

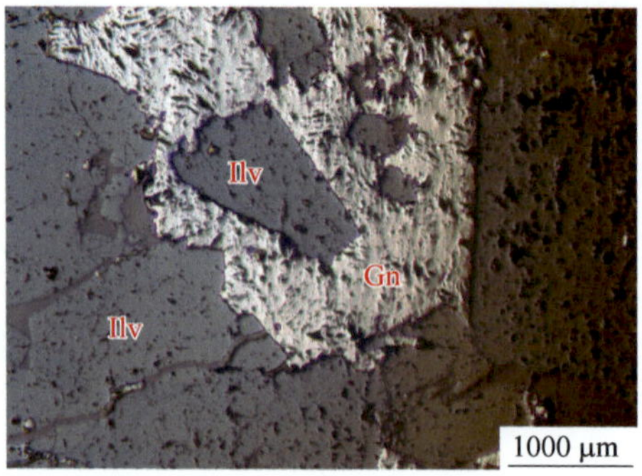

(f)

图 2-9　牛苦头 M1 和 M4 矿段典型矿石结构

(a) 半自形黄铁矿被闪锌矿交代成港湾状；(b) 自形石榴子石被交代，石榴子石核部有磁铁矿交代残留；(c) 半自形-他形浸染状方铅矿与闪锌矿；(d) 闪锌矿中具固溶体出溶结构的乳滴状黄铜矿；(e) 毒砂中具充填结构的磁黄铁矿；(f) 黑柱石中具有充填结构的半自形方铅矿

Grt—石榴子石；Mt—磁铁矿；Ilv—黑柱石；Py—黄铁矿；Gn—方铅矿；Sp—闪锌矿；Ccp—黄铜矿；Po—磁黄铁矿；Apy—毒砂；Cal—方解石

(2) 半自形-他形粒状结构：具有此种结构的矿石较常见，其中以块状矿石、浸染状矿石最为发育。矿石中除磁黄铁矿外，闪锌矿、方铅矿、磁铁矿、毒砂、黄铁矿等也具有这种结构（见图 2-9 (b) (c)）。

(3) 固溶体出溶结构：主要见于矿区黄铜矿，黄铜矿呈乳滴状分布于均匀闪锌矿中，是由闪锌矿固溶体出溶形成的（见图 2-9 (d)）。

(4) 充填结构：此种结构在含早期矽卡岩矿物的矿石或浸染状矿石中最为常见。常见磁铁矿、磁黄铁矿充填于早期矽卡岩或矿石矿物中（见图 2-9 (e)），也可见方铅矿充填于黑柱石中（见图 2-9 (f)）。

2.4.4.2　*矿石构造*

矿区矿石按照构造类型可划分为块状矿石、浸染状矿石、条带状矿石及细脉状矿石。其中，浸染状矿石多分布于矽卡岩外带，而块状矿石和条带状矿石多分布于靠近成矿岩体的内带（见图 2-10）。

(1) 块状矿石：矿石中矿石矿物含量在 70%以上，矿石矿物包括磁黄铁矿、闪锌矿、方铅矿、磁铁矿等，脉石矿物主要为石榴子石、辉石和帘石等（见图 2-11 (a) (b)）。

(2) 浸染状矿石：脉石矿物主要为石英及硅酸盐矿物，矿石矿物主要为稠密浸染状的闪锌矿、方铅矿、磁铁矿及稀疏浸染状的黄铁矿（见图 2-11 (c) (d)）。

(3) 条带状矿石：矿石中矿石矿物主要为磁黄铁矿和闪锌矿，含量在 70%以上，磁黄铁矿和闪锌矿互呈条带，脉石矿物有钙铁辉石、阳起石等（见图 2-11 (e)）。

(4) 脉状矿石：主要包括脉状黄铜矿矿脉、磁黄铁矿矿脉（见图 2-11 (f)）。

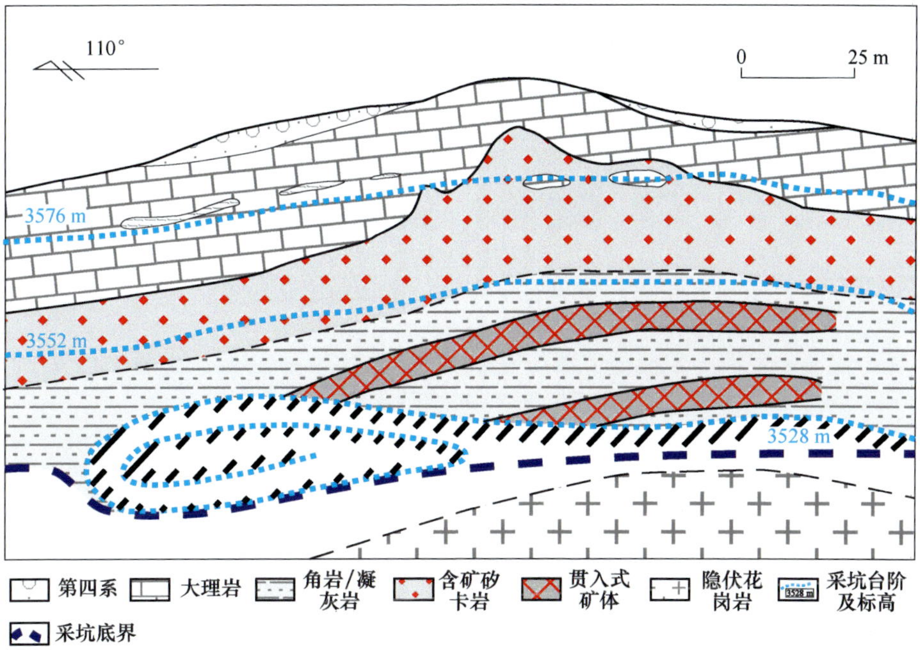

图 2-10 M1 矿段露天采场素描图
（上部矽卡岩型浸染状矿体，以闪锌矿、方铅矿为主；
下部团块状矿体，以磁黄铁矿、闪锌矿、黄铜矿、磁铁矿为主）

(e)　　(f)

图 2-11　牛苦头 M1、M4 矿段典型矿石构造

(a) 块状磁黄铁矿矿石；(b) 致密块状磁黄铁矿、闪锌矿矿石；(c) 浸染状闪锌矿、钙铁辉石矽卡岩；(d) 方铅矿化、闪锌矿化黑柱石矽卡岩；(e) 条带状闪锌矿、磁黄铁矿矿石；(f) 含黄铜矿、磁黄铁矿细脉的石榴子石矽卡岩

Po—磁黄铁矿；Sp—闪锌矿；Hd—方铅矿；Ilv—黑柱石；Ccp—黄铜矿；Grt—石榴子石

3 成矿地质体与成矿作用

牛苦头矿区岩浆-构造活动频繁，侵入岩较为发育，按其侵入时代可以划分为两期，即华力西期和印支期。铅锌铁多金属矿化与岩浆岩关系密切，矿体产于近岩浆岩岩体及外围，本章通过研究成矿岩体的性质和演化规律，探讨该区铅锌铁多金属矿成矿机制。

3.1 岩浆岩演化序列及岩石学特征

3.1.1 华力西期岩浆岩演化序列及岩石学特征

华力西期岩体分布广泛，矿区范围内均有出露，主要分布在M1、M4矿段。岩体以岩基、岩株形式产出。岩石类型包括辉长闪长岩、闪长岩、石英闪长岩、花岗闪长岩（见图3-1(a)～(f)）及二长花岗岩（见图3-2(a)～(f)）等。其中，花岗闪长岩在M1和M4矿段钻孔底部均有发现（见图3-1(a)～(f)）。

(a)

(b)

(c)

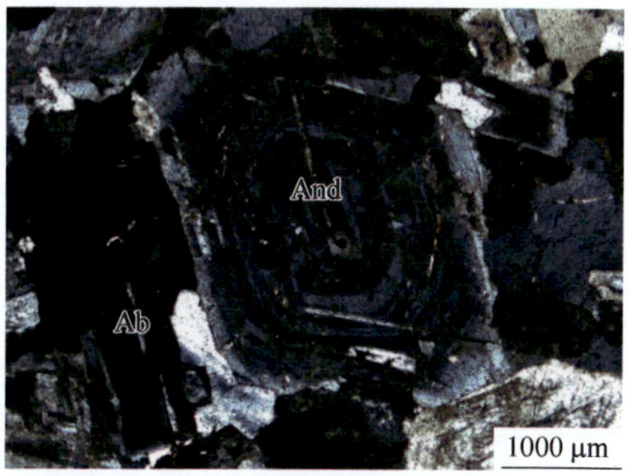

(d)

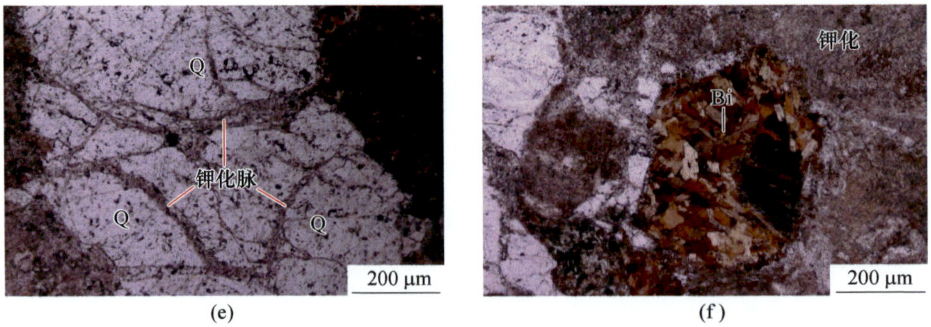

图 3-1　M1 和 M4 钻孔底部花岗闪长岩手标本及镜下特征

（a）M4 钻孔底部花岗闪长岩；（b）花岗闪长岩，长石以斜长石为主，正交偏光镜下；（c）花岗闪长岩，长石多发育绢云母化；（d）花岗闪长岩，斜长石以中长石为主，发育环带结构（e）花岗闪长岩中的钾化脉；（f）花岗闪长岩中发育的热液黑云母

Q—石英；Ab—钠长石；Bi—黑云母；Pl—斜长石；Hbl—角闪石；Bt—黑云母；And—中长石；Ser—绢云母

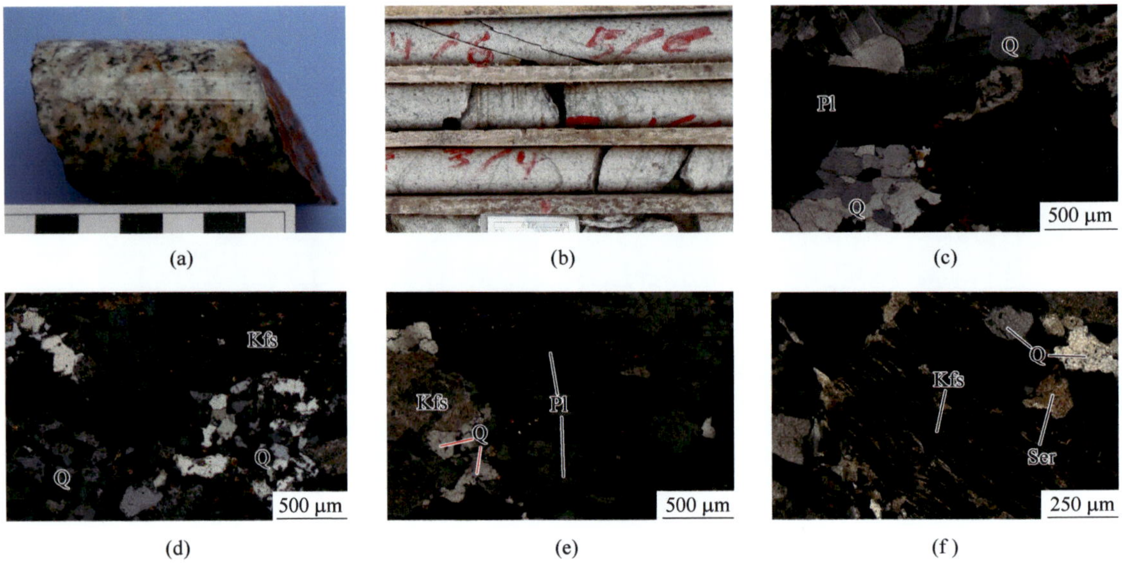

图 3-2　矿区二长花岗岩手标本及镜下特征

（a）M1 钻孔底部二长花岗岩岩芯手标本；（b）M2 钻孔底部二长花岗岩岩芯手标本；（c）M1 二长花岗岩，正交偏光镜下；（d）M1 二长花岗岩，长石为微斜长石，正交偏光镜下；（e）M2 二长花岗岩，中细粒结构，石英和长石形成花岗结构，正交偏光镜下；（f）M2 二长花岗岩，见微斜长石及钾化，正交偏光镜下

Q—石英；Pl—斜长石（钠长石）；Kfs—钾长石；Ser—绢云母

岩浆演化可能至少经过了辉长闪长质、闪长质、石英闪长质、花岗闪长质、花岗质的演化（其路线见图 3-3 和图 3-4，演化过程中粒度变细，暗色包体含量减少，石英含量变高），在演化过程中含矿热液逐渐聚集，在花岗质阶段，浆-液流体围岩发生交代形成含矿矽卡岩熔浆，就地交代碳酸盐岩形成矽卡岩型矿体。

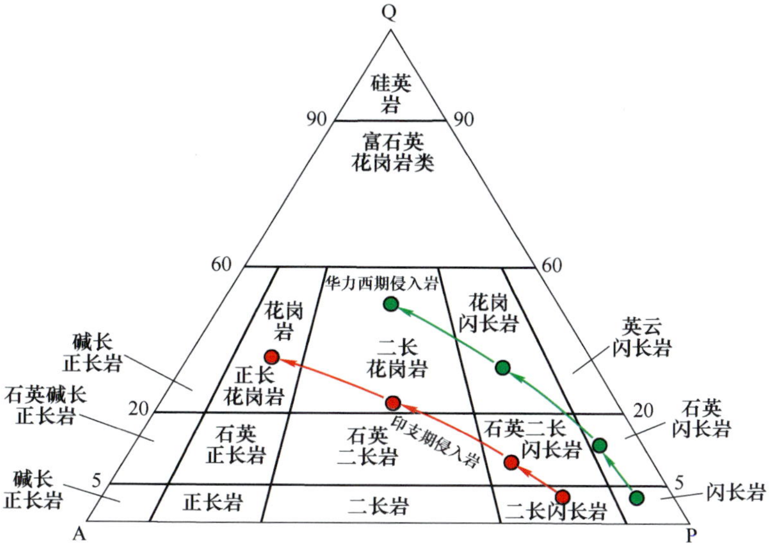

图 3-3 牛苦头矿区两期岩浆岩演化模式
（据徐夕生 等，2010）

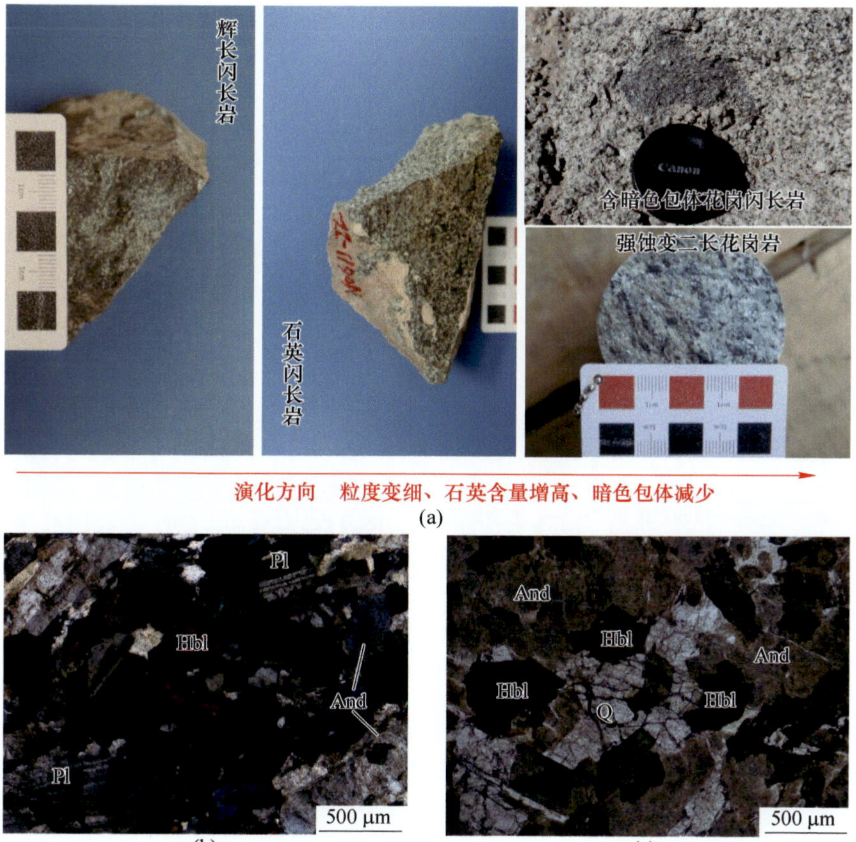

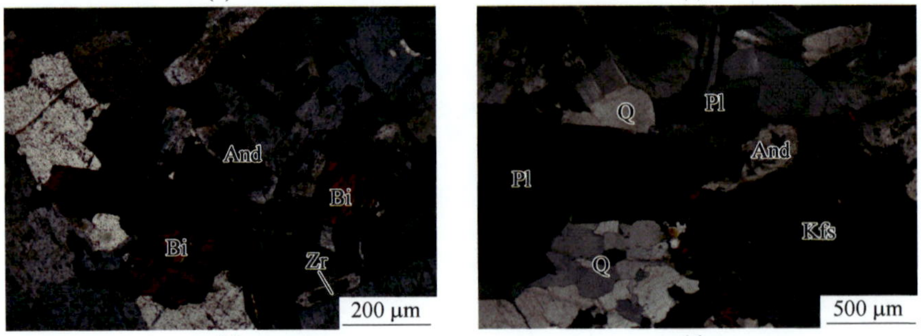

(d)　　(e)

图 3-4　牛苦头矿区 M1 和 M4 岩浆岩手标本及镜下特征

（a）M1 和 M4 岩石手标本照片；（b）中粗粒闪长岩，正交偏光镜下；（c）石英闪长岩，单偏光镜下；（d）黑云母花岗闪长岩；（e）二长花岗岩，M1 矿段 ZK0815 钻孔底部，正交偏光镜下

Pl—斜长石；And—中长石；Q—石英；Bi—黑云母；Zr—锆石；Kfs—钾长石；Hbl—角闪石

3.1.2　印支期岩浆岩演化序列及岩石学特征

印支期岩体以岩基、岩株形式产出（见图 3-5）。岩石类型以黑云母辉长岩、闪长岩、石英闪长斑岩、黑云母花岗闪长岩、二长花岗岩、斑状花岗岩为主（见图 3-5）。岩浆岩地表主要分布在 M1 矿段露天采场西南侧，以及 M2 矿段（钻孔底部可见）。从辉长岩到斑状花岗岩，岩石呈现暗色包体逐渐减少，硅含量逐渐升高，粒度逐渐变细的特点。

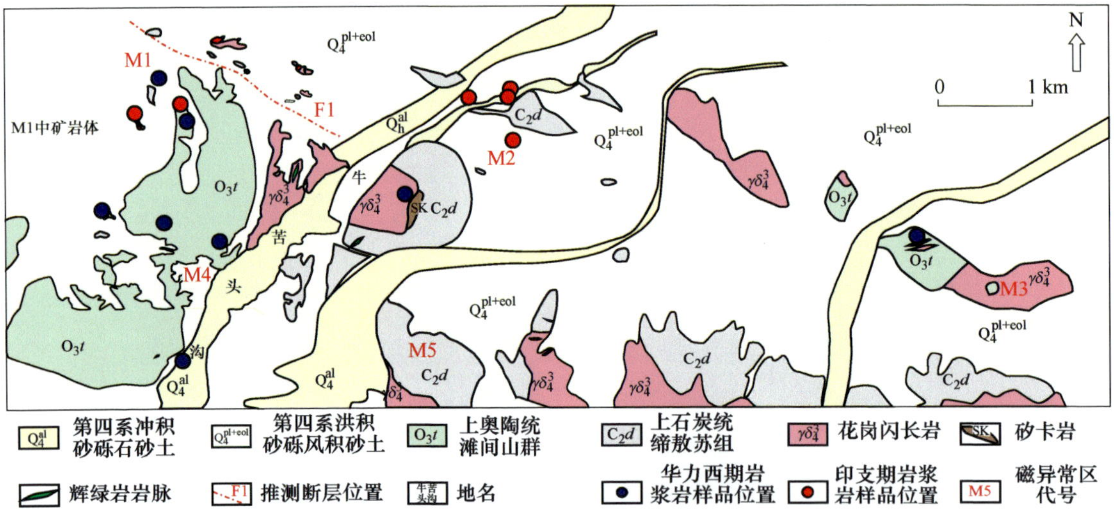

图 3-5　牛苦头地区地质简图及两期岩体分布位置示意图

（底图据 Wang et al.，2023）

（1）黑云母辉长岩：主要分布在 M1 矿段露天采场西南侧地表，蚀变不发育。新鲜岩石呈暗黑色，中粗粒辉长-闪长结构，块状构造，主要由斜长石（50%～55%）、辉石（20%～25%）、黑云母（15%～20%）、钾长石（5%～10%）、石英（2%～3%）组成（见图 3-6（a）（b））。斜长石呈自形板状，晶型完整，可见环带结构，多为钠长石；辉石呈自形-半自形菱形，晶型较完整，单偏光下显浅灰绿色，干涉色为黄绿色；黑云母呈红棕

色或灰色，半自形短柱状，干涉色为棕色或浅粉色，部分被长石蚕蚀状交代；钾长石呈半自形板状，少部分呈他形粒状；石英呈他形粒状，颗粒较小。

图 3-6 牛苦头矿区印支期黑云母辉长岩（a）（b）、闪长岩（c）（d）、石英闪长斑岩（e）（f）岩石标本及显微照片

Q—石英；Kfs—钾长石；Pl—斜长石；Bi—黑云母；Hbl—角闪石；Px—辉石；Po—磁黄铁矿

（2）闪长岩：主要分布在 M2 矿段和 M1 矿段西南侧。岩石多发育不同程度的碳酸盐化、绢云母化、绿帘石化、绿泥石化等蚀变。新鲜岩石呈灰黑色，中细粒-中粗粒闪长结构，块状构造，主要由斜长石（70%～75%）、钾长石（15%～20%）、黑云母（5%～10%）、角闪石（5%～7%）、石英（3%～4%）组成（见图 3-6（c）（d））。斜长石晶形完整，呈自形-半自形板状，可见环带构造，表面轻微糙化；钾长石呈近半自形板状，少他形粒状，多为条纹长石；石英呈他形粒状，颗粒较小；黑云母呈半自形-他形，板状，单偏光下呈深灰色，正交光下呈红色；角闪石多呈他形，正交光下呈蓝绿色，少数粒内嵌布黑云母。

（3）石英闪长斑岩：主要分布在 M2 矿段和 M1 矿段西南侧。岩石多发育不同程度的黏土化、透辉石化蚀变。新鲜岩石呈深灰黑色，中粗粒斑状结构，块状构造，主要由斜长石（55%~60%）、钾长石（20%~25%）、石英（10%~15%）、黑云母（5%~8%）、角闪石（3%~7%）组成（见图3-6（e）（f））。斜长石呈近自形-半自形板状，表面轻微糙化，发育有环带构造和复合双晶，多为钠长石；钾长石呈近半自形-半自形板状，多为条纹长石；石英呈他形粒状，颗粒较小；黑云母呈灰白色，正交光下呈黄绿色，半自形-自形短柱状，少数被长石交代；角闪石呈灰绿色，正交光下呈红色，半自形柱状。

（4）黑云母花岗闪长岩：主要分布在M2矿段和M1矿段西南侧，围岩为大理岩和灰岩。在钻孔中岩体与围岩呈交代接触，部分呈脉岩侵入接触，发育矽卡岩化、硅化、绢云母化、碳酸盐化、绿帘石化、绿泥石化等蚀变。新鲜岩石呈浅灰-灰黑色，中粗粒花岗结构，块状构造。其主要由斜长石（45%~50%）、石英（25%~30%）、钾长石（15%~20%）、黑云母（8%~13%）、角闪石（3%~7%）组成（见图3-7（a）（b））。斜长石呈近半自形-半自形板状，表面发育绢云母化、黏土化；石英呈近半自形粒状，颗粒较大；钾长石呈他形粒状，部分呈半自形板状，表面发育黏土化，多为条纹长石；黑云母呈灰

图3-7　牛苦头矿区印支期黑云母花岗闪长岩（a）（b）、二长花岗岩（c）（d）和斑状花岗岩（e）（f）岩石标本及镜下特征

Q—石英；Kfs—钾长石；Pl—斜长石；Bi—黑云母

色，正交光下呈黄褐色，半自形长柱状，发育绢云母化蚀变；角闪石呈浅绿色，正交光下呈深蓝色和褐色，半自形柱状，发育绿帘石化、绿泥石化蚀变。

(5) 二长花岗岩：主要分布在 M2 矿段，在钻孔中部和底部均有出露，围岩为大理岩和灰岩。底部二长花岗岩与围岩为渐变接触，中部二长花岗岩呈脉状与围岩侵入接触。接触带岩体主要发育钾化、绢云母化、黏土化、高岭土化、绿帘石化、绿泥石化等蚀变。新鲜岩石呈灰白-灰黄色，中细-中粗粒花岗结构，块状构造。其主要由石英（40%～45%）、斜长石（25%～30%）、钾长石（20%～25%）、黑云母（4%～8%）、角闪石（1%～3%）组成（见图 3-7（c）（d））。石英呈自形粒状，轮廓完整，颗粒较大；斜长石呈半自形-他形长柱状或粒状，发育黏土化和绢云母化蚀变；钾长石呈半自形长柱状，多为正长石和微斜长石；黑云母呈深灰色，半自形柱状，发育绿泥石化蚀变；角闪石呈深蓝色，他形粒状，发育绿帘石化、绿泥石化蚀变。

(6) 斑状花岗岩：主要分布在 M2 矿段钻孔底部、M1 矿段西南侧钻孔底部及矿区周边地表。其他花岗岩类岩石主要有黑云母花岗岩和钾长花岗岩等，围岩多为大理岩和灰岩。钻孔底部以渐变的形式与围岩接触，钻孔中部多呈脉状与围岩侵入接触。发育有硅化、钾化、绢云母化、碳酸盐化、绿帘石化、绿泥石化等蚀变。新鲜岩石呈浅灰-深灰色，中细-中粗粒花岗结构或斑状结构，块状构造。其主要由石英（55%～60%）、钾长石（25%～30%）、斜长石（15%～20%）、黑云母（3%～5%）、角闪石（2%～3%）组成（见图 3-7（e）（f））。斑晶主要为大颗粒石英和长石，基质为小颗粒石英。石英呈自形粒状，晶型完整，颗粒大小不一；钾长石呈半自形粒状，多为条纹长石；斜长石呈半自形柱状，轮廓较完整，多为钠长石，发育轻微黏土化和绢云母化蚀变；黑云母呈灰褐色，半自形短柱状，发育绢云母化，绿泥石化蚀变；角闪石呈深蓝色，他形粒状，发育绿帘石化、绿泥石化蚀变。

3.1.3 两期岩浆岩接触关系

牛苦头矿区 M1 矿段露天采坑中经常可见印支期细粒斑状花岗岩岩脉（枝）穿插交代侵入华力西期中粗粒花岗闪长岩岩体中（见图 3-8），有时印支期脉岩穿插到华力西期岩体上部的碳酸盐岩和角岩地层中，或交代上部的矽卡岩，形成蚀变矿化，蚀变矿化主要包括辉石化、石榴子石化、磁黄铁矿化、黄铁矿化等。

因此，矿区内两期岩浆岩在空间上是交错、叠加的。其交错、叠加位置往往有矽卡岩化和硫化物矿化发育。

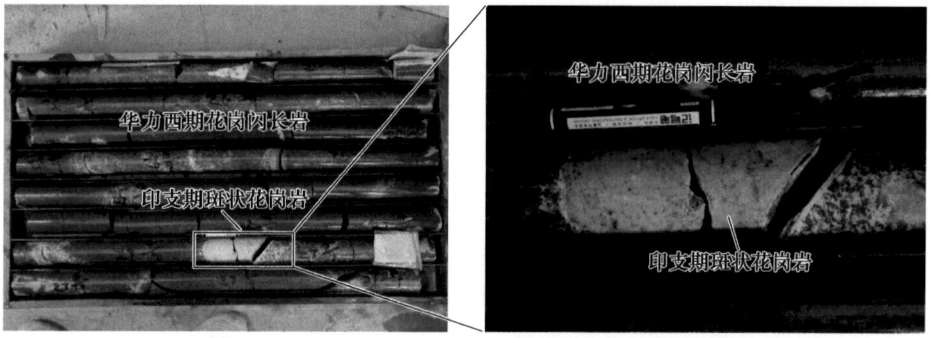

(a) (b)

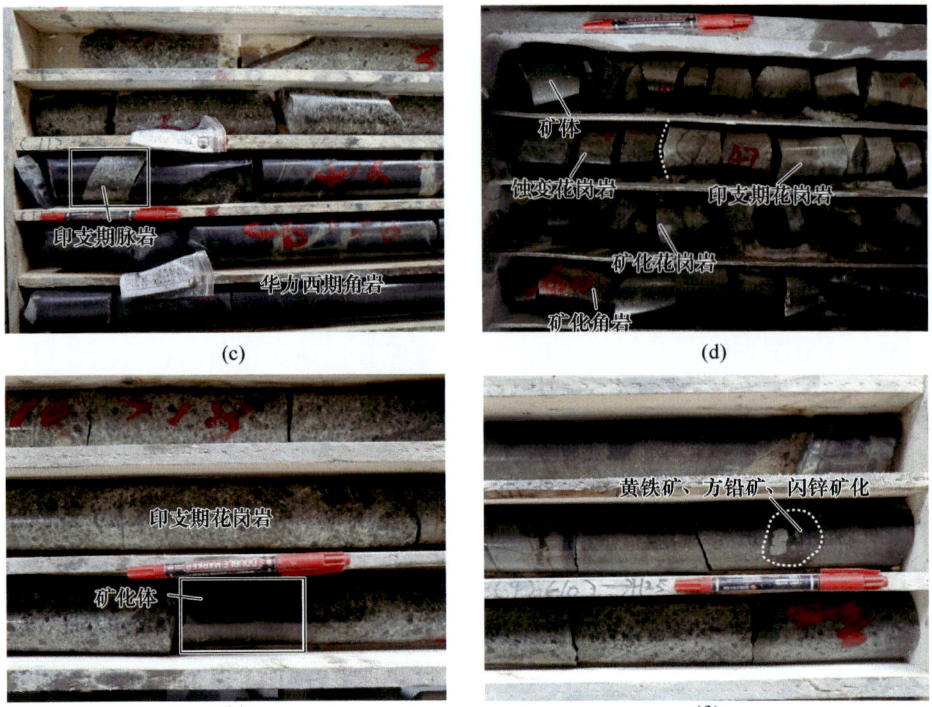

(c)　(d)

(e)　(f)

图 3-8　牛苦头矿区两期岩浆岩的接触特征

（a）印支期细粒斑状花岗岩侵入中粗粒华力西期花岗闪长岩；（b）印支期细粒斑状花岗岩侵入中粗粒华力西期花岗闪长岩，图 a 的局部放大图；（c）印支期脉岩侵入华力西期角岩裂隙中；（d）印支期二长花岗岩侵入华力西期中粗粒花岗闪长岩引起早期岩体的蚀变矿化；（e）印支期蚀变花岗岩及其发育的块状磁黄铁矿化；（f）印支期蚀变花岗岩侵入角岩引起浸染状黄铁矿化、闪锌矿化和方铅矿化

3.2　两期岩浆岩年代学、矿物地球化学特征

3.2.1　华力西期岩浆岩年代学、矿物地球化学特征

3.2.1.1　样品的选取和采集

锆石测年样品的选取：M1、M4 矿段锆石测年样品选取钻孔底部强蚀变二长花岗岩、较新鲜的花岗闪长岩及牛苦头西侧地表较新鲜的花岗闪长岩样品（共计 12 件）作为测年对象，采样位置见图 3-9~图 3-11。

主微量样品的采集：M1、M4 矿段主微量样品选择牛苦头沟西侧地表出露较新鲜的花岗闪长岩及 M1 矿段钻孔底部强蚀变的中细粒二长花岗岩。M2 矿段主微量样品则选择钻孔底部新鲜二长花岗岩（共计 9 件）作为元素分析对象。

锆石 Hf 同位素测年样品采集：在 LA-ICP-MS 锆石 U-Pb 测年基础上，参照锆石阴极发光（CL）图像，选择具有代表性的锆石进行原位微区 Hf 同位素测定工作。

本次实验选取华力西期样品 3 件进行 Sr-Nd 同位素分析。

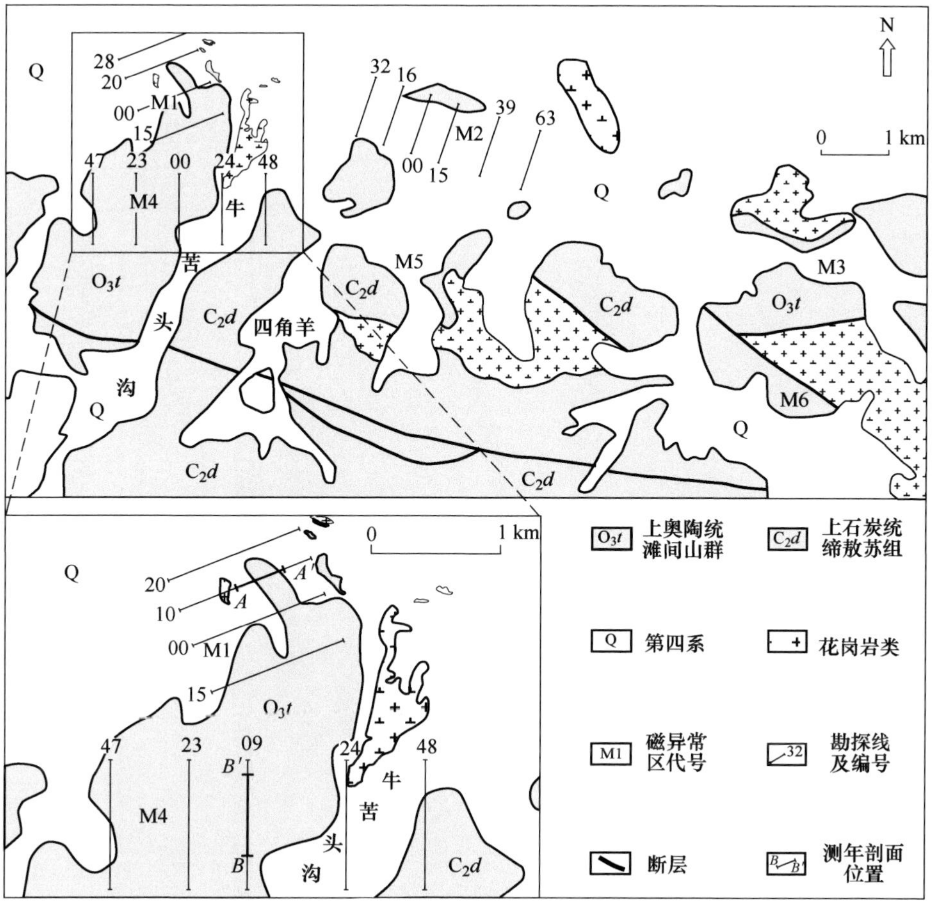

图 3-9 牛苦头矿区地质简图及岩体测年采样位置图

3.2.1.2 分析测试方法

LA-ICP-MS 锆石 U-Pb 年龄测试在合肥工业大学矿物原位分析实验室完成，测年分析仪器为 Agilent 7900 电感耦合等离子质谱仪（美国）及与之配套的 Analyte 气态准分子激光剥蚀系统（美国）。激光剥蚀半径为 30 μm，以 He 为载气。锆石 U-Pb 含量以 91500 为外标进行校正，测试过程中每测试 10 件样品前后重复测定两个 91500 标样进行校正，并测定一个 PLE，观察仪器的状态以保证测试精度。数据处理采用 ICPMSDaTaCal（Liu，2010），普通铅校正利用 Excel 宏程序 ComPbCorr#3-17（Andersen，2002）进行校正，锆石年龄谱和图用 Isoplot 3.0 获得。

主量元素、稀土元素、微量元素分析在核工业北京地质研究院地质分析测试中心完成，其中主量元素采用 X 荧光光谱（XRF）进行分析，分析精度优于 1%；稀土和微量元素利用 SX-2 型电感耦合等离子质谱仪（ICP-MS）进行测定，分析精度优于 5%~10%。

锆石 Hf 同位素测试是在天津地质调查研究中心实验测试室完成，采用美国 Thermo Fisher 公司生产的 Neptune 多接收器电感耦合等离子质谱仪和 ESI 公司生产的 New Wave 193 nm FX ArF 准分子激光器。测试过程中选取国际标样 GJ-1 作为参照矿物。对仪器的操作条件和分析程序详见文献（耿建珍 等，2011）。GJ-1 的平均 $^{176}Hf/^{177}Hf$ 值为

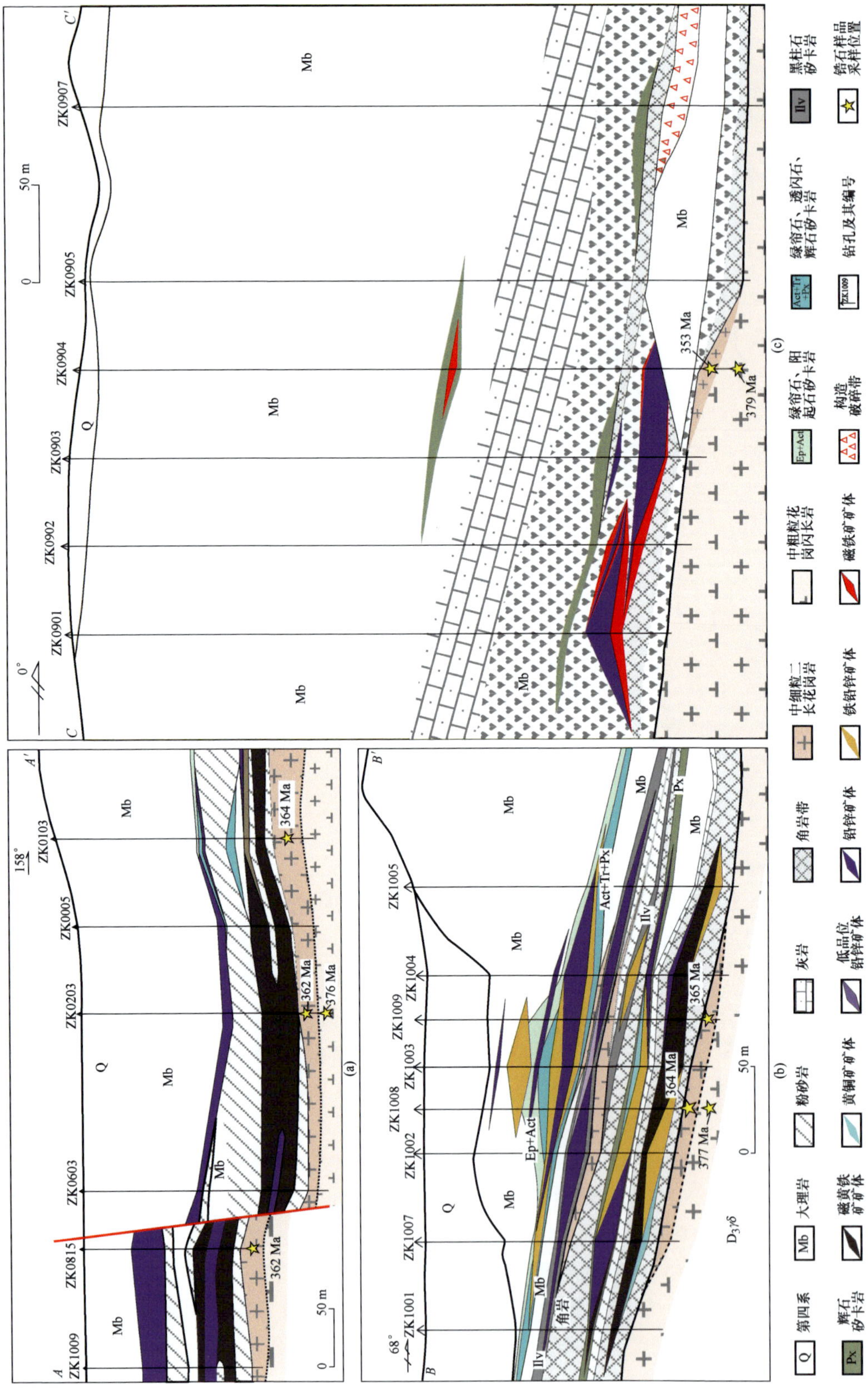

图 3-10　牛苦头 M1 和 M4 矿段勘探线剖面及花岗岩锆石年龄采样位置

(a) 牛苦头M1矿段A—A′纵剖面地质勘探线剖面图；(b) 牛苦头M1矿段10线地质勘探线剖面图；(c) 牛苦头M4矿段09线地质勘探线剖面图

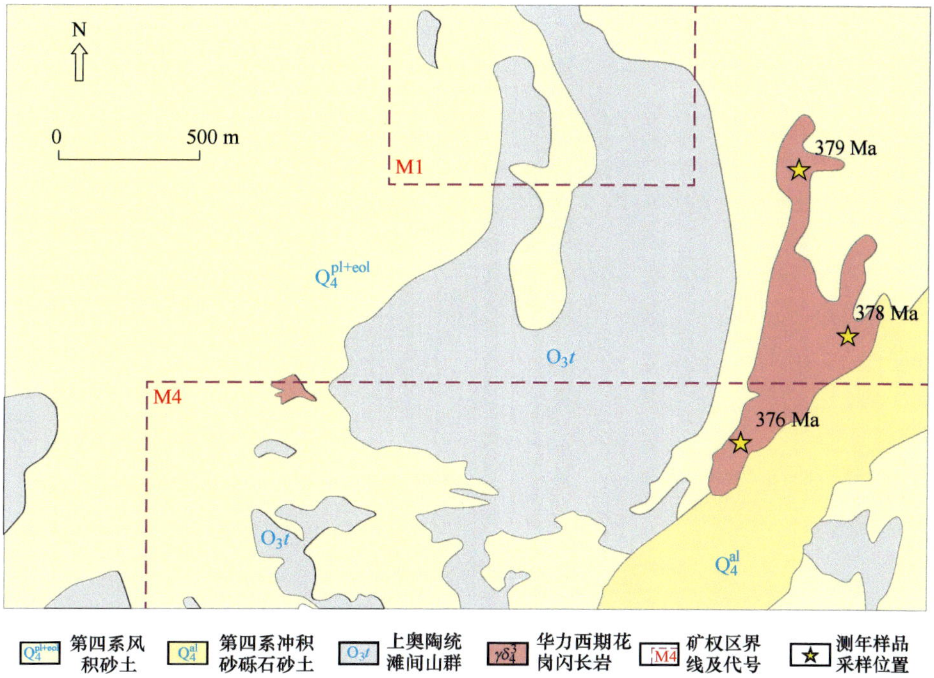

图 3-11 牛苦头沟地表西侧岩体采样位置

0.282001±15（2σ，n=29），与报道数据误差范围内一致（0.282006±24；耿建珍 等，2011）。

Sr-Nd 同位素测试分析工作在中国科学院广州地球化学研究所完成。美国地质调查局 USGS 地球化学标准岩石粉末（玄武岩 BCR-2、玄武岩 BHVO-2、安山岩 AGV-2、流纹岩 RGM-2 等）作为质控盲样，经过以上化学前处理与质谱测定，它们的 Sr-Nd 同位素结果（$^{87}Sr/^{86}Sr$=0.710441~0.757138；$^{143}Nd/^{144}Nd$=0.512305 ~0.512389）在误差范围内与文献报道值吻合（Weis et al.，2006）。

3.2.1.3 锆石 U-Pb 年代学特征

M1 和 M4 矿段深部（钻孔底部）强蚀变中细粒二长花岗岩阴极发光（CL）图像呈无色透明的短柱状，也有少量呈长柱状。长度为 100~250 μm，宽度为 80~150 μm。同时 CL 图像显示锆石一般具有发光的核部（低 U）及晶型较好的岩浆振荡环带（见图 3-12），局部自形锆石形态不够完整，呈残缺状，但保留了原有锆石的自形晶型，可能为后期岩浆热液所成。

测试结果显示，6 件锆石样品的年龄数据基本一致，其加权平均年龄分别对应于（362.2±2.7）Ma（MSWD=2.2，n=22）、（361.8±3.4）Ma（MSWD=2.5，n=15）、（364.2±3.4）Ma（MSWD=2.3，n=14）、（363.5±2.5）Ma（MSWD=1.4，n=15）、（365.0±3.9）Ma（MSWD=2.6，n=13）和（353.0±3.6）Ma（MSWD=3.3，n=21）（见图 3-13）。6 件样品的锆石 Th/U 值范围分别为 0.35~0.61、0.40~0.73、0.36~0.68、0.35~0.80、0.43~0.58 和 0.41~0.68，均大于 0.3，暗示典型岩浆成因。这些数据均来自锆石边部环带部位，即 365~362 Ma 代表了岩体的侵位时间。这些年龄也表明 M1 底部岩体侵位于晚泥盆世，属于华力西期岩浆活动。

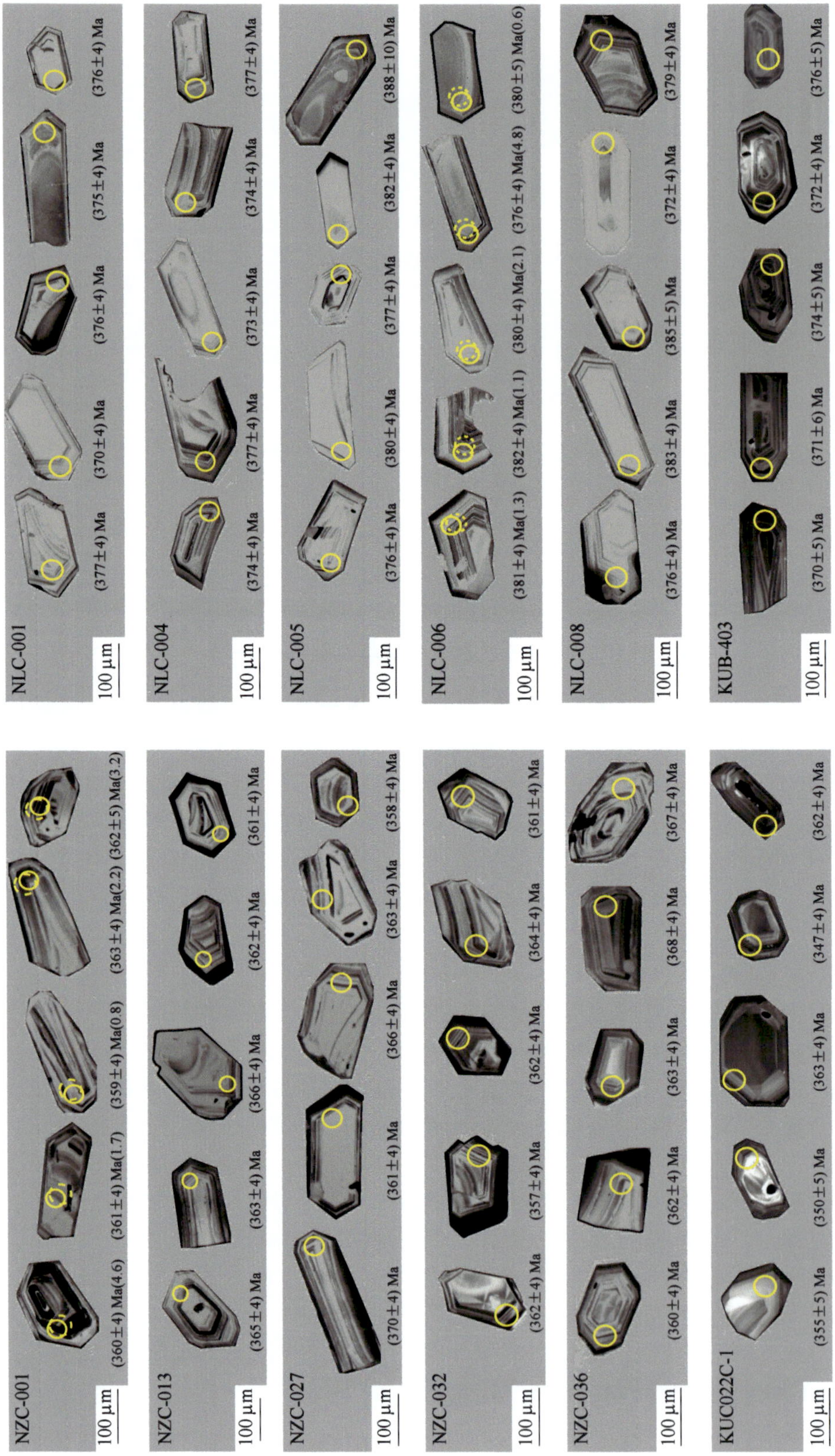

图 3-12　牛苦头 M1 和 M4 矿段底部中细粒二长花岗岩与中粗粒花岗闪长岩的锆石形态及 LA-ICP-MS 测试位置

（实线黄圈为 U-Pb 测年测试位置，虚线黄圈为 Lu-Hf 同位素分析点位）

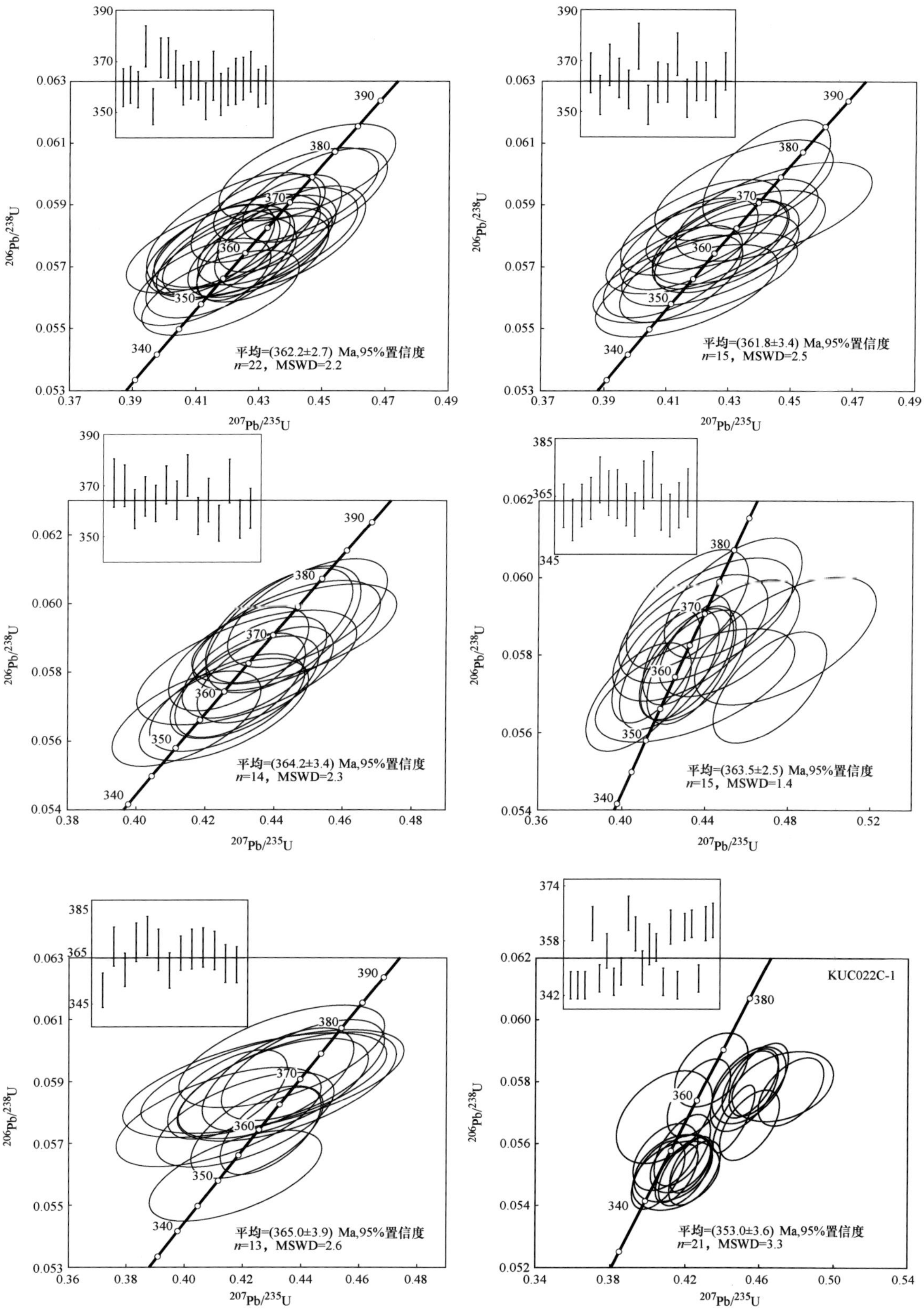

图 3-13 牛苦头 M1 和 M4 矿段二长花岗岩锆石谐和图及加权平均年龄图

中粗粒花岗闪长岩 CL 图像呈无色透明的短柱状，也有少量呈长柱状。其粒径较 M1 和 M4 矿段偏大，长度为 120～350 μm，宽度为 90～160 μm。同时，CL 图像显示锆石一般具有发光的核部（低 U）及晶型较好的岩浆振荡环带（见图 3-12），局部自形锆石形态不够完整，呈残缺状，但保留了原有锆石的自形晶型，可能为后期岩浆热液所成。

测试结果显示，6 件锆石样品的锆石年龄数据基本一致，其加权平均年龄分别对应于（375.7±3.3）Ma（MSWD＝1.9，n＝14）、（377.2±2.2）Ma（MSWD＝0.56，n＝14）、（378.9±1.9）Ma（MSWD＝1.3，n＝19）、（378.7±2.1）Ma（MSWD＝0.64，n＝15）、（377.7±2.1）Ma（MSWD＝0.91，n＝15）和（375.5±4.6）Ma（MSWD＝3.9，n＝17）（见图 3-14）。

6 件样品的锆石 Th/U 值范围分别为 0.37～0.63、0.42～0.75、0.38～0.72、0.45～0.82、0.35～0.87 和 0.43～0.73，均大于 0.3，暗示其为典型岩浆成因。这些数据均来自锆石边部环带部位，即 379～375 Ma 代表了岩体的侵位时间。这些年龄也表明牛苦头矿区地表及部分 M1 和 M4 钻孔底部的中粗粒花岗闪长岩侵位于晚泥盆世，属于华力西期岩浆活动。

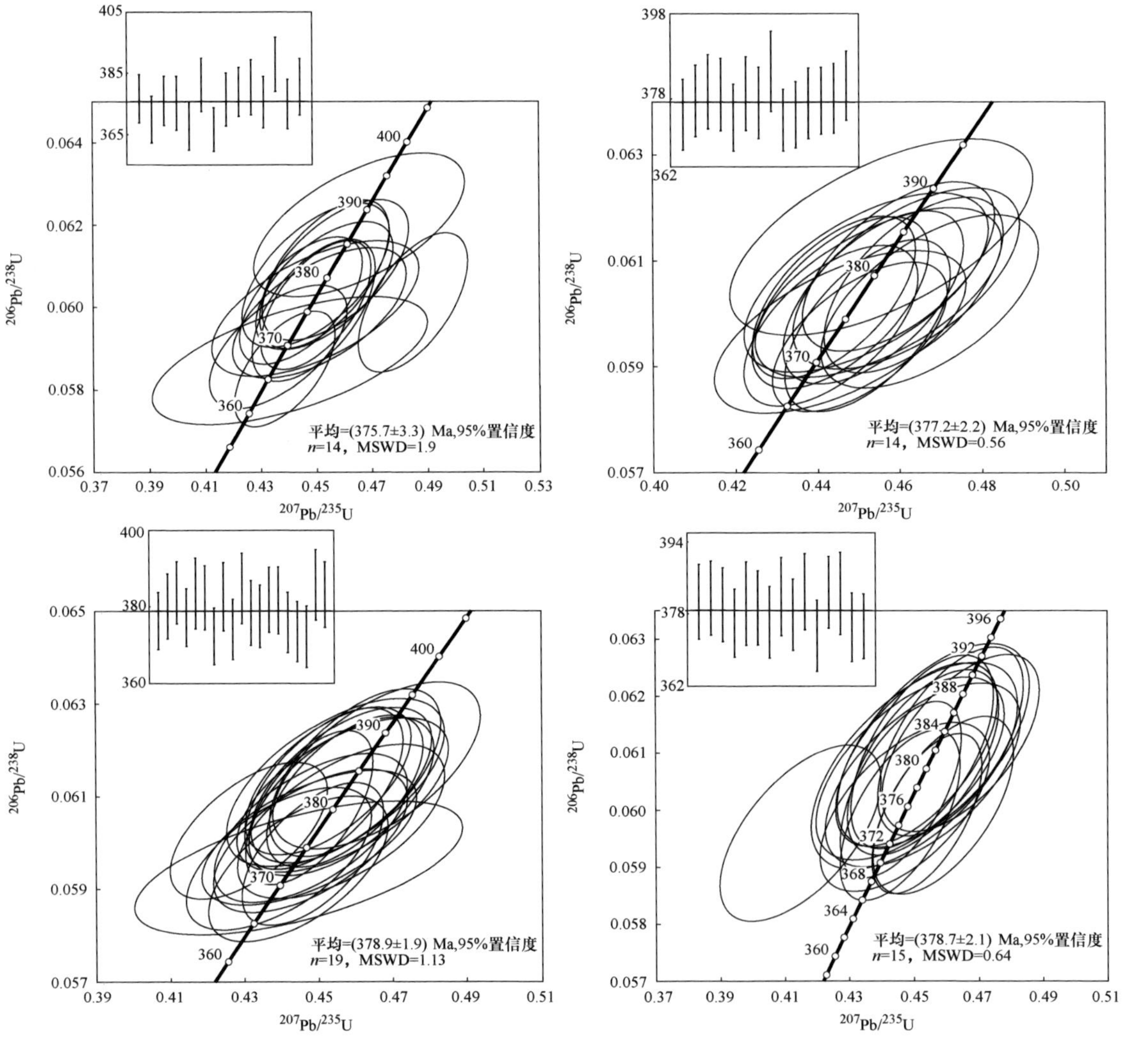

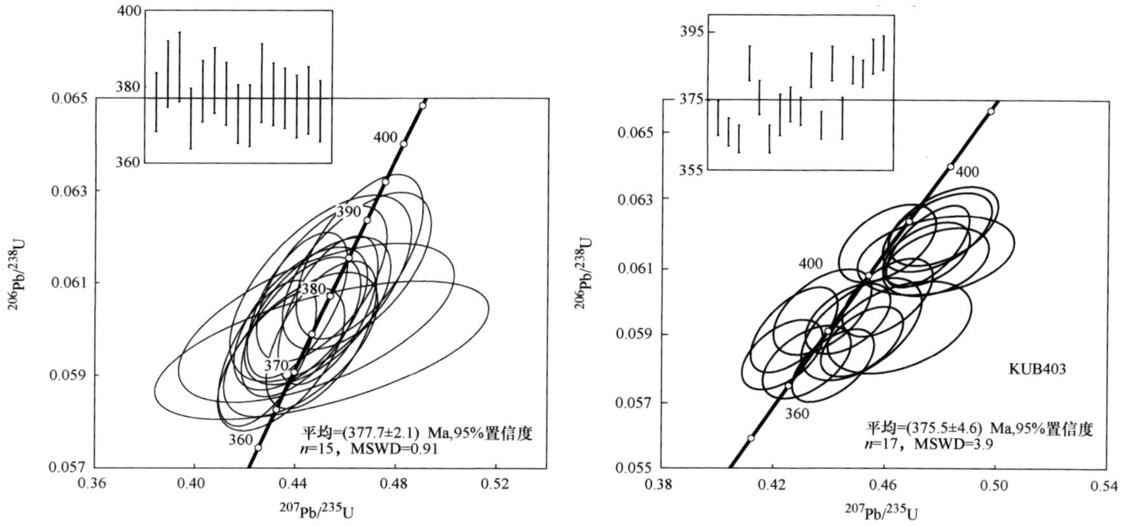

图 3-14　牛苦头 M1 和 M4 矿段花岗闪长岩锆石 U-Pb 年龄谐和图

3.2.1.4　全岩主微量元素特征

牛苦头地表及钻孔底部花岗闪长岩的主微量元素详见表 3-1，其中主量元素氧化物含量（质量分数）为：SiO_2 64.35%～66.44%，K_2O 2.41%～2.63%，CaO 3.51%～4.01%，MgO 1.23%～2.32%。碱（K_2O+Na_2O）含量＝6.08%～6.64%，FeO^T/MgO＝1.51～2.49（平均值为 1.92），属于低钾-高钾钙碱性（见图 3-15（a））。A/CNK 值为 0.98～1.01，具有准铝质成因（见图 3-15（b））。

在 M1 和 M4 矿段钻孔底部二长花岗岩具有较高的 SiO_2 含量（67.01%～68.90%；详见表 3-1），K_2O 含量为 2.66%～5.71%，CaO 含量为 0.46%～3.33%，MgO 含量为 0.91%～1.85%，碱（K_2O+Na_2O）含量 5.90%～6.50%，FeO^T/MgO＝1.74～3.16（平均值为 2.27），属于高钾-钾玄岩系列（见图 3-15（a））。A/CNK＝1.05～2.18，具有准铝质和过铝质成因（见图 3-15（b））。

矿区地表花岗闪长岩稀土元素总体含量略低，$\Sigma REE=113\times10^{-6}\sim160\times10^{-6}$，LREE/HREE＝9.0～10.5，$(La/Yb)_N$＝9.8～12.8，较弱的 Eu 负异常（$\delta Eu$ 为 0.70～0.74），无明显 δCe（0.95～1.03）异常。配分曲线略向右倾，相对富集轻稀土元素，亏损重稀土元素（见图 3-16（a））。

M1 矿段钻孔底部二长花岗岩稀土元素总体含量也略低（详见表 3-1），$\Sigma REE=103\times10^{-6}\sim210\times10^{-6}$，LREE/HREE＝6.9～11.8，$(La/Yb)_N$＝6.7～13.1。较弱的 Eu 负异常（$\delta Eu$ 为 0.60～0.81），δCe（0.66～1.12）不等。配分曲线略向右倾，也相对富集轻稀土元素，亏损重稀土元素（见图 3-16（a））。

表 3-1 牛苦头矿区花岗岩岩体主微量元素分析结果及主要参数

组分及参数		地表中粗粒花岗闪长岩			M1 和 M4 钻孔底部二长花岗岩			M2 矿段钻孔底部二长花岗岩								
		NLC 008	KUB S-038	QHC84	NZC-056	NZC-052	NZC-059	NZC-041	NZC-042	KUC-014	KUC-020	KUC-027A	KUB-125	KUB-132	KUC-02	KUC-04
主要化学成分/%	SiO_2	65.96	64.35	66.44	67.34	68.9	67.01	72.81	71.71	73.79	76.05	67.85	72.53	74.85	71.72	70.03
	TiO_2	0.56	0.51	0.57	0.48	0.36	0.51	0.361	0.404	0.078	0.086	0.44	0.14	0.2	0.21	0.21
	Al_2O_3	16.4	15.99	15.09	15.77	17.15	15.72	14.31	14.66	11.35	11.83	14.83	9.36	11.01	13.7	13.95
	Fe_2O_3	3.4	0.59	0.89	3.72	3.2	3.58	1.36	1.22	0.2	0.1	0.39	0.24	0.39	0.34	0.36
	FeO	0	3.97	2.86	0	0	0	1.12	0.86	2.73	1.63	2.78	1.85	1.85	2.38	2.83
	MnO	0.06	0.07	0.07	0.04	0.03	0.05	0.017	0.02	0.06	0.024	0.045	0.073	0.043	0.044	0.055
	MgO	1.23	2.32	2.23	1.75	0.91	1.85	0.417	0.44	0.38	0.19	0.7	0.78	0.48	0.69	0.8
	CaO	4.01	3.51	3.77	3.33	0.46	3.17	1.11	1.15	1.37	0.77	1.17	4.05	1.05	1.08	1.24
	Na_2O	4.14	4.01	3.61	1.76	0.51	3.84	3.85	3.87	2.12	3.24	4.17	0.28	1.44	3.36	3.95
	K_2O	2.41	2.63	2.47	4.14	5.71	2.66	5.1	5.47	4.76	4.38	4.93	5.37	5.93	4.05	4.05
	P_2O_5	0.12	0.12	0.12	0.12	0.02	0.11	0.092	0.11	0.001	0.025	0.14	0.066	0.082	0.055	0.037
	烧失量/%	1.59	1.88	1.56	1.53	2.68	1.49	0.46	0.93	2.52	1.08	2.03	4.61	2.03	1.82	1.82
	总量/%	99.89	99.95	99.68	99.98	99.93	99.98	101.01	100.84	100.83	100.07	100.62	103.13	100.06	100.33	99.73
A/NK		1.74	1.69	1.75	2.13	2.44	1.71	1.21	1.19	1.31	1.17	1.21	1.49	1.25	1.38	1.28
A/CNK		0.98	1.01	0.97	1.17	2.18	1.05	1.03	1.02	1.02	1.03	1.03	0.68	1.03	1.15	1.06
微量元素/$\times10^{-6}$	Sc	8.79	9.05	9.82	7.96	5.09	8.18	3.70	4.43	1.99	1.56	6.18	3.24	3.70	4.14	4.00
	Cu	2.25	6.79	6.7	6.76	11.8	17.1	46.50	13.30	15.07	10.85	13.97	12.98	41.47	3.06	3.60
	Pb	19.6	12.5	11.6	10.9	6.7	17.4	27.30	24.70	37.30	29.48	18.65	48.76	40.45	22.05	19.78
	Zn	48.4	49.56	58.1	32.9	20.9	47.6	25.50	20.80	76.80	21.12	32.50	463.20	99.72	29.52	49.32
	Ag	0.09	0.08	0	0.03	0.03	0.09	0.24	0.09	0.19	0.07	0.05	0.91	0.50	0.05	0.03

续表 3-1

组分及参数		地表中粗粒花岗闪长岩			M1 和 M4 钻孔底部二长花岗岩			M2 矿段钻孔底部二长花岗岩								
		NLC 008	KUB S-038	QHC84	NZC-056	NZC-052	NZC-059	NZC-041	NZC-042	KUC-014	KUC-020	KUC-027A	KUB-125	KUB-132	KUC-02	KUC-04
微量元素 /$\times10^{-6}$	Rb	76	90	89	160	244	88	205.00	212.00	310.25	229.50	301.75	308.55	314.50	198.90	175.95
	K	19998	21823	20496	34353	47381	22072	42319	45389	39498	36345	40909	44560	49206	33606	33606
	Ba	423	393	523	411	439	445	752.00	727.00	231.88	149.95	449.06	372.45	732.00	482.51	531.67
	Th	12.2	10.1	1.34	10.6	9.99	8.78	35.30	37.00	82.62	41.90	50.98	25.76	32.78	16.09	15.61
	U	2.03	1.26	11	0.92	1.06	2.81	5.84	2.91	12.60	8.22	9.73	6.07	7.52	2.41	3.35
	Nb	6.45	8.9	1.4	6.45	6.74	6.83	17.00	19.00	34.25	24.63	81.13	15.50	22.38	11.88	10.95
	La	37.1	25.65	34.5	30.6	55.5	21	63.70	66.10	15.48	18.98	82.49	24.18	37.86	30.06	28.02
	Ce		48.3	64	63.8	69.9	42.7	136.00	141.00	34.99	48.60	219.24	50.33	78.73	59.83	52.27
	Sr	309	340	320	153	44	320	111.00	123.00	52.91	49.50	127.80	270.00	268.00	130.50	146.70
	Nd	27.7	18.12	24.6	22.8	45.2	17.2	59.10	61.00	19.56	24.72	90.12	21.24	34.92	23.28	20.64
	P	533	524	528	502	96	480	402	480	4	109	611	288	358	240	162
	Zr	152	136	0.61	139	118	134	294.00	317.00	129.71	111.63	399.03	137.81	178.31	121.78	126.42
	Hf	4.44	3.83	1.4	4.55	3.53	4.57	8.24	9.09	4.81	3.55	13.62	5.00	5.95	4.16	4.04
	Sm	4.47	3.43	4.19	3.97	8.05	3.4	9.97	10.70	5.43	5.78	22.00	3.81	6.72	4.11	3.59
	Ti	3372	3060	3396	2886	2154	3042	2166	2424	468	516	2640	840	1200	1260	1260
	Y	18.9	18.1	21.2	13.8	21.8	18	36.50	41.30	51.60	40.30	213.15	19.22	27.10	23.10	24.47
	Yb	2.08	1.89	2.36	1.67	2.57	2.25	4.13	4.80	6.53	4.95	17.50	2.16	3.09	2.76	2.68
	Lu	0.35	0.29	0.32	0.29	0.42	0.39	0.72	0.78	1.03	0.77	2.51	0.33	0.44	0.42	0.42
	Ta	0.72	1.09	7.61	0.74	0.9	0.87	1.41	1.87	1.91	3.28	8.44	2.06	2.27	1.14	1.25

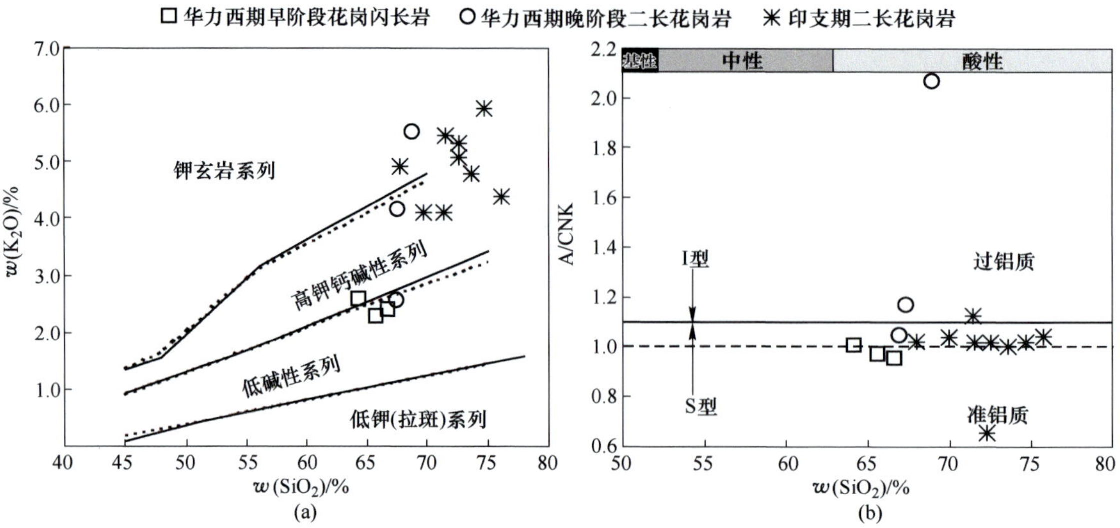

图 3-15　牛苦头花岗岩类 K_2O-SiO_2（a）和 A/CNK-SiO_2（b）图解

（据 Maniar et al. 1989）

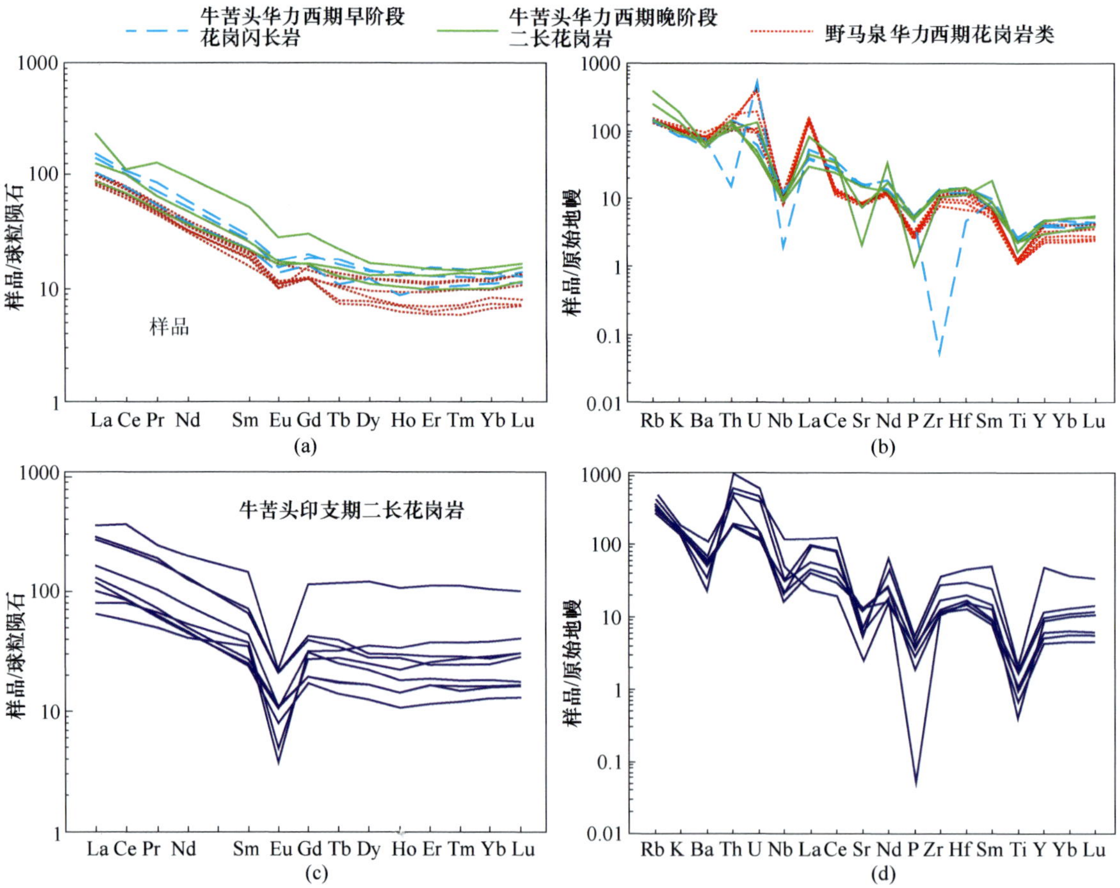

图 3-16　牛苦头矿区花岗岩类稀土元素球粒陨石标准化配分曲线和微量元素原始地幔标准化蛛网图

（a）（b）牛苦头矿区华力西期花岗岩类；（c）（d）牛苦头矿区印支期花岗岩类

（标准化值引自 Sun et al.，1989）

中粗粒花岗闪长岩明显亏损P、Nb、Ta、Ti、Sr、Ba等，富集Rb、Th、U、K等（见图3-16（b）），显示了Ⅰ型花岗岩的特征，与东昆仑早泥盆世后碰撞环境形成的I型花岗岩特征基本一致（赵振明 等，2008）。Rb/Sr值为0.25~0.28，平均值为0.26。

M1矿段钻孔底部二长花岗岩从微量元素原始地幔标准化分布曲线来看，花岗闪长岩富集Rb、Th、U、K等大离子亲石元素，明显亏损高场强元素（P、Nb、Ta、Ti等）和过渡元素（Sr、Ba等）（见图3-16（b）），Nb和Ta的相对亏损指示其岩浆可能来源于地壳重熔，也可能经历了富Nb、Ta矿物的结晶分异作用。Rb/Sr值为0.28~5.61，平均值为2.3。

在稀土元素球粒陨石标准化配分曲线图解上（见图3-16（c）），M2矿段二长花岗岩表现出富集轻稀土元素（LREE）、亏损重稀土元素（HREE）的右倾特征，其负Eu异常较为明显（δEu=0.11~0.56），$\sum$REE为113×10^{-6}~512×10^{-6}，代表了较高分异的岩体。微量元素原始地幔标准化图解（见图3-16（d））上，M2矿段二长花岗岩相对富集Rb、Ba、K、Th、U，而亏损Pb、Nb、Ta、Ti、Sr，显示I型花岗岩的特征。

3.2.1.5 矿物电子探针

A 长石

M1和M4矿段斜长石电子探针分析结果及主要参数见表3-2，在M1和M4矿段钻孔底部二长花岗岩（成矿岩体）的斜长石主要是奥长石和中长石（An=23.23~48.00），而较新鲜中粗粒花岗闪长岩（非成矿岩体）的斜长石主要为拉长石（An=53.20~70.77）。

M2矿段二长花岗岩长石电子探针分析结果及主要参数见表3-2，斜长石主要为钠长石（An=3.47~6.67），钾长石主要为正长石（Or=91.91~96.26）。

B 黑云母

黑云母电子探针分析结果及相关参数见表3-3。据Rieder等人（1998）提出的黑云母命名方法，结合Mg-Al^{VI}+Fe^{3+}+Ti-Fe^{2+}+Mn图解对黑云母进行分类（见图3-17），牛苦头M1和M4钻孔底部强蚀变花岗岩类中黑云母成分变化范围较大，其主要属于铁叶云母和金云母系列。华力西期地表花岗闪长岩中的黑云母主要属于富镁黑云母系列。M2矿段印支期二长花岗岩中的黑云母多属于铁叶云母系列。

C 角闪石

电子探针分析结果（见表3-4）显示，牛苦头M1和M4矿段的角闪石贫Na、K，其$n(Na+K)_A<0.5$，其成分主要属于镁角闪石（见图3-18）。

3.2.1.6 锆石Hf同位素特征

选取地表及钻孔底部较新鲜的中粗粒花岗闪长岩和M1矿段钻孔底部二长花岗岩岩样品中各15颗锆石完成LA-ICP-MS锆石测年，进行原位Lu-Hf同位素测定，结果显示，^{76}Lu/^{177}Hf平均值低于0.002，表明锆石形成后由Lu衰变为Hf的数量极少，因而所得的^{176}Lu/^{177}Hf值可以反映岩浆演化过程中Hf同位素的组成情况（吴福元 等，2007）。另外两期岩体的$f_{Lu/Hf}$（$f_{Lu/Hf}=(^{176}Lu/^{177}Hf)/0.0332-1$）普遍较低，其中非成矿岩体平均值为-0.964，成矿岩体平均值为-0.974，说明计算所得的锆石Lu-Hf二阶段模式年龄（T_{DM2}）指示源区物质在地壳中存留年限或从地幔中抽离的年限是合理的。

表 3-2 牛苦头矿区 M1 和 M4 矿段斜长石电子探针分析结果及主要参数

组分及参数		M1	M1	M4	M4	地表	地表	地表	M2	M2	M2	M2	M2	M2	M2	M2	M2	M2
		NZB 202	NZB 202	NZB 158	NZB 158	NLB 002	NLB 002	NLB 002	NZB39	NZB39	NZB39	NZB40	NZB40	NZB40	NZB80	NZB80	NZB80	NZB81
主要化学成分/%	SiO_2	62.48	59.06	58.6	56.03	55.15	53.65	50.62	67.46	66.98	64.67	65.85	65.45	64.60	66.72	64.60	64.86	64.68
	Al_2O_3	23.18	25.05	26.01	27.25	28.08	28.65	31.59	20.19	20.30	17.75	17.65	18.13	18.00	20.71	17.97	17.95	17.63
	CaO	4.74	7.28	7.79	9.56	10.83	11.57	13.95	0.97	1.42	0.03	0.01	0.00	0.00	0.72	0.00	0.00	0.02
	Na_2O	8.56	7.06	6.84	5.62	5.17	4.86	2.86	10.84	10.84	0.50	0.90	0.76	0.31	10.50	0.44	0.41	0.51
	K_2O	0.15	0.28	0.21	0.15	0.14	0.19	0.5	0.39	0.16	16.18	15.58	15.16	16.45	0.77	16.30	16.20	16.41
离子数	Si	2.79	2.67	2.63	2.55	2.5	2.45	2.31	2.96	2.94	3.02	3.03	3.02	3.01	2.94	3.01	3.01	3.02
	Al	1.22	1.33	1.38	1.46	1.5	1.54	1.7	1.04	1.05	0.98	0.96	0.99	0.99	1.08	0.99	0.98	0.97
	Ca	0.23	0.35	0.37	0.47	0.53	0.57	0.68	0.05	0.07	0.00	0.00	0.00	0.00	0.03	0.00	0.00	0.00
	Na	0.74	0.62	0.6	0.5	0.45	0.43	0.25	0.92	0.92	0.05	0.08	0.07	0.03	0.90	0.04	0.04	0.05
	K	0.01	0.02	0.01	0.01	0.01	0.01	0.03	0.02	0.01	0.96	0.92	0.89	0.98	0.04	0.97	0.96	0.98
An		23.23	35.7	38.15	48	53.2	56.19	70.77	4.62	6.67	0.14	0.06	0.00	0.00	3.47	0.00	0.00	0.08
Ab		75.87	62.67	60.65	51.09	45.96	42.73	26.23	93.20	92.45	4.49	8.03	7.09	2.75	92.11	3.97	3.74	4.51
Or		0.9	1.62	1.2	0.91	0.84	1.08	3	2.18	0.88	95.37	91.91	92.91	97.25	4.42	96.03	96.26	95.41

表 3-3 黑云母电子探针分析结果及相关参数

组分及参数		地表	地表	地表	地表	地表	地表	M1	M1	M4	M4	M2 0701	M2 0701	M2 0701
		NLB002-2.1	NLB002-2.2	NLB002-2.3	NLB002-3.1	NLB002-3.2	NLB002-3.3	NZB202-1.1	NZB202-1.2	NZB126-6	NZB126-1	N0610-13	N0610-13	N0610-13
主要成分/%	SiO_2	36.48	36.73	36.71	36.69	36.35	36.57	39.16	39.03	37.57	37.74	25.83	25.26	25.08
	TiO_2	3.96	3.93	4.09	4.09	4.2	4.16		0.13	2.46	3.06	0.08	0.05	0.09
	Al_2O_3	13.27	13.24	13.22	13.24	13.23	13.04	13.81	13.95	15.77	15.45	19.62	19.73	20.07
	FeO	20.89	21.21	21.08	21.06	21.65	21.01	9.72	8.31	16.92	17.99	32.02	31.89	31.64
	MnO	0.34	0.27	0.33	0.3	0.27	0.29	0.07	0.05	0.16	0.15	0.55	0.48	0.58
	MgO	10.36	10.47	10.47	10.41	10.29	10.5	17.7	18.67	11.96	11.09	9.48	9.85	9.24
	CaO		0.01	0.01	0.06	0.01	0.08		0.05	0.15	0.13	0.03	0.04	0.05
	Na_2O	0.12	0.1	0.09	0.06	0.11	0.11	0.15	0.13	0.05	0.09	0.01	0.05	0.13
	K_2O	9.49	9.54	9.09	9.04	9.38	8.79	9.68	9.51	9.4	8.92	0.00	0.00	0.02
	F	0.3	0.11	0.18	0.22	0.29		2.59	3.21	0.34	0.08	0.14		
	Cl	0.13	0.1	0.12	0.1	0.09	0.11	0.18	0.17	0.39	0.36	0.03	0.03	0.06
总量/%		95.33	95.72	95.37	95.27	95.86	94.65	93.06	93.2	95.17	95.05	87.79	87.38	86.95
O=F，Cl		0.16	0.07	0.1	0.11	0.14	0.02	1.13	1.39	0.23	0.11	0.07	0.01	0.01
总量/%		95.17	95.65	95.27	95.15	95.72	94.63	91.93	91.81	94.94	94.93	87.73	87.37	86.94
Si		5.66	5.67	5.67	5.68	5.62	5.68	6	5.96	5.7	5.73	4.44	4.36	4.35
Al^{IV}		2.34	2.33	2.33	2.32	2.38	2.32	2	2.04	2.3	2.27	3.56	3.64	3.65
Al^{VI}		0.09	0.08	0.08	0.09	0.04	0.06	0.49	0.48	0.52	0.49	0.42	0.38	0.46
Ti		0.46	0.46	0.47	0.48	0.49	0.49	0	0.02	0.28	0.35	0.01	0.01	0.01
Fe		2.71	2.74	2.72	2.72	2.8	2.73	1.25	1.06	2.15	2.28	4.61	4.61	4.59

续表 3-3

组分及参数	地表	地表	地表	地表	地表	地表	M1	M1	M4	M4	M2 0701	M2 0701	M2 0701
	NLB002-2. 1	NLB002-2. 2	NLB002-2. 3	NLB002-3. 1	NLB002-3. 2	NLB002-3. 3	NZB202-1. 1	NZB202-1. 2	NZB126-6	NZB126-1	N0610-13	N0610-13	N0610-13
Mn	0. 04	0. 03	0. 04	0. 04	0. 04	0. 04	0. 01	0. 01	0. 02	0. 02	0. 08	0. 07	0. 09
Mg	2. 4	2. 41	2. 41	2. 4	2. 37	2. 43	4. 04	4. 25	2. 71	2. 51	2. 43	2. 54	2. 39
Ca	0	0	0	0. 01	0	0. 01	0	0. 01	0. 02	0. 02	0. 01	0. 01	0. 01
Na	0. 03	0. 03	0. 03	0. 02	0. 03	0. 03	0. 04	0. 04	0. 02	0. 03	0. 00	0. 02	0. 04
K	1. 88	1. 88	1. 79	1. 78	1. 85	1. 74	1. 89	1. 85	1. 82	1. 73	0. 00	0. 00	0. 00
OH	3. 82	3. 92	3. 88	3. 87	3. 84	3. 97	2. 7	2. 41	3. 74	3. 87	3. 92	3. 99	3. 98
F	0. 15	0. 05	0. 09	0. 11	0. 14	0	1. 26	1. 55	0. 16	0. 04	0. 08	0. 00	0. 00
Cl	0. 03	0. 03	0. 03	0. 03	0. 02	0. 03	0. 05	0. 04	0. 1	0. 09	0. 01	0. 01	0. 02
总 Al	2. 43	2. 41	2. 41	2. 41	2. 41	2. 39	2. 49	2. 51	2. 82	2. 76	3. 98	4. 02	4. 11
Fe/(Fe+Mg)	0. 53	0. 53	0. 53	0. 53	0. 54	0. 53	0. 24	0. 2	0. 44	0. 48	0. 65	0. 64	0. 66
$Mg/(Fe^{2+}+Mg)$	0. 47	0. 47	0. 47	0. 47	0. 46	0. 47	0. 76	0. 8	0. 56	0. 52	0. 47	0. 47	0. 47
p/kbar	0. 82	0. 77	0. 77	0. 79	0. 78	0. 7	1. 03	1. 08	2. 01	1. 84	0. 53	0. 65	0. 92
深度/km	3. 05	2. 85	2. 85	2. 91	2. 89	2. 6	3. 79	4	5. 45	4. 82	2. 44	2. 89	3. 89
T/℃	750	740	730	720	730	710	810	830	750	770	785	820	775
$\lg f_{O_2}$	−16. 3	−16. 5	−16. 7	−16. 8	−16. 7	−16. 9	−13. 3	−13. 1	−14. 3	−14. 1	−15. 2	−15. 3	−15. 4
$\lg(H_2O/HF)$	4. 66	5. 15	4. 95	4. 9	4. 73	—	3. 73	3. 57	4. 71	5. 29	4. 87	—	—
$\lg(H_2O/HCl)$	4. 1	4. 23	4. 18	4. 28	4. 3	4. 25	3. 9	3. 87	3. 67	3. 68	4. 71	4. 70	4. 39
lg(HF/HCl)	1. 57	1. 93	1. 79	1. 63	1. 43	—	1. 11	1	2. 13	2. 65	1. 15	—	—

注：1 bar = 10^5 Pa。

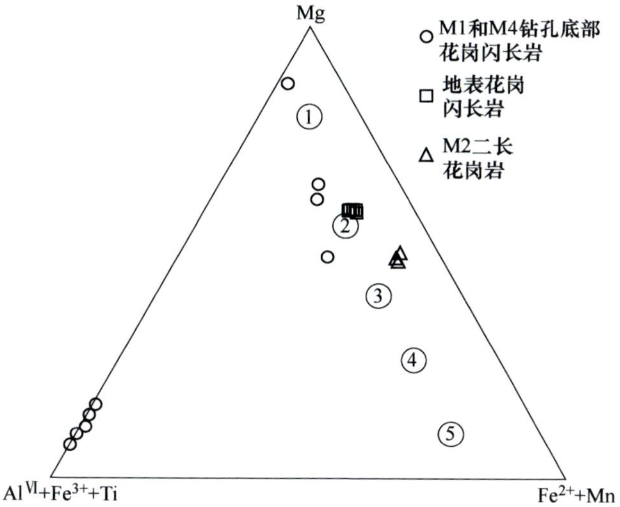

图 3-17 牛苦头花岗岩黑云母分类图解

①—金云母；②—富镁黑云母；③—镁铁黑云母；④—富铁黑云母；⑤—铁叶云母

表 3-4 角闪石电子探针分析成分及压力计算

组分及参数	地表	地表	地表	地表	地表
	NLB002-5. 1	NLB002-5. 2	NLB002-5. 3	NLB002-5. 4	NLB002-5. 5
Si	7. 06	7. 00	6. 93	7. 09	6. 94
Al	0. 94	1. 00	1. 08	0. 91	1. 06
Sum_T	8. 00	8. 00	8. 00	8. 00	8. 00
Al	0. 186	0. 238	0. 291	0. 311	0. 332
Ti	0. 113	0. 139	0. 17	0. 144	0. 176
Cr^{3+}	0. 003	0. 004	0	0. 003	0. 001
Fe^{3+}	0. 266	0. 269	0. 081	0. 093	0. 094
Mg	2. 575	2. 52	2. 641	2. 726	2. 592
Fe	1. 858	1. 83	1. 818	1. 723	1. 805
Sum_C	5	5	5	5	5
Fe	0. 025	0. 07	0. 074	0. 127	0. 102
Mn	0. 067	0. 065	0. 042	0. 035	0. 045
Ca	1. 803	1. 712	1. 754	1. 655	1. 685
Na	0. 105	0. 153	0. 131	0. 182	0. 167
Sum_B	2	2	2	2	2
Na	0. 262	0. 277	0. 411	0. 33	0. 348
K	0. 107	0. 088	0. 083	0. 072	0. 097

续表 3-4

组分及参数	地表	地表	地表	地表	地表
	NLB002-5. 1	NLB002-5. 2	NLB002-5. 3	NLB002-5. 4	NLB002-5. 5
Sum_A	0. 369	0. 365	0. 495	0. 402	0. 445
OH	0	0	0	0	0
F	0. 048	0. 066	0. 121	0. 036	0. 06
Cl	0. 014	0. 029	0. 025	0. 023	0. 022
Sum_W	0. 062	0. 095	0. 146	0. 059	0. 082
^{T}Al	1. 13	1. 24	1. 37	1. 23	1. 39
压力/kbar	0. 43	0. 55	0. 65	0. 72	0. 42
深度/km	1. 32	2. 42	2. 12	1. 55	1. 87
K	2. 17	1. 83	2. 07	2. 23	1. 89
X_{Ab}	0. 67	0. 61	0. 76	0. 66	0. 68
温度/K	974. 65	997. 10	968. 74	964. 74	982. 11
温度/℃	701. 65	724. 10	695. 74	691. 74	709. 11

注：1 bar = 10^5 Pa。

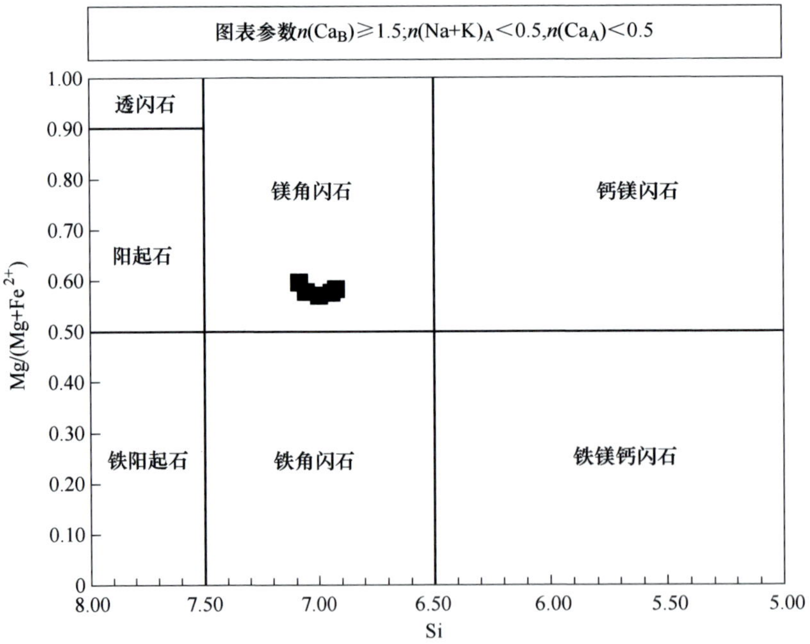

图 3-18　华力西期地表角闪石分类图解

分析结果表明，牛苦头地表新鲜花岗闪长岩锆石 15 个点的$^{176}Hf/^{177}Hf$ 值为 0. 282565～0. 252727，根据各锆石点的$^{206}Pb/^{238}U$，其 $\varepsilon_{Hf}(t)$ = 0. 59～7. 00（平均值为 3. 58），一阶段

模式年龄为 749~1004 Ma，二阶段模式年龄为 948~1353 Ma（平均值为 1163 Ma）。

M1 矿段深部（钻孔底部）强蚀变二长花岗岩锆石 15 个点的 $^{176}Hf/^{177}Hf$ 值为 0.282535~0.282703，根据各锆石点的 $^{206}Pb/^{238}U$ 值，其 $\varepsilon_{Hf}(t)$ = 0.67~5.59（平均值为 2.34），一阶段模式年龄为 779~1006 Ma，二阶段模式年龄为 1085~1364 Ma（平均值为 1225 Ma）。

3.2.1.7 全岩 Sr-Nd 同位素特征

华力西期花岗岩类 I_{Sr}（$^{87}Sr/^{86}Sr$）变化范围较大 0.71641 ~ 0.75711（见表 3-5），$\varepsilon_{Nd}(t)$ 变化范围为 3.42~5.2，T_{DM2} = 1048~1069 Ma。如图 3-19 所示，华力西期花岗岩类主要源于古老地壳。

表 3-5 牛苦头矿区岩浆岩 Sr-Nd 同位素组成

样品号	岩性	年龄/Ma	Rb	Sr	$^{87}Rb/^{86}Sr$	$^{87}Sr/^{86}Sr$	Sm
N1824-17	花岗闪长岩	399	125×10^{-6}	202×10^{-6}	0.007953	0.716453	4.14×10^{-6}
N1823-43	钾长花岗岩	401	124×10^{-6}	45.7×10^{-6}	0.005608	0.757138	2.67×10^{-6}
N1720-15	黑云母花岗岩	399	322×10^{-6}	153×10^{-6}	0.001286	0.731522	3.96×10^{-6}
N1720-6	斑状花岗岩	224	124×10^{-6}	287×10^{-6}	0.000293	0.712975	4.82×10^{-6}
N1803-1	花岗闪长斑岩	225	78×10^{-6}	456×10^{-6}	0.000175	0.710441	6.26×10^{-6}
N1804-3	花岗闪长岩	225	124×10^{-6}	306×10^{-6}	0.000114	0.713101	5.12×10^{-6}

样品号	Nd	$^{147}Sm/^{144}Nd$	$^{143}Nd/^{144}Nd$	I_{Sr}	$\varepsilon_{Sr}(0)$	$\varepsilon_{Sr}(t)$	$f_{Rb/Sr}$
N1824-17	24.1×10^{-6}	0.002360	0.512305	0.71641	169.7	175.8	-0.9
N1823-43	11.4×10^{-6}	0.000307	0.512389	0.75711	747.2	754	-0.93
N1720-15	22.1×10^{-6}	0.009161	0.512344	0.73151	383.6	390.3	-0.98
N1720-6	28.5×10^{-6}	0.003731	0.512313	0.71297	120.3	124	-1
N1803-1	32.4×10^{-6}	0.002102	0.512324	0.71044	84.3	88.1	-1
N1804-3	28.8×10^{-6}	0.003618	0.512323	0.71310	122.1	125.9	-1

样品号	I_{Nd}	T_{DM}	T_{DM2}	T_{CHUR}	$\varepsilon_{Nd}(0)$	$\varepsilon_{Nd}(t)$	$f_{Sm/Nd}$
N1824-17	0.512299	611	867	262	-6.5	3.42	0.99
N1823-43	0.512388	545	722	194	-4.86	5.2	-1
N1720-15	0.51232	603	835	240	-5.74	3.83	-0.95
N1720-6	0.512307	609	1069	257	-6.34	-0.83	-0.98
N1803-1	0.512321	597	1048	246	-6.12	-0.53	-0.99
N1804-3	0.512318	602	1053	249	-6.15	-0.59	-0.98

注：同位素校正公式：（$^{87}Sr/^{86}Sr$）$_i$ =（$^{87}Sr/^{86}Sr$）$_{样品}$ + $^{87}Rb/^{86}Sr$（$e\cdot t^{-1}$），$\lambda = 1.42\times10^{-11}\,a^{-1}$；$^{143}Nd/^{144}Nd_i$ =（$^{143}Nd/^{144}Nd$）$_{样品}$ +（$^{147}Sm/^{144}Nd$）$_m\times$（$e\cdot t^{-1}$），$\varepsilon Nd(t)$ = [（$^{143}Nd/^{144}Nd$）$_{样品}$/（$^{143}Nd/^{144}Nd$）$_{CHUR}$（t）$^{-1}$] $\times10^4$，（$^{143}Nd/^{144}Nd$）$_{CHUR}$（t）= 0.512638−0.1967×（$e\cdot t^{-1}$），$T_{DM} = 1/\lambda\times\ln\{1+[((^{143}Nd/^{144}Nd)_{样品}-0.51315)/((^{147}Sm/^{144}Nd)_{样品}-0.21317)]\}$，$\lambda_{Sm\text{-}Nd} = 6.54\times10^{-12}\,a^{-1}$；$f_{Rb/Sr}$ 代表 Rb/Sr 分异程度；$f_{Sm/Nd}$ 代表 Sm/Nd 分异程度。

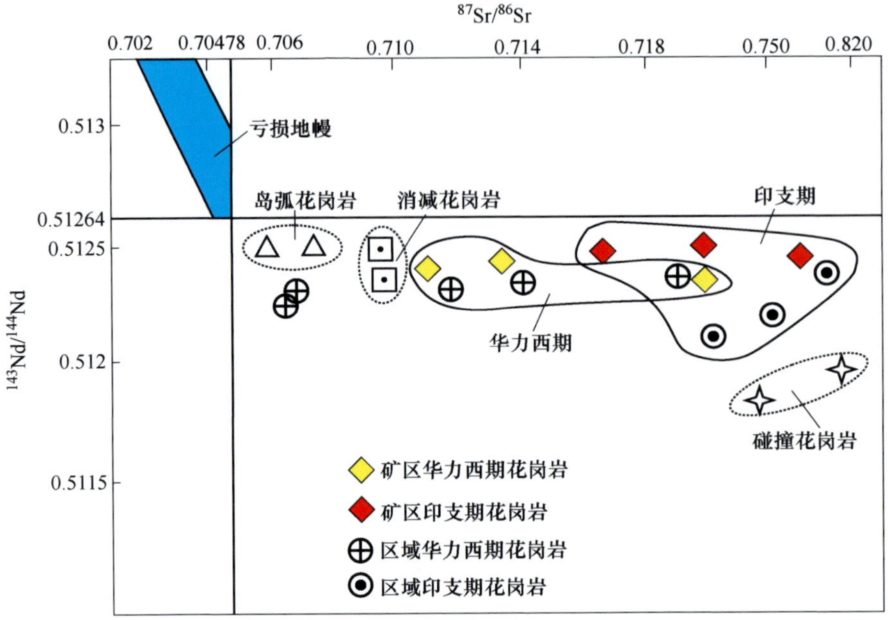

图 3-19　牛苦头矿区及区域内两期花岗岩$^{87}Sr/^{86}Sr$-$^{143}Nd/^{144}Nd$同位素判别图

（底图据张爱奎，2012）

3.2.2　印支期岩浆岩年代学、矿物地球化学特征

3.2.2.1　样品的选取和采集

选取 M1 矿段露天采场西南侧地表出露岩体斑状花岗岩（N1720-3）黑云母辉长岩（N1720-1），M1 矿段 ZK0411 钻孔中花岗闪长斑岩（N1803-2）和黑云母闪长玢岩（N1803-6），共 4 件样品进行锆石 LA-ICP-MS U-Pb 测年。

对 M1 矿段西南侧不同岩性的印支期样品共选取 11 件作为主微量样品分析对象。

锆石 Hf 同位素原位分析主要在原 U-Pb 锆石分析点位进行，共选取 3 件样品进行锆石 Hf 同位素原位分析。

共选取印支期样品 3 件进行 Sr-Nd 同位素分析，岩性主要为斑状花岗岩和花岗闪长岩。

3.2.2.2　分析测试方法

样品分析测试方法同 3.2.1.2 节。

3.2.2.3　锆石 U-Pb 年代学特征

M1 矿段露天采场西南侧地表出露岩体斑状花岗岩（N1720-3）锆石 U-Pb 测年结果见表 3-6。本书选择的 22 颗锆石均呈自形-半自形粒状结构，晶型完整，环带清楚（见图 3-20），锆石的 Th 含量为 $99.6\times10^{-6}\sim338\times10^{-6}$，U 含量为 $202\times10^{-6}\sim578\times10^{-6}$，Th/U 值为 0.41~0.67，符合岩浆锆石属性。22 个分析点曲线位置一致（见图 3-21（a）），$^{206}Pb/^{238}U$ 年龄区间为 219~228 Ma，加权平均年龄为（224.0±1.2）Ma（MSWD=2.4，n=22）（见图 3-21（b）），表明 M1 矿段露天采场西南侧地表出露的斑状花岗岩的形成时代为三叠世。

表 3-6 M1 矿段露天采场西南侧地表斑状花岗岩锆石 LA-ICP-MS U-Pb 分析结果

样品号	Th	U	Th/U	$^{207}Pb/^{206}Pb$		$^{207}Pb/^{235}U$		$^{206}Pb/^{238}U$		$^{207}Pb/^{206}Pb$		$^{207}Pb/^{235}U$		$^{206}Pb/^{238}U$	
	$\times10^{-6}$			比值	1σ	比值	1σ	比值	1σ	年龄	1σ	年龄	1σ	年龄	1σ
N1720-3-1	144	304	0. 47	0. 0508	0. 0012	0. 2522	0. 0060	0. 0360	0. 0003	232	54	228	5	228	2
N1720-3-2	191	381	0. 50	0. 0500	0. 0011	0. 2398	0. 0049	0. 0348	0. 0003	195	48	218	4	221	2
N1720-3-3	195	416	0. 47	0. 0515	0. 0011	0. 2555	0. 0052	0. 0360	0. 0003	261	48	231	4	228	2
N1720-3-4	240	480	0. 50	0. 0528	0. 0009	0. 2522	0. 0046	0. 0346	0. 0003	320	44	228	4	219	2
N1720-3-5	112	272	0. 41	0. 0522	0. 0012	0. 2539	0. 0061	0. 0352	0. 0003	295	52	230	5	223	2
N1720-3-7	188	424	0. 44	0. 0551	0. 0009	0. 2714	0. 0046	0. 0357	0. 0003	417	32	244	4	226	2
N1720-3-8	159	256	0. 62	0. 0521	0. 0011	0. 2553	0. 0055	0. 0355	0. 0003	287	53	231	4	225	2
N1720-3-10	306	478	0. 64	0. 0512	0. 0009	0. 2536	0. 0046	0. 0359	0. 0003	250	39	229	4	227	2
N1720-3-11	243	511	0. 47	0. 0507	0. 0010	0. 2432	0. 0046	0. 0348	0. 0002	233	72	221	4	220	2
N1720-3-12	99. 6	204	0. 49	0. 0560	0. 0021	0. 2781	0. 0093	0. 0361	0. 0003	454	81	249	7	228	2
N1720-3-13	125	212	0. 59	0. 0530	0. 0015	0. 2594	0. 0075	0. 0354	0. 0004	328	63	234	6	224	2
N1720-3-14	258	383	0. 67	0. 0508	0. 0010	0. 2436	0. 0048	0. 0348	0. 0003	232	44	221	4	220	2
N1720-3-16	176	306	0. 57	0. 0512	0. 0011	0. 2514	0. 0057	0. 0356	0. 0003	250	52	228	5	225	2
N1720-3-17	181	367	0. 49	0. 0513	0. 0010	0. 2492	0. 0049	0. 0352	0. 0003	254	44	226	4	223	2
N1720-3-18	212	439	0. 48	0. 0507	0. 0011	0. 2461	0. 0051	0. 0352	0. 0003	228	50	223	4	223	2
N1720-3-19	206	325	0. 64	0. 0517	0. 0010	0. 2560	0. 0052	0. 0359	0. 0003	272	42	231	4	227	2
N1720-3-20	291	572	0. 51	0. 0513	0. 0008	0. 2492	0. 0040	0. 0352	0. 0002	254	42	226	3	223	1
N1720-3-21	194	342	0. 57	0. 0526	0. 0012	0. 2564	0. 0060	0. 0353	0. 0003	322	50	232	5	224	2
N1720-3-22	216	467	0. 46	0. 0506	0. 0009	0. 2462	0. 0047	0. 0353	0. 0003	220	36	224	4	223	2
N1720-3-23	338	578	0. 58	0. 0519	0. 0012	0. 2578	0. 0109	0. 0356	0. 0005	283	58	233	9	225	3
N1720-3-24	171	364	0. 47	0. 0506	0. 0010	0. 2481	0. 0049	0. 0356	0. 0003	233	79	225	4	226	2
N1720-3-25	114	202	0. 56	0. 0523	0. 0014	0. 2505	0. 0064	0. 0348	0. 0003	298	64	227	5	220	2

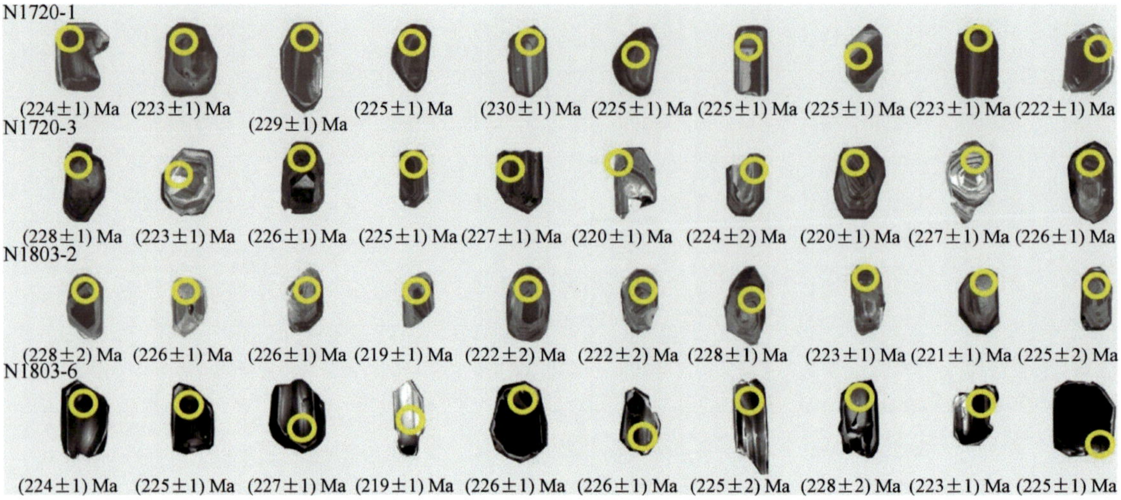

图 3-20　牛苦头印支期岩浆岩锆石阴极发光图像

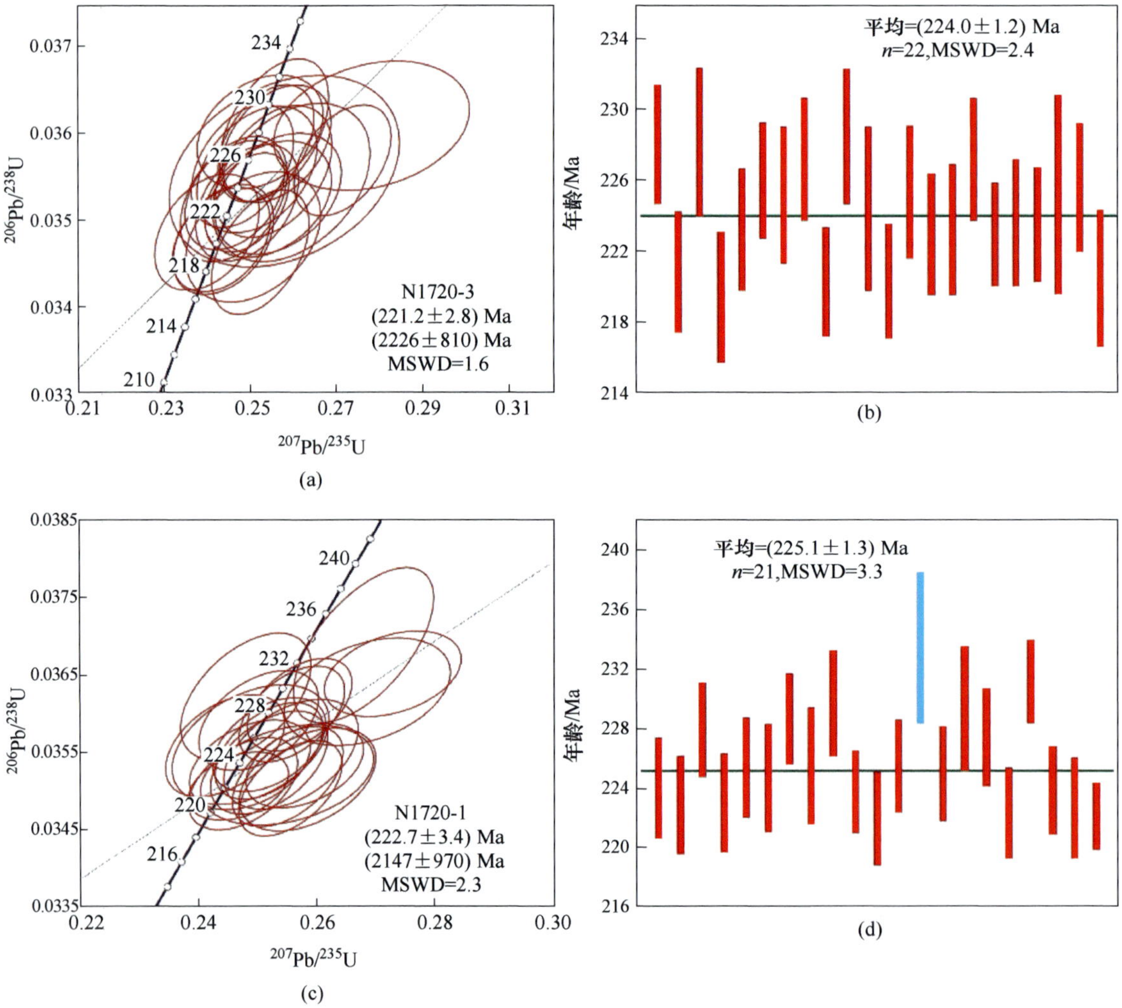

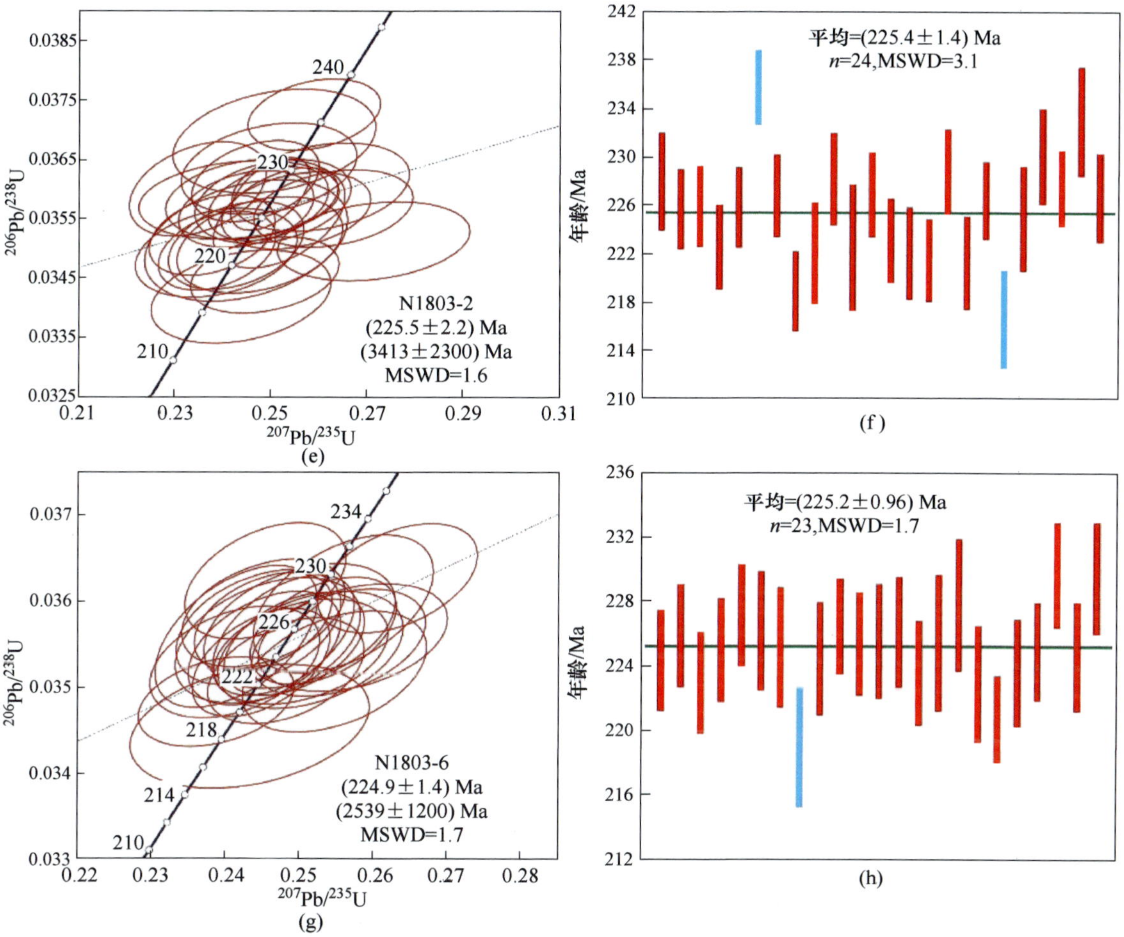

图 3-21 牛苦头矿区印支期岩浆岩锆石年龄谐和图和加权平均年龄

M1 矿段露天采场西南侧地表出露岩体黑云母辉长岩（N1720-1）锆石 U-Pb 测年结果见表 3-7。本书选择的 21 颗锆石均呈自形-半自形粒状结构，晶型完整，环带清楚（见图 3-20），锆石的 Th 含量为 $236\times10^{-6}\sim1293\times10^{-6}$，U 含量为 $253\times10^{-6}\sim1192\times10^{-6}$，Th/U 值为 0.63～1.10，符合岩浆锆石属性。21 个分析点曲线位置一致（见图 3-21（c）），$^{206}Pb/^{238}U$ 年龄区间为 222～233 Ma，加权平均年龄为（225.1±1.3）Ma（MSWD＝3.3，n＝21）（见图 3-21（d）），表明 M1 矿段露天采场西南侧地表出露的黑云母辉长岩的形成时代为三叠世。

M1 矿段 ZK0411 钻孔中花岗闪长斑岩（N1803-2）锆石 U-Pb 测年结果见表 3-8。本书选择的 23 颗锆石均呈自形-半自形粒状结构，晶型完整，环带清楚（见图 3-20），锆石的 Th 含量为 $85.4\times10^{-6}\sim418\times10^{-6}$，U 含量为 $160\times10^{-6}\sim1209\times10^{-6}$，Th/U 值为 0.47～0.75，符合岩浆锆石属性。24 个分析点曲线位置一致（见图 3-21（e）），$^{206}Pb/^{238}U$ 年龄区间为 217～236 Ma，加权平均年龄为（225.4±1.4）Ma（MSWD＝3.1，n＝24）（见图 3-21（f）），表明 M 矿段 ZK0411 钻孔中花岗闪长斑岩的形成时代为三叠世。

M1 矿段 ZK0411 钻孔中黑云母闪长玢岩（N1803-6）锆石 U-Pb 测年结果见表 3-9。本

表 3-7　M1 矿段露天采场西南侧地表黑云母辉长岩锆石 LA-ICP-MS U-Pb 分析结果

样品号	Th	U	Th/U	$^{207}Pb/^{206}Pb$		$^{207}Pb/^{235}U$		$^{206}Pb/^{238}U$		$^{207}Pb/^{206}Pb$		$^{207}Pb/^{235}U$		$^{206}Pb/^{238}U$	
	$\times10^{-6}$			比值	1σ	比值	1σ	比值	1σ	年龄/Ma	1σ/Ma	年龄/Ma	1σ/Ma	年龄/Ma	1σ/Ma
N1720-1-1	834	835	1.00	0.0516	0.0008	0.2519	0.0041	0.0354	0.0003	333	33	228	3	224	2
N1720-1-2	542	688	0.79	0.0526	0.0008	0.2551	0.0038	0.0352	0.0003	309	33	231	3	223	2
N1720-1-3	563	782	0.72	0.0515	0.0007	0.2558	0.0037	0.0360	0.0003	265	33	231	3	228	2
N1720-1-4	236	253	0.94	0.0526	0.0012	0.2549	0.0060	0.0352	0.0003	309	54	231	5	223	2
N1720-1-5	270	412	0.66	0.0498	0.0008	0.2445	0.0041	0.0356	0.0003	187	44	222	3	225	2
N1720-1-6	399	577	0.69	0.0522	0.0009	0.2556	0.0047	0.0355	0.0003	295	37	231	4	225	2
N1720-1-7	1293	1192	1.08	0.0516	0.0007	0.2571	0.0037	0.0361	0.0002	333	31	232	3	229	2
N1720-1-8	264	416	0.63	0.0507	0.0011	0.2488	0.0054	0.0356	0.0003	228	50	226	4	225	2
N1720-1-10	320	422	0.76	0.0536	0.0011	0.2686	0.0058	0.0363	0.0003	354	44	242	5	230	2
N1720-1-11	652	731	0.89	0.0529	0.0008	0.2579	0.0041	0.0353	0.0002	324	33	233	3	224	1
N1720-1-12	1089	1051	1.04	0.0529	0.0007	0.2555	0.0036	0.0350	0.0003	324	27	231	3	222	2
N1720-1-13	782	736	1.06	0.0513	0.0008	0.2519	0.0039	0.0356	0.0002	257	40	228	3	225	2
N1720-1-15	606	614	0.99	0.0528	0.0009	0.2680	0.0049	0.0369	0.0004	320	44	241	4	233	3
N1720-1-18	964	1092	0.88	0.0515	0.0007	0.2519	0.0037	0.0355	0.0003	261	33	228	3	225	2
N1720-1-19	605	549	1.10	0.0497	0.0009	0.2480	0.0045	0.0362	0.0003	189	41	225	4	229	2
N1720-1-20	585	920	0.64	0.0505	0.0007	0.2502	0.0042	0.0359	0.0003	217	33	227	3	227	2
N1720-1-21	1066	982	1.09	0.0511	0.0007	0.2475	0.0038	0.0351	0.0002	256	33	225	3	222	2
N1720-1-22	528	524	1.01	0.0542	0.0009	0.2730	0.0047	0.0365	0.0002	389	41	245	4	231	1
N1720-1-23	775	736	1.05	0.0510	0.0008	0.2487	0.0042	0.0353	0.0002	239	32	225	3	224	1
N1720-1-24	444	517	0.86	0.0533	0.0010	0.2584	0.0047	0.0351	0.0003	343	44	233	4	223	2
N1720-1-25	914	1075	0.85	0.0510	0.0007	0.2467	0.0035	0.0351	0.0002	239	31	224	3	222	1

表 3-8 牛苦头 M1 矿段 ZK0411 钻孔中花岗闪长斑岩锆石 LA-ICP-MS U-Pb 分析结果

样品号	Th	U	Th/U	$^{207}Pb/^{206}Pb$		$^{207}Pb/^{235}U$		$^{206}Pb/^{238}U$		$^{207}Pb/^{206}Pb$		$^{207}Pb/^{235}U$		$^{206}Pb/^{238}U$	
	$\times10^{-6}$			比值	1σ	比值	1σ	比值	1σ	年龄/Ma	1σ/Ma	年龄/Ma	1σ/Ma	年龄/Ma	1σ/Ma
N1803-2-1	105	209	0.50	0.0475	0.0012	0.2348	0.0058	0.0360	0.0003	72.3	95	214	5	228	2
N1803-2-2	99.6	179	0.56	0.0519	0.0013	0.2553	0.0063	0.0356	0.0003	283	53	231	5	226	2
N1803-2-3	85.4	160	0.53	0.0536	0.0014	0.2630	0.0068	0.0357	0.0003	354	56	237	5	226	2
N1803-2-4	151	281	0.54	0.0560	0.0017	0.2714	0.0082	0.0351	0.0003	454	67	244	7	223	2
N1803-2-5	133	223	0.59	0.0499	0.0013	0.2449	0.0057	0.0357	0.0003	191	62	222	5	226	2
N1803-2-6	292	469	0.62	0.0504	0.0012	0.2590	0.0056	0.0373	0.0002	213	49	234	5	236	2
N1803-2-7	88.1	164	0.54	0.0491	0.0017	0.2434	0.0085	0.0358	0.0003	154	80	221	7	227	2
N1803-2-8	183	249	0.73	0.0522	0.0013	0.2488	0.0063	0.0346	0.0003	295	59	226	5	219	2
N1803-2-9	110	219	0.50	0.0511	0.0014	0.2478	0.0070	0.0351	0.0003	256	61	225	6	222	2
N1803-2-11	124	194	0.64	0.0526	0.0016	0.2604	0.0075	0.0360	0.0003	322	72	235	6	228	2
N1803-2-12	91.7	181	0.51	0.0509	0.0021	0.2449	0.0086	0.0351	0.0004	235	66	222	7	223	3
N1803-2-13	95.6	187	0.51	0.0499	0.0015	0.2461	0.0073	0.0358	0.0003	191	72	223	6	227	2
N1803-2-14	115	236	0.49	0.0490	0.0011	0.2378	0.0053	0.0352	0.0003	150	58	217	4	223	2
N1803-2-15	110	235	0.47	0.0502	0.0011	0.2428	0.0058	0.0351	0.0003	211	54	221	5	222	2
N1803-2-16	418	559	0.75	0.0494	0.0009	0.2388	0.0050	0.0350	0.0003	169	44	217	4	222	2
N1803-2-17	274	452	0.61	0.0495	0.0011	0.2468	0.0054	0.0361	0.0003	172	56	224	4	229	2
N1803-2-18	104	184	0.57	0.0496	0.0014	0.2387	0.0069	0.0349	0.0003	172	67	217	6	221	2
N1803-2-19	190	382	0.50	0.0506	0.0010	0.2496	0.0051	0.0358	0.0003	233	79	226	4	226	2
N1803-2-20	207	310	0.67	0.0517	0.0016	0.2439	0.0076	0.0342	0.0003	272	66	222	6	217	2
N1803-2-21	169	249	0.68	0.0515	0.0011	0.2518	0.0056	0.0355	0.0003	261	56	228	5	225	2
N1803-2-22	98.0	189	0.52	0.0498	0.0014	0.2496	0.0075	0.0363	0.0003	183	64	226	6	230	2
N1803-2-23	626	1209	0.52	0.0504	0.0007	0.2499	0.0034	0.0359	0.0003	213	30	226	3	228	2
N1803-2-24	118	224	0.53	0.0494	0.0017	0.2507	0.0086	0.0368	0.0004	165	80	227	7	233	2
N1803-2-25	146	298	0.49	0.0506	0.0013	0.2505	0.0066	0.0358	0.0003	233	59	227	5	227	2

表 3-9　牛苦头 M1 矿段 ZK0411 钻孔中黑云母闪长玢岩锆石 LA-ICP-MS U-Pb 分析结果

样品号	Th	U	Th/U	$^{207}Pb/^{206}Pb$		$^{207}Pb/^{235}U$		$^{206}Pb/^{238}U$		$^{207}Pb/^{206}Pb$		$^{207}Pb/^{235}U$		$^{206}Pb/^{238}U$	
	$\times10^{-6}$			比值	1σ	比值	1σ	比值	1σ	年龄/Ma	1σ/Ma	年龄/Ma	1σ/Ma	年龄/Ma	1σ/Ma
N1803-6-2	786	523	1.50	0.0512	0.0010	0.2502	0.0048	0.0354	0.0002	250	44	227	4	224	2
N1803-6-3	1213	815	1.49	0.0514	0.0007	0.2532	0.0040	0.0357	0.0003	257	33	229	3	226	2
N1803-6-4	798	717	1.11	0.0511	0.0008	0.2482	0.0043	0.0352	0.0003	243	37	225	3	223	2
N1803-6-5	544	465	1.17	0.0521	0.0010	0.2553	0.0048	0.0355	0.0003	300	44	231	4	225	2
N1803-6-6	773	595	1.30	0.0495	0.0008	0.2451	0.0045	0.0359	0.0003	172	39	223	4	227	2
N1803-6-7	321	331	0.97	0.0508	0.0011	0.2500	0.0053	0.0357	0.0003	232	45	227	4	226	2
N1803-6-8	460	435	1.06	0.0501	0.0010	0.2457	0.0051	0.0356	0.0003	211	51	223	4	225	2
N1803-6-9	234	259	0.90	0.0511	0.0013	0.2433	0.0066	0.0346	0.0003	243	56	221	5	219	2
N1803-6-10	737	534	1.38	0.0514	0.0010	0.2515	0.0051	0.0354	0.0003	261	46	228	4	225	2
N1803-6-11	1742	983	1.77	0.0497	0.0007	0.2451	0.0038	0.0358	0.0002	189	35	223	3	227	1
N1803-6-12	454	419	1.08	0.0524	0.0011	0.2572	0.0052	0.0356	0.0003	302	44	232	4	225	2
N1803-6-14	1009	851	1.19	0.0504	0.0007	0.2478	0.0039	0.0356	0.0003	217	33	225	3	226	2
N1803-6-15	423	364	1.16	0.0497	0.0009	0.2444	0.0045	0.0357	0.0003	189	17	222	4	226	2
N1803-6-16	1243	713	1.74	0.0503	0.0008	0.2448	0.0038	0.0353	0.0003	209	35	222	3	224	2
N1803-6-17	591	486	1.21	0.0492	0.0009	0.2414	0.0045	0.0356	0.0003	167	44	220	4	225	2
N1803-6-18	697	560	1.24	0.0515	0.0009	0.2559	0.0050	0.0360	0.0003	265	36	231	4	228	2
N1803-6-19	474	394	1.20	0.0525	0.0010	0.2547	0.0051	0.0352	0.0003	306	44	230	4	223	2
N1803-6-20	582	486	1.20	0.0496	0.0009	0.2388	0.0043	0.0348	0.0002	189	8	217	4	221	1
N1803-6-21	439	418	1.05	0.0497	0.0010	0.2413	0.0047	0.0353	0.0003	189	51	219	4	224	2
N1803-6-22	1205	651	1.85	0.0509	0.0008	0.2493	0.0039	0.0355	0.0002	235	31	226	3	225	2
N1803-6-23	718	582	1.23	0.0526	0.0008	0.2632	0.0044	0.0363	0.0003	322	35	237	4	230	2
N1803-6-24	680	633	1.07	0.0501	0.0008	0.2453	0.0042	0.0355	0.0003	198	35	223	3	225	2
N1803-6-25	772	662	1.17	0.0491	0.0008	0.2454	0.0044	0.0362	0.0003	150	34	223	4	229	2

书选择的23颗锆石均呈自形-半自形粒状结构，晶型完整，环带清楚（见图3-20），锆石的Th含量为$234\times10^{-6}\sim1742\times10^{-6}$，U含量为$259\times10^{-6}\sim983\times10^{-6}$，Th/U值为0.90~1.85，符合岩浆锆石属性。23个分析点曲线位置一致（见图3-21（g）），$^{206}Pb/^{238}U$年龄区间为219~230Ma，加权平均年龄为（225.2±0.96）Ma（MSWD=1.7，$n=23$）（见图3-21（h）），表明M1矿段ZK0411钻孔中黑云母闪长玢岩的形成时代为三叠世。

3.2.2.4　全岩主微量元素特征

辉长闪长岩（共1件），其SiO_2含量（质量分数，下同）52.21%，K_2O含量为1.06%，MgO含量为5.07%，碱（K_2O+Na_2O）含量为4.44%，$FeO^T/MgO=1.29$（见表3-10），在TAS图解中落入辉长闪长岩区域。整体属于高钾钙碱性系列，A/CNK=0.78，属准铝质成因（见图3-22）。

闪长岩（共1件），其SiO_2含量为58.55%，K_2O含量为2.39%，MgO含量为2.58%，碱（K_2O+Na_2O）含量为4.44%，$FeO^T/MgO=2.63$（见表3-10），在TAS图解中落入闪长岩区域。整体属于低碱性系列，靠近高钾钙碱性系列，A/CNK=0.83，属准铝质成因（见图3-22）。

花岗闪长岩（共3件），其SiO_2含量为63.52%~68.34%，K_2O含量为5.13%~6.92%，MgO含量为0.71%~0.80%，碱（K_2O+Na_2O）含量为8.95%~11.03%，$FeO^T/MgO=2.15\sim3.17$（见表3-10），在TAS图解中落入花岗闪长岩区域。整体属于高钾钙碱性系列，A/CNK=0.87~1.04，属准铝质-弱过铝质成因（见图3-22）。

斑状花岗岩（共6件），其SiO_2含量为69.42%~73.37%，K_2O含量为1.21%~4.40%，MgO含量为0.60%~0.98%，碱（K_2O+Na_2O）含量为5.94%~8.38%，$FeO^T/MgO=0.77\%\sim3.23$（见表3-10），在TAS图解中落入花岗岩区域（见图3-22）。整体属于高钾钙碱性系列（局部为低碱性系列），A/CNK=0.89~1.07，属准铝质-弱过铝质成因。

3.2.2.5　锆石Hf同位素特征

辉长闪长岩（N1720-1），$^{176}Hf/^{177}Hf$值范围为0.282514~0.282694，$\varepsilon_{Hf}(t)$为-4.51~3.61，多数为正值。T_{DM2}年龄范围为1025~1541 Ma，多数在1128 Ma和1244 Ma之间。

闪长岩（N1720-3），$^{176}Hf/^{177}Hf$值范围为0.282610~0.282788，$\varepsilon_{Hf}(t)$为-1.16~5.28，多数为正值。T_{DM2}年龄范围为919~1329 Ma，多数在1084 Ma和1252 Ma之间。

斑状花岗岩（N1803-2），$^{176}Hf/^{177}Hf$值范围为0.282556~0.282745，$\varepsilon_{Hf}(t)$为-3.02~3.76，多数为正值。T_{DM2}范围为1091~1446 Ma，多数在1016 Ma和1257 Ma之间。

斑状花岗岩（N1803-6），$^{176}Hf/^{177}Hf$值范围为0.282624~0.282793，$\varepsilon_{Hf}(t)$在-3.14~5.55，在0附近浮动。T_{DM2}范围为902~1449 Ma，多数在902 Ma和1454 Ma之间。

3.2.2.6　全岩Sr-Nd同位素特征

印支期花岗岩类I_{Sr}变化范围为0.71044~0.71297（见表3-5），$\varepsilon_{Nd}(t)$变化范围为-0.53~-0.83，$T_{DM2}=722\sim867$Ma。如图3-19所示，印支期花岗岩类主要源于古陆壳物质重熔，并有新生地幔物质的参与。

表 3-10　牛苦头矿区印支期岩浆岩主微量元素含量及相关参数

组分及参数		N1720-2	N1803-1	N1804-3.1	N1804-3.2	N1810-8	N1720-6(1)	N1720-6(2)	N1720-7(1)	N1720-7(2)	N1720-6	N1720-7	N1810-3
		辉长闪长岩	闪长岩	花岗闪长岩			斑状花岗岩						
主要成分/%	SiO_2	52.21	58.55	68.34	66.35	63.52	69.66	69.92	73.20	73.04	69.42	71.71	73.37
	TiO_2	0.62	1.04	0.43	0.45	0.50	0.42	0.42	0.32	0.32	0.42	0.32	0.33
	Al_2O_3	19.39	16.61	15.51	16.69	18.19	15.30	15.22	14.55	14.52	15.48	14.42	13.04
	$Fe_2O_3^T$	6.56	6.80	1.60	1.65	2.54	1.04	1.00	0.68	0.67	0.97	0.61	1.95
	MnO	0.10	0.11	0.02	0.03	0.07	0.02	0.02	0.02	0.02	0.03	0.02	0.03
	MgO	5.07	2.58	0.71	0.77	0.80	0.94	0.92	0.64	0.64	0.98	0.79	0.60
	CaO	9.91	6.37	3.33	3.46	1.74	3.20	3.18	2.71	2.71	3.19	2.69	0.99
	Na_2O	3.37	3.57	3.83	3.93	4.11	3.98	3.95	5.14	5.18	3.92	4.69	3.43
	K_2O	1.06	2.39	5.13	5.47	6.92	4.39	4.31	1.21	1.21	4.40	1.25	4.34
	P_2O_5	0.17	0.38	0.12	0.12	0.14	0.12	0.12	0.09	0.10	0.12	0.09	0.08
烧失量/%		0.97	1.11	0.59	1.04	1.38	0.62	0.66	1.27	1.36	0.98	3.41	1.78
总量/%		99.43	99.50	99.60	99.95	99.91	99.70	99.73	99.84	99.78	99.91	99.99	99.94
A/NK		2.89	1.96	1.31	1.35	1.27	1.35	1.36	1.49	1.48	1.38	1.59	1.26
A/CNK		0.78	0.83	0.87	0.89	1.04	0.89	0.90	0.99	0.98	0.91	1.03	1.07
微量元素$/\times10^{-6}$	Sc	16.30	12.20	8.93	6.16	6.64	7.12	7.15	5.53	5.43	5.77	3.48	4.40
	Cu	10.40	61.90	17.00	13.19	1.41	3.59	3.42	2.53	2.75	1.79	1.46	2.85
	Pb	12	20	22	19	23	25	25	13	13	22	11	17
	Zn	50	77	29	24	43	38	39	26	26	29	19	57
	Rb	48	78	124	136	402	124	124	48	48	128	43	181
	Sr	620	456	306	301	217	280	287	271	266	285	265	125
	Ba	258	576	1410	1397	1011	883	889	255	255	873	240	436
	Cs	5.22	3.15	2.62	2.70	15.27	2.67	2.67	1.55	1.55	2.98	1.64	6.05

续表 3-10

组分及参数		N1720-2	N1803-1	N1804-3.1	N1804-3.2	N1810-8	N1720-6(1)	N1720-6(2)	N1720-7(1)	N1720-7(2)	N1720-6	N1720-7	N1810-3
		辉长闪长岩	闪长岩	花岗闪长岩			斑状花岗岩						
微量元素 /$\times 10^{-6}$	P	751	1640	505	520	629	539	541	409	439	533	389	362
	Ti	3723	6255	2557	2750	3123	2521	2505	1944	1944	2565	1922	2041
	V	120.00	108.00	20.00	17.29	20.11	7.12	7.15	5.53	5.43	27.88	16.90	14.07
	Li	12.20	10.80	5.69	6.24	30.78	8.87	8.85	22.20	21.80	9.49	22.60	19.42
	Be	1.06	1.92	1.88	2.01	5.08	2.36	2.38	2.93	2.86	2.53	2.94	2.30
	Nb	3.84	13.30	11.40	10.66	21.90	12.60	12.50	12.20	12.00	12.26	11.72	10.48
	Ta	0.45	1.10	1.08	0.74	1.53	1.41	1.27	1.45	1.32	1.22	1.32	0.66
	Zr	85	168	355	401	357	240	254	265	261	249	256	279
	Hf	2.14	4.29	8.41	9.94	9.37	5.84	6.16	6.49	6.43	6.51	6.95	7.28
	Th	3.72	11.50	10.40	10.04	50.68	21.00	21.10	24.50	24.00	22.16	23.83	17.27
	U	0.83	3.41	3.42	3.35	3.17	4.57	4.57	5.03	5.00	4.49	4.70	1.38
	Sc	16.30	12.20	8.93	6.16	6.64	7.12	7.15	5.53	5.43	5.77	3.48	4.40
	Y	12.80	24.60	20.80	19.54	32.14	20.20	20.50	11.40	11.30	18.92	10.05	18.99
	As	2.60	2.23	6.98	3.77	0.37	2.35	2.29	1.71	1.83	1.90	1.47	1.47
	Sb	15.22	13.22	17.22	0.22	0.13	27.22	28.22	29.22	30.22	0.35	0.24	0.30
	La	14.30	36.00	40.00	36.82	62.07	38.60	38.30	13.40	13.50	36.17	12.58	33.04
	Ce	29.90	72.60	74.00	73.49	131.90	75.50	73.40	25.10	24.50	76.89	24.09	71.38
	Pr	3.55	8.55	8.07	8.38	15.79	8.30	8.23	2.99	2.90	8.56	3.02	8.64
	Nd	14.20	32.40	28.80	30.67	55.81	28.30	28.50	10.90	10.60	28.00	11.42	30.91
	Sm	2.97	6.26	5.12	4.93	10.03	4.77	4.82	1.88	1.87	4.63	1.83	5.36
	Eu	1.24	1.61	1.68	1.46	1.15	0.91	0.91	0.54	0.54	0.83	0.54	1.05
	Gd	2.72	5.28	4.49	4.35	7.68	4.25	4.22	1.74	1.77	3.98	1.62	4.40
	Tb	0.41	0.79	0.67	0.66	1.02	0.65	0.64	0.28	0.28	0.61	0.25	0.64
	Dy	2.46	4.61	3.88	3.71	5.78	3.43	3.46	1.62	1.56	3.34	1.56	3.45
	Ho	0.47	0.86	0.73	0.68	1.08	0.67	0.68	0.35	0.34	0.63	0.33	0.68

续表 3-10

组分及参数		N1720-2	N1803-1	N1804-3.1	N1804-3.2	N1810-8	N1720-6（1）	N1720-6（2）	N1720-7（1）	N1720-7（2）	N1720-6	N1720-7	N1810-3
		辉长闪长岩	闪长岩	花岗闪长岩			斑状花岗岩						
微量元素 /×10^{-6}	Er	1.40	2.62	2.31	2.04	3.05	2.08	2.12	1.14	1.14	2.01	1.10	1.96
	Tm	0.19	0.35	0.31	0.30	0.46	0.32	0.32	0.19	0.19	0.30	0.18	0.28
	Yb	1.27	2.33	2.06	1.94	3.05	2.19	2.21	1.43	1.45	2.05	1.36	1.90
	Lu	0.19	0.36	0.31	0.31	0.49	0.33	0.34	0.24	0.24	0.32	0.23	0.31
	K	8836	19849	42529	45389	57421	36454	35765	10051	10061	36511	10372	36013
	ΣREE	75	175	172	170	299	170	168	62	61	168	60	164
LREE/HREE		7.27	9.15	10.69	11.14	12.24	11.23	11.02	7.84	7.73	11.71	8.07	11.04
$(La/Yb)_N$		8.08	11.08	13.93	13.61	14.58	12.64	12.43	6.72	6.68	12.67	6.64	12.48
δCe		1.03	1.01	1.01	1.03	1.03	1.03	1.01	0.97	0.96	1.07	0.96	1.04
δEu		1.33	0.86	1.07	0.97	0.40	0.62	0.61	0.91	0.90	0.59	0.96	0.66
$Mg^{\#}$		57.93	40.39	44.09	45.31	36.01	61.62	62.26	62.84	62.94	64.39	69.74	35.53
Sr/Y		48.44	18.54	14.71	15.43	6.74	13.86	14.00	23.77	23.54	15.07	26.39	6.60
Zr/Hf		39.91	39.16	42.21	40.29	38.13	41.10	41.23	40.83	40.59	38.27	36.87	38.38
Nb/Ta		8.55	12.09	10.56	14.35	14.27	8.94	9.84	8.41	9.09	10.09	8.89	15.83
K/Rb		183.3	254.5	343.0	332.9	142.7	294.0	288.4	209.8	211.8	284.7	241.4	198.7
10000Ga/Al		2.01	2.41	2.38	2.26	2.60	2.26	2.28	2.31	2.28	2.28	2.32	2.36
FeO^T/MgO		1.29	2.63	2.26	2.15	3.17	1.11	1.08	1.05	1.05	0.99	0.77	3.23
Rb/Sr		0.08	0.17	0.41	0.45	1.86	0.44	0.43	0.18	0.18	0.45	0.16	1.45

注：A/CNK=Al_2O_3/($CaO+Na_2O+K_2O$)，物质的量之比；A/NK= Al_2O_3/(Na_2O+K_2O)，物质的量之比；LREE=La+Ce+Pr+Nd+Sm+Eu；HREE=Gd+Tb+Dy+Ho+Er+Tm+Yb+Lu+Y；$(La/Yb)_N$ = (La/0.237)/(Yb/0.170)；δCe = (Ce/0.612)/(La/0.237×Pr/0.095)$^{1/2}$；δEu = (Eu/0.058)/(Gd/0.2055×Sm/0.153)$^{1/2}$；$Mg^{\#}$ = 100×(MgO/40.3044)/(MgO/40.3044+FeO^T/71.844)。

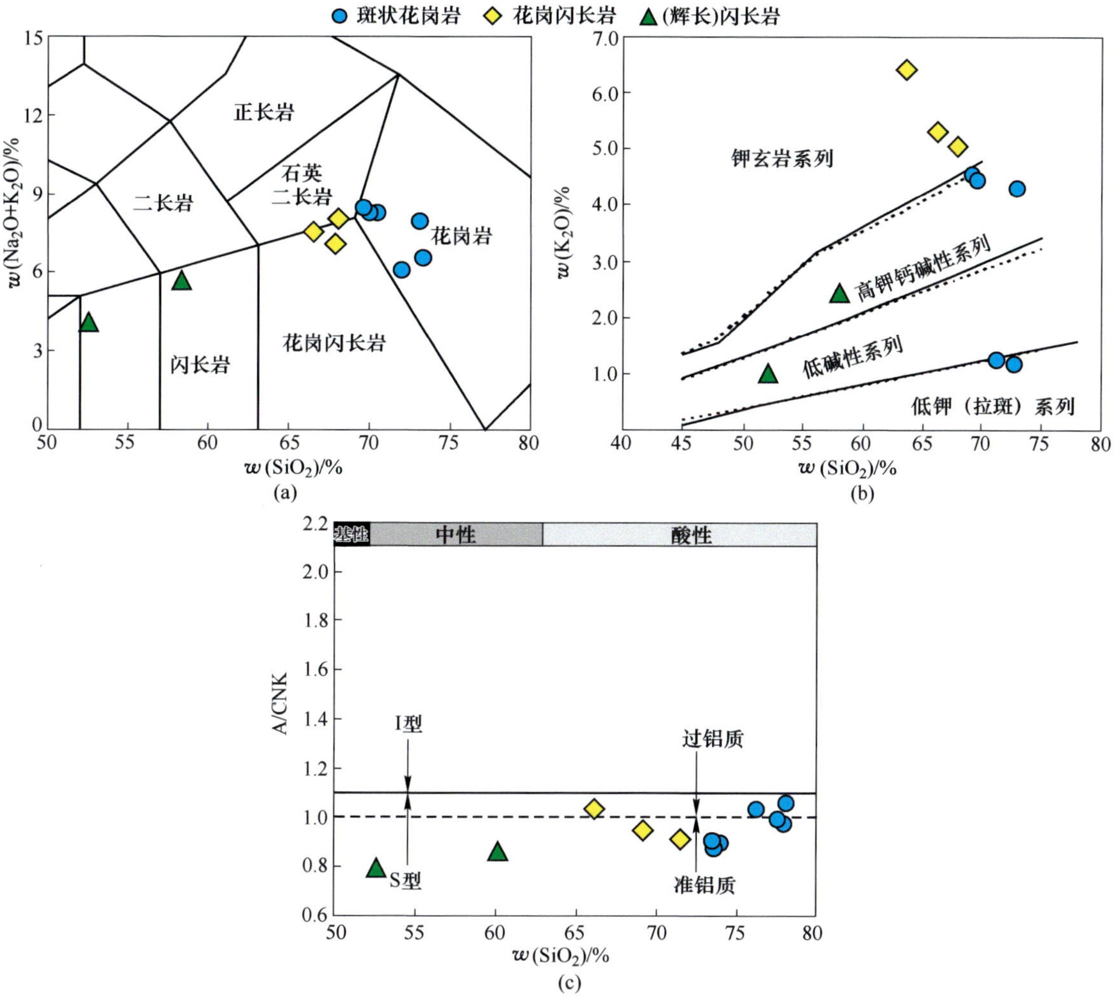

图 3-22 牛苦头矿区印支期岩浆岩 $Na_2O+K_2O-SiO_2$（a）、K_2O - SiO_2（b）和 A/CNK-SiO_2（c）图解
（据 Maniar et al.，1989）

3.3 成矿岩体的确认及成岩时代探讨

3.3.1 华力西期成矿岩体的确认及成岩成矿时代探讨

本研究发现，在矿区深部（钻孔底部）的二长花岗岩应为成矿岩体（时代为 365~353 Ma），其证据如下：(1) 其隐伏在层状矽卡岩下部，从花岗闪长岩岩体向外，分带依次为钙铁榴石、钙铁辉石矽卡岩带—钙铝榴石、锰钙（铁）辉石矽卡岩带—阳起石、黑柱石矽卡岩带—矽卡岩化大理岩—新鲜大理岩，矿化分带则为底部的磁铁矿化-黄铜矿化带、中部的磁黄铁矿化带、顶部的铅锌矿化带，符合矽卡岩型铅锌矿床的蚀变矿化分带特征；(2) 底部二长花岗岩发育较强的自蚀变，并发育有浸染状、脉状闪锌矿化；(3) 与矽卡岩矿化相关的高精度磁异常的分布范围与中细粒二长花岗岩的分布范围几乎吻合（见图 3-18）。综合以上分析，笔者认为牛苦头矿区大规模铅锌多金属矿的成矿时代为华力西

期晚泥盆世，成矿与华力西期晚阶段二长花岗岩有关。

多数学者认为，中-晚三叠世是祁漫塔格造山带内非常重要的地质演化阶段（王秉璋 等，2009；丰成友 等，2009，2012；于淼，2017；钟世华，2017a，2017b，2017c），是祁漫塔格地区主要的成矿时期。该阶段祁漫塔格处于后碰撞构造背景，由挤压环境向伸展环境转换。该环境下幔源基性岩浆与壳源花岗质岩浆发生不同程度的混合作用，并发生一定程度的岩浆分异作用，为区内大规模铁铜铅锌多金属矿化提供有利条件（高永宝 等，2011，2014；白宜娜 等，2016）。

然而，也有少数学者对“印支期作为祁漫塔格地区唯一的矽卡岩成矿期”提出质疑，并通过事实和证据，提出该地区多金属成矿与泥盆纪岩浆作用有关（高永宝 等，2014；宋忠宝 等，2014；姚磊 等，2015；李加多 等，2019a，2019b）。但未深层次揭露岩体与矿体时空关系及成矿作用过程。

通过对深部（钻孔底部）与成矿密切相关的强蚀变中细粒二长花岗岩测年可知，牛苦头矿区铅锌矿床的成矿时代应为华力西期晚泥盆世（365～353 Ma）。本书也对 M4 矿段的石榴子石进行了原位 LA-ICP-MS U-Pb 测年，其时代为（379±3） Ma，与底部成矿岩体时代基本一致，进一步说明了矽卡岩与成矿岩体关系密切。另外，本书获得主成矿阶段与闪锌矿密切相关的黄铁矿 Re-Os 等时线年龄为 359 Ma（王新雨 等，2023），进一步佐证了牛苦头矿区铅锌矿床的形成时代为 365～359 Ma。牛苦头矿区华力西期成矿的事实说明祁漫塔格地区存在华力西期大规模铅锌成矿作用。

3.3.2　印支期成矿岩体的确认及成岩成矿时代探讨

印支期成矿是祁漫塔格地区矽卡岩成矿的集中成矿时期，如虎头崖铅锌矿床、野马泉铁多金属矿床、肯德可克铁多金属矿床、卡尔却卡铜多金属矿床等（丰成友 等，2011a；张爱奎，2012；钟世华，2018），其成岩成矿时代集中于 230～220Ma 之间。有关牛苦头矿区成岩成矿时代的讨论也一直未曾停止，先前青海格尔木柴达木综合研究院蒋成伍等（2013）、贾建团（2013）认为牛苦头—四角羊矿区出露的岩浆岩均为晚三叠世，因此认为矿区成矿时代为晚三叠世印支期。随着研究工作的不断深入，一批批华力西期晚泥盆世岩体年龄及矿物年龄被发现（李加多 等，2019b；王新雨 等，2020，2021），学者们逐渐意识到该矿区不同于邻区，华力西期成矿作用可能占有一定的主导作用。随后，华力西期岩浆岩与成矿有关的证据得到证实，确定了“牛苦头矿区华力西期成矿作用”的事实。近年来，北京矿产地质研究院有限责任公司研究团队（2021、2022）逐渐发现了 M1 矿段露天采场西南侧印支期岩体的存在，并且，该印支期岩体与 M1 矿段部分成矿作用密切相关。

印支期成矿在 M1 矿段附近作用较为显著，通过采坑及钻孔编录与调查（以 04 号地质勘探线为例），发现其成矿中心位于 M1 矿段露天采场西南侧，自西南向东北矿化分带表现为黄铜矿化→硫铁矿化→铁闪锌矿化→闪锌矿化→方铅矿化，矽卡岩分带自西南向东北表现为新鲜岩体→蚀变（含铜矿化）岩体→石榴子石矽卡岩带→钙铁辉石矽卡岩带→锰钙铁辉石、黑柱石矽卡岩带→锰钙辉石、黑柱石、绿帘石矽卡岩带，指示了由高温向低温蚀变矿化组合的明显转变（见图 3-23）。另外，通过对 04 号勘探线西南侧岩体及矿物测年发现，西南侧石榴子石矽卡岩时代与侧向斑状花岗岩时代一致（均为晚三叠世），而与底部岩体时代不一致（（379±3） Ma），进一步确定了印支期接触带矽卡岩化与成矿作用的密切关系。

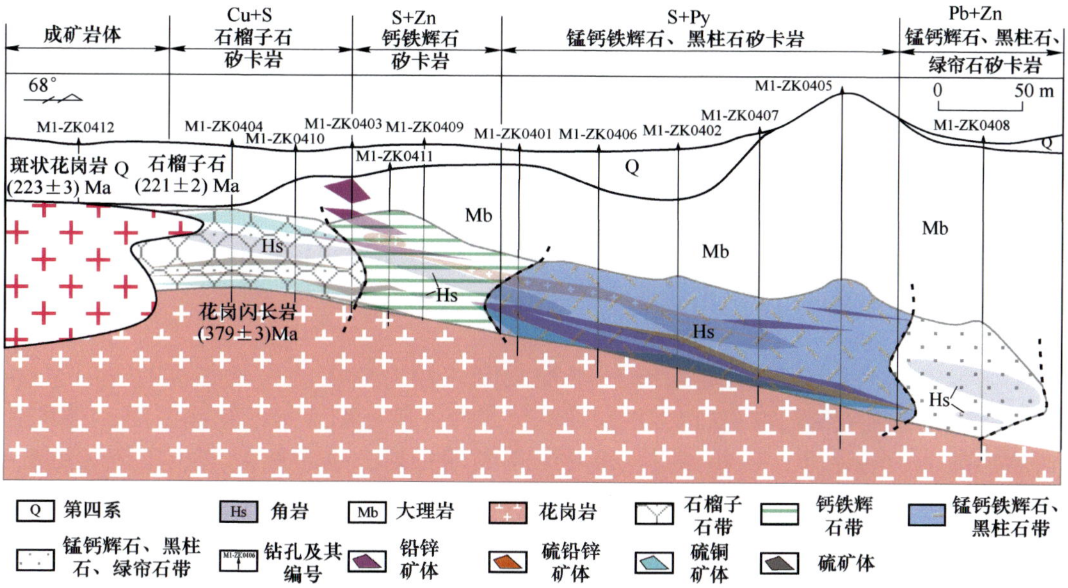

图 3-23 牛苦头矿区 04 勘探线地质剖面蚀变矿化分带图

因此，牛苦头矿区 M1 矿段露天采场西南侧发育的晚期岩浆岩（斑状花岗岩体）形成了一定规模的矽卡岩铅锌成矿作用，时代为 225~221 Ma。

3.4 两期岩浆岩成因探讨

3.4.1 华力西期岩浆岩成因探讨

3.4.1.1 岩浆结晶物理化学条件和岩浆流体挥发分组成对成矿作用的制约

众所周知，花岗质岩石与矽卡岩型矿床在时间、空间和成因上有着密切的联系，尤其是花岗质岩浆的结晶温度、压力、氧逸度及岩浆流体的挥发分组成（如 F、Cl）等特征，对控制金属元素在岩浆熔体相和岩浆流体相之间的分馏及流体中的溶解度等方面具有重要作用（Candela，1989；Meinert et al.，1993，2005；Černý et al.，2005）。研究表明，花岗质岩石的矿物学特征可以作为研究岩浆结晶作用过程物理化学条件和岩浆流体挥发分组成的重要依据（Candela，1997）。因此，研究花岗质岩石的矿物学特征，有利于进一步探讨控制成矿作用类型的影响因素（吕志成 等，2000，2003）。

A 岩浆结晶压力及深度

本书采用 Johnson 和 Rutherford（1989）来估算角闪石的结晶压力：

$$p=-3.46+4.23\times{}^{T}Al \tag{3-1}$$

式中，p 为结晶压力，kbar，1 bar=10^5 Pa；^{T}Al 为角闪石分子结构式中的 Al 含量（基于 23 个氧原子）。

计算结果显示，牛苦头矿区华力西期岩浆岩的形成压力 0.42~0.72 kbar（42~72 MPa），深度为 1.32~2.42 km。

在角闪石全铝压力计的基础之上，Uchida 等（2007）提出了黑云母全铝压力计的经验公式：

$$p = 3.03 \times {}^{T}Al - 6.53\ (\pm 0.33) \tag{3-2}$$

式中，p 为结晶压力，kbar，1 bar = 10^5 Pa；${}^{T}Al$ 为黑云母分子结构式中的 Al 含量（基于 22 个氧原子）。

结果显示华力西期花岗岩类的形成压力为 0.70～2.01 kbar（70～201 MPa），深度为 2.6～5.45 km；印支期二长花岗岩的形成压力为 0.53～0.92 kbar（53～92 MPa），深度为 2.44～3.89 km。

B　岩浆流体挥发分组成对成矿作用的制约

黑云母中的 F 和 Cl 的含量可以用来推测流体和岩浆中的卤素逸度比率（Munoz, 1992）。本书利用 Munoz（1992）提出的计算公式和各矿区黑云母的结晶温度，开展黑云母卤素逸度比率的计算。结果表明，相对于花岗闪长岩，华力西期二长花岗岩更富 F、Cl，贫 H_2O（见图 3-24）。综合地质特征和矿物学特征可知，岩浆流体的挥发分组成可能对牛苦头铅锌矿床的成矿作用起着重要的作用。另外，华力西期二长花岗岩的氧逸度（$10^{-14.1}$～$10^{-13.1}$）明显高于华力西期非成矿岩体的（$10^{-16.9}$～$10^{-16.3}$），这表明岩浆流体的高挥发分及高氧逸度有利于铅锌成矿作用（见图 3-25）。而印支期二长花岗岩，相对富 Cl、贫 F（见图 3-24）。其氧逸度介于华力西期二长花岗岩与花岗闪长岩之间（$10^{-15.4}$～$10^{-15.2}$）。

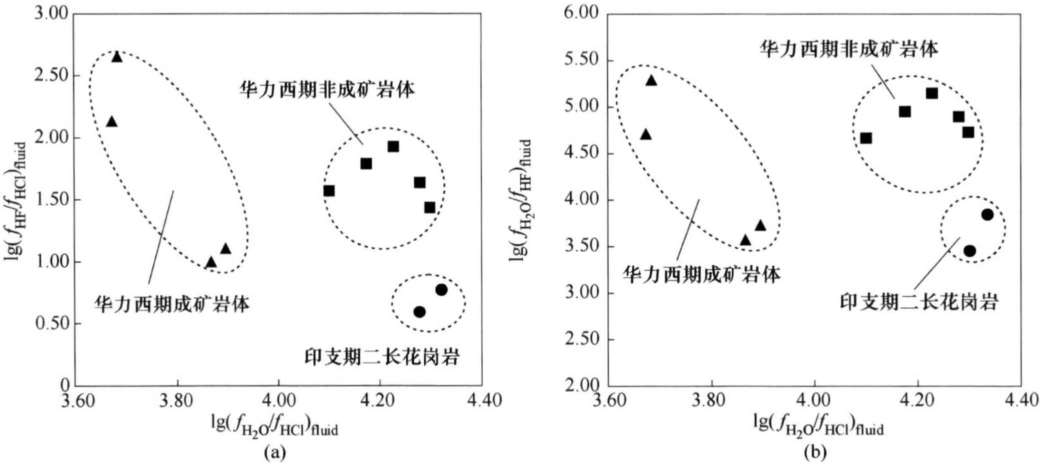

图 3-24　牛苦头矿区花岗岩类卤素逸度比率计算

（底图据 Munoz，1992）

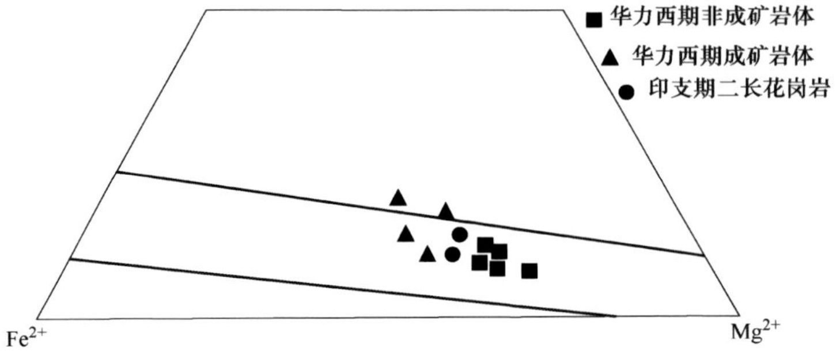

图 3-25　牛苦头矿区花岗岩类黑云母结晶的氧逸度特征

3.4.1.2 岩浆成因与岩浆演化

A 岩石成因

牛苦头矿区花岗岩类成分复杂，成因类型也较为复杂。

华力西期早阶段花岗闪长岩的SiO_2含量（质量分数）为64.35%~66.44%，不含堇青石，含有少量角闪石，A/CNK值为0.98~1.01，明显区别于典型S型花岗岩（Chappell et al.，2001），表现出低碱性-高钾钙碱性系列的特征，富集轻稀土元素，具中等强度的负Eu异常（δEu为0.60~0.81），显示了I型花岗岩的特征。晚阶段二长花岗岩具有较高的SiO_2含量（质量分数，67.01%~68.90%）、低的TiO_2、FeO^T、CaO，A/CNK值为1.05~2.18。华力西期二长花岗岩表现出高钾钙碱性-钾玄岩系列的特征，具有准铝质至钙铝质成因（δEu为0.60~0.81），无明显Ce异常（0.95~1.01）。两期岩体均表现为富集大离子亲石元素（Rb、Th、U、K和La、Ce、Nd），亏损高场强元素（Nb、Ta、Ti、P），这些性质与东昆仑晚泥盆世俯冲环境下形成的岩浆岩的性质基本一致（赵振明 等，2008）。

研究发现，$Mg^{\#}$是判断岩浆熔体单纯来源于地壳还是有地幔物质参与的有效参数。一般来说，地壳部分熔融产生的熔体形成的岩石均具有较低的$Mg^{\#}$（<40），而高$Mg^{\#}$（>40）的岩石可能与地幔物质的加入有关（Rapp et al.，1995）。牛苦头矿区华力西期花岗闪长岩的$Mg^{\#}$值为41.7~54.1，平均值为48.7；牛苦头矿区华力西期二长花岗岩的$Mg^{\#}$为36.1~50.6，平均值为45.0，均属于高$Mg^{\#}$系列。另外，牛苦头矿区华力西期岩浆岩的$\varepsilon_{Hf}(t)$均在0处附近波动，且发育暗色包体，以上均指示岩浆岩在形成过程中有地幔物质加入。

前人研究表明，野马泉矿区华力西期岩浆岩具有壳幔混合特征，牛苦头矿区华力西期岩浆岩与野马泉矿区华力西期岩浆岩稀土元素球粒陨石标准化配分曲线和微量元素原始地幔标准化蛛网图的特征基本一致（见图3-16）。同时，牛苦头矿区华力西期二长花岗岩与花岗闪长岩在同分母氧化物比值协变图（见图3-26（e））上表现为线性相关，在多元素不同分母比值图（见图3-26（f））上表现为双曲线演化关系，上述特征均指示牛苦头矿区华力西期有岩浆混合作用发生。

陆壳岩石熔融实验结果表明高钾特征花岗岩通常是壳幔混合作用的结果，且常来自富集地幔的岩浆混合（Panino，1999；Chen et al.，2003）。牛苦头矿区华力西期岩浆岩具有典型的高钾特征，可能是壳幔混合作用的结果。

以上表明，壳幔混合作用是牛苦头矿区华力西期中酸性花岗岩的主要成因。这与东昆仑地区部分发育的早-中泥盆世岩浆岩可能为壳幔岩浆混合形成的认识基本一致（莫宣学 等，2007；谌宏伟 等，2006；赵振明 等，2008；刘彬 等，2012）。

牛苦头矿区除了早-中泥盆世中酸性花岗岩侵入外，还产出了大量中基性岩体、岩脉，如矿区西侧的石英闪长岩、辉长闪长岩，可能为岩浆混合作用最基性端元部分，来源于地幔的部分熔融。

B 分异与演化

从野外地质特征来看，牛苦头矿区华力西期非成矿岩体和成矿岩体没有明显的界线，呈渐变过渡关系。花岗闪长岩呈中粗粒结构，含有大量的暗色包体，暗色矿物含量较高；二长花岗岩呈细粒结构，暗色矿物含量减少，石英含量增加，显示出从非成矿岩体到成矿岩体逐渐分异演化的特征；从成岩时代来看，二长花岗岩和花岗闪长岩的时代在误差范围

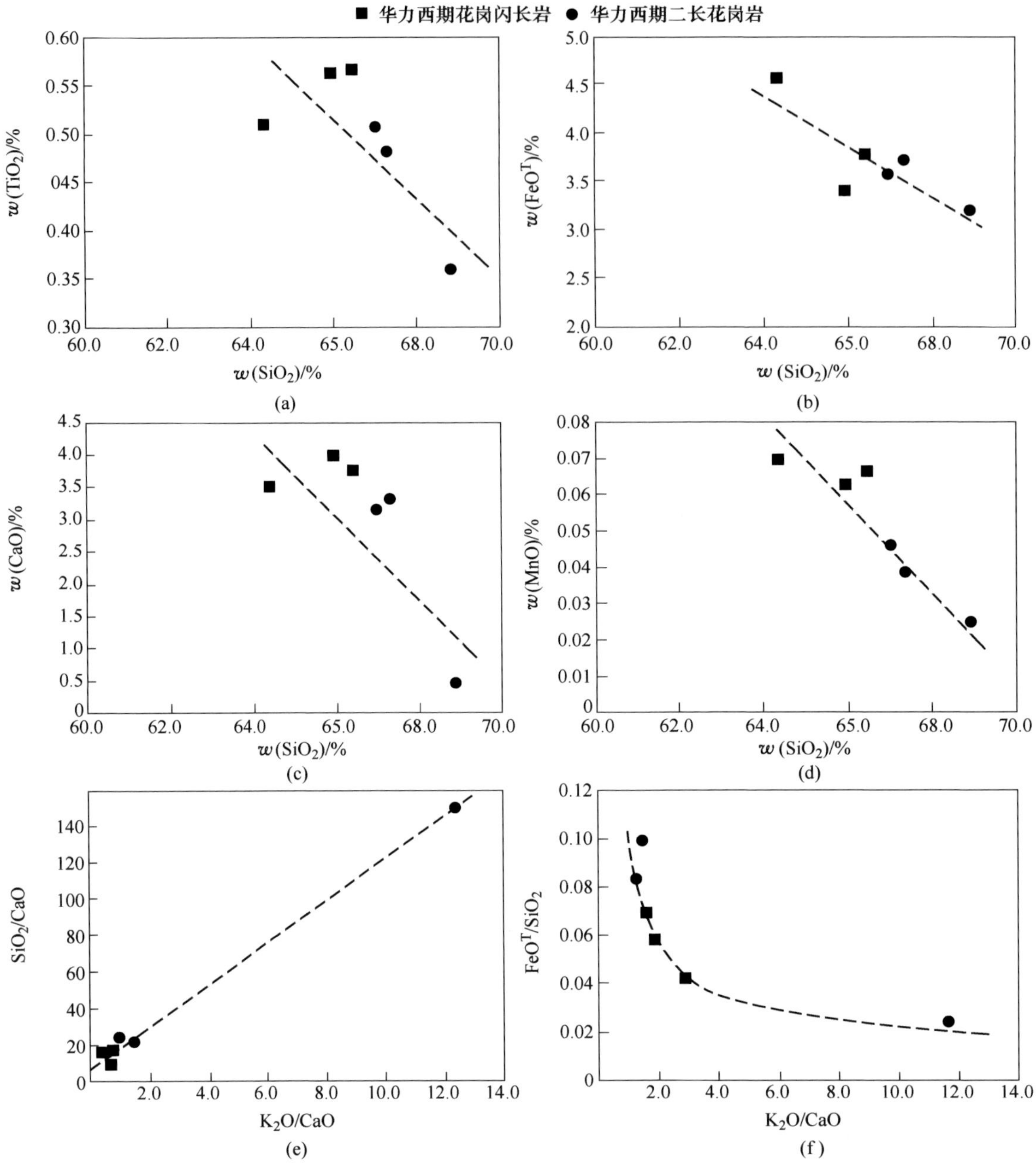

图 3-26　牛苦头矿区二长花岗岩与花岗闪长岩主量元素哈克图解（a)~(d）和主量元素协变图解（e）（f）

内基本一致，二长花岗岩稍晚。从地球化学特征来看，二长花岗岩具有不同于花岗闪长岩的稀土和微量元素分布特征，相比于花岗闪长岩，华力西期二长花岗岩的 Eu 异常变化较大（花岗闪长岩 Eu 异常变化范围小)，而 δCe 表现出正异常和负异常（花岗闪长岩 Ce 异常不明显)。微量元素上，两期岩体均表现为亏损 P、Nb、Ta、Ti、Sr、Ba 等，富集 Rb、Th、U、K。但是晚期二长花岗岩相对更富集 Rb，而更亏损 Sr，表现出相对高的 Rb/Sr 值，这表明了二长花岗岩分异程度更高。

实验资料证明，结晶分异的趋势越向晚期，岩浆成分越向富 SiO_2、K_2O、Na_2O 和 FeO^T/MgO 值增大的方向演化（徐夕生 等，2010）。从早阶段花岗闪长岩至晚阶段二长花岗岩，SiO_2 含量逐渐升高，K_2O、Na_2O 含量变高（见图 3-27（a）~（d）），FeO^T/MgO 值减小。哈克图解（见图 3-27）显示，从非成矿岩体至成矿岩体，SiO_2 与 TiO_2、FeO^T、CaO、MnO、MgO、K_2O 投影点呈现连续一致的线性关系（见图 3-27），这种关系被认为是岩浆分异演化的标志（Roman et al.，2005）。以上地球化学特征也反映了花岗闪长岩向二长花岗岩分异演化的趋势。另外，相对于晚阶段二长花岗岩，微量元素原始地幔标准化蛛网图上显示早阶段花岗闪长岩表现出更明显的 Sr、Ti、P 异常。Sr、Eu 异常可能是斜长石分离结晶所致，Ti 异常可能为富 Ti 矿物（钛铁矿、榍石等）的分离结晶所致，P 异常主要可能为磷灰石的分离结晶所致。在 Zr/Hf-Zr 和 Nb/Ta-Zr 图解中（见图 3-28），从早阶段花岗闪长岩至晚阶段二长花岗岩，Zr 含量逐渐降低，Nb/Ta 和 Zr/Hf 逐渐降低，这可能是角闪石和锆石分离结晶的缘故（角闪石的分异系数 $D_{Nb/Ta}>1$，锆石的 Zr/Hf 值较大），这种特征也与晚阶段成矿二长花岗岩中角闪石含量较少（相对早阶段花岗闪长岩）的事实相一致。

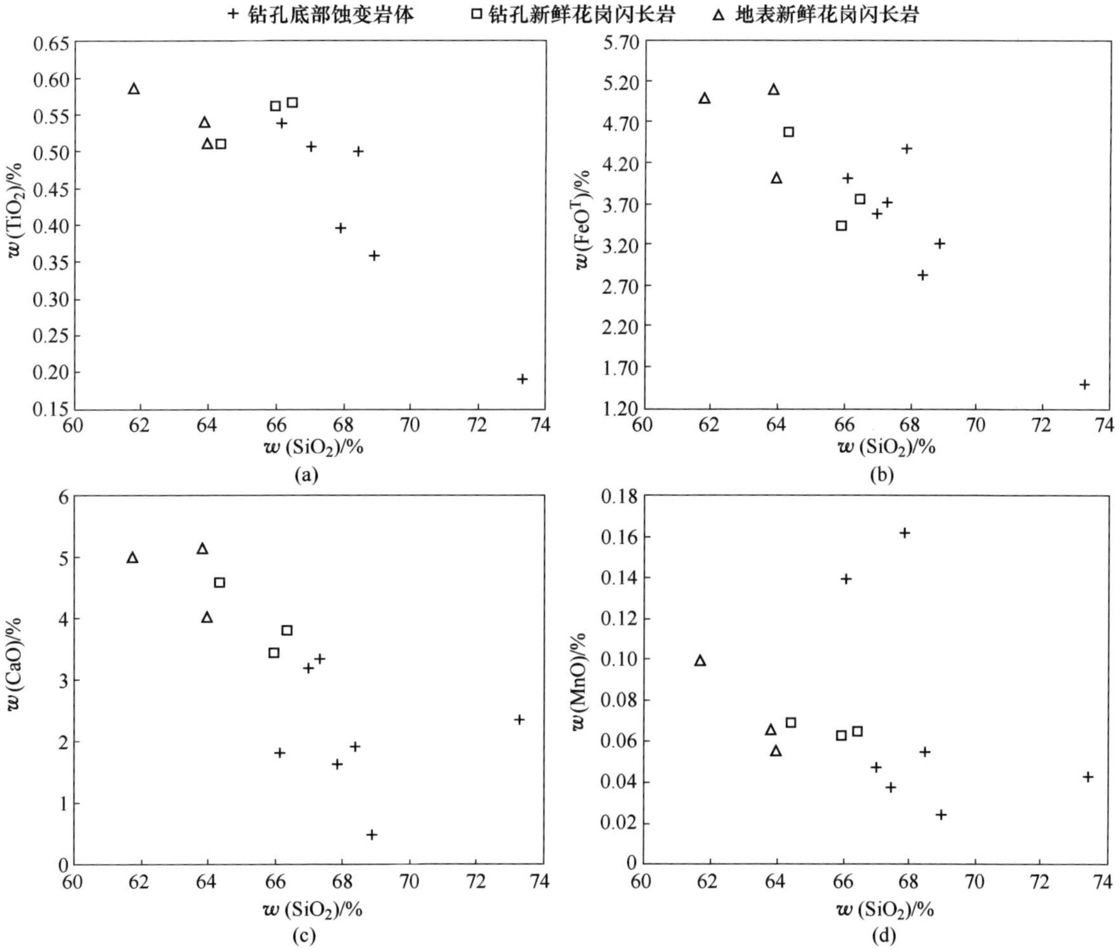

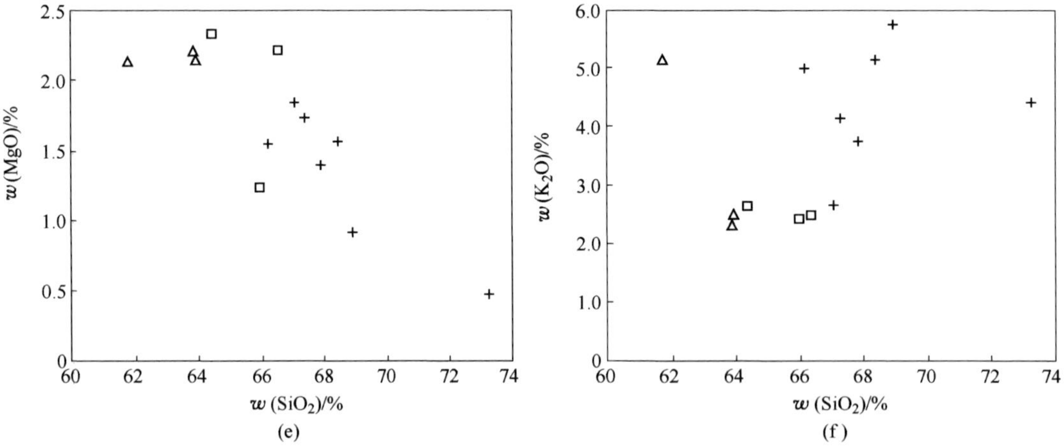

图 3-27　M1 和 M4 矿段花岗闪长岩—二长花岗岩（蚀变）哈克图解

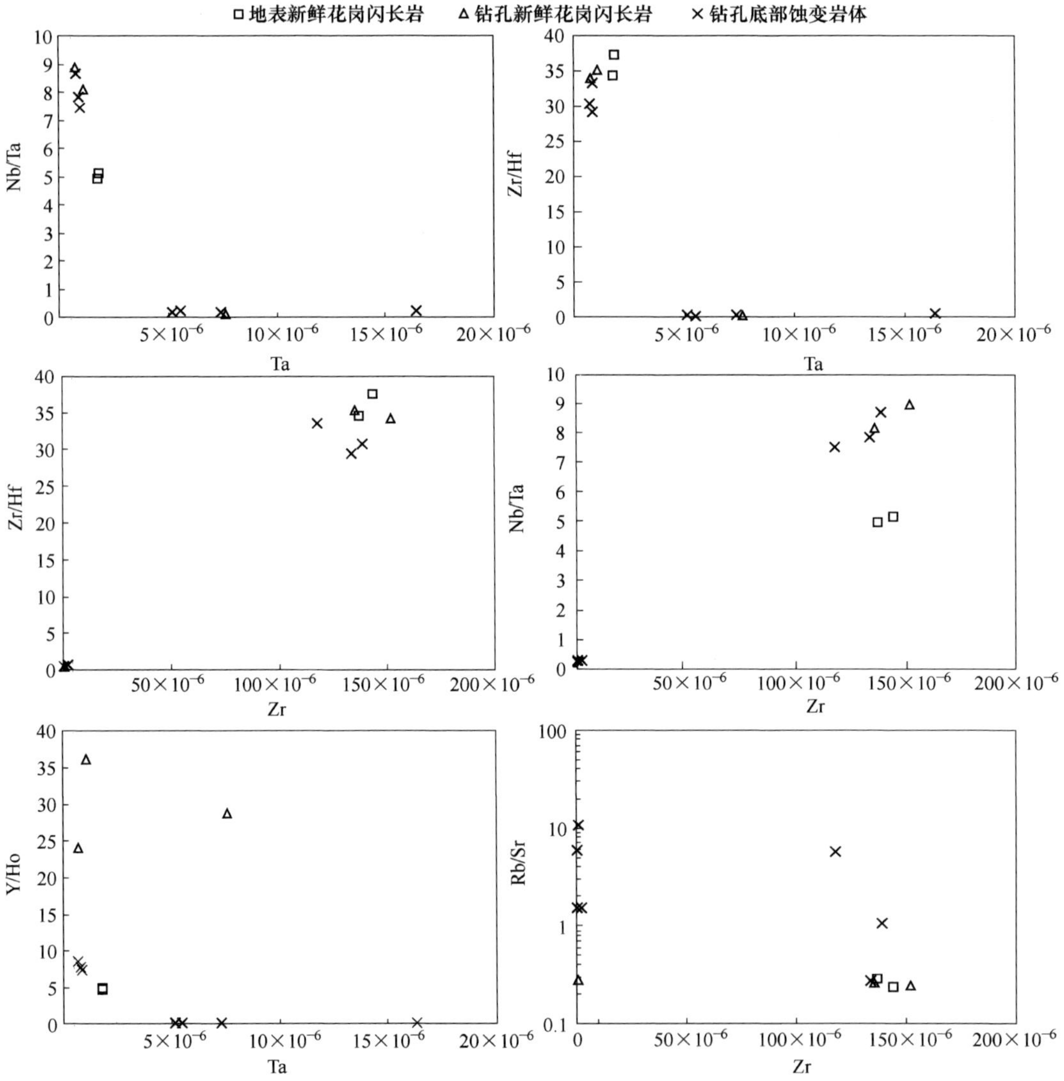

图 3-28　M1 和 M4 矿段中 Zr、Hf 含量及 Nb/Ta、Zr/Hf、Rb/Sr 和 Y/Ho 相关性图解

因此，从地质特征、成岩时代及地球化学特征来综合分析，晚阶段二长花岗岩可能为早阶段花岗闪长岩经历斜长石、富 Ti 矿物、磷灰石、角闪石等分离结晶而形成。结合野外地质特征推测，底部的花岗闪长岩应与 M1 矿段东侧的花岗闪长岩岩体相连，暗示晚期二长花岗岩极有可能是花岗闪长岩的分支。由于勘探深度的限制，牛苦头矿区 M1 矿段钻孔往往见矿后数米便停止，并未充分揭示钻孔底部花岗闪长岩的完整情况。王玉往等（2017）研究认为，岩浆混合作用强烈的大岩体附近、边部或岩体中，晚期分异形成的小型岩体具有较好的找矿潜力。

相对于牛苦头矿区大面积出露的花岗闪长岩，牛苦头矿区成矿二长花岗岩的分布较为局限，呈零星分布，中细粒结构，蚀变较强，在其中常见浸染状黄铁矿化、铅锌矿化，而花岗闪长岩岩基中往往无明显蚀变矿化，这与晚期分异形成的小型岩体具有较好的找矿潜力的事实相一致。因此，晚阶段成矿二长花岗岩可能为花岗闪长岩分异演化的浅成相，矿区内矿化与晚期分异演化形成的浅部“成矿岩体（二长花岗岩）”有关。

3.4.1.3 岩浆源区与地球动力学背景

A 岩浆源区

分析结果表明，成矿岩体锆石 15 个点的 $^{176}Hf/^{177}Hf$ 值为 0.282535~0.282703，根据各锆石点的 $^{206}Pb/^{238}U$ 值可知，其 $\varepsilon_{Hf}(t)$ = 0.67~5.59（平均值为 2.34），一阶段模式年龄为 779~1006 Ma，二阶段模式年龄为 1085~1364 Ma（平均值为 1225 Ma），而非成矿岩体锆石 15 个点的 $^{176}Hf/^{177}Hf$ 值为 0.282565~0.252727，根据各锆石点的 $^{206}Pb/^{238}U$ 值，其 $\varepsilon_{Hf}(t)$ = 0.59 ~ 7.00（平均值为 3.58），一阶段模式年龄为 749~1004 Ma，二阶段模式年龄为 948~1353 Ma（平均值为 1225 Ma）（见图 3-29）。

高永宝等（2014）报道了野马泉矿区华力西期岩浆岩的 $\varepsilon_{Hf}(t)$ 为-3.3~6.2，T_{DM2} 为 1155~1594 Ma，主要范围为 1000~1150 Ma（见图 3-29（a）），平均值为 1237 Ma。与牛苦头矿区华力西期岩浆岩的 $\varepsilon_{Hf}(t)$（见图 3-29（b））及 T_{DM2}（见图 3-29（a））基本一致，这暗示着牛苦头矿区华力西期岩浆岩与野马泉矿区华力西期岩浆岩一样，源自古老地壳的重熔，并有地幔物质参与。另外，牛苦头矿区两期岩体具有较低的 Y、Yb 含量和无明显 Eu 异常的特征，反映出岩浆源区有大量石榴子石的残留而缺乏斜长石，并且其源区应为变玄武质角闪岩相（见图 3-30），暗示其幔源成因。指示岩石形成深度较深，大于 40 km（Rapp et al., 1995; Petford et al., 1996），可能为加厚下地壳部分熔融成因（姜齐节 等，1982）。

前人研究表明，俯冲物质（如板片脱水形成的流体及由俯冲沉积物形成的溶体）的加入会导致岩浆源区具有陆源特征（Gasparon et al., 1998），由此形成的岩浆岩会选择性富集大离子亲石元素（如 Sr、K、Rb、Ba、Th 和 LREE），亏损高场强元素（Pearce et al., 1984; Weaver, 1991; Cervantes et al., 2003; Mazzeo et al., 2014）。此外，俯冲流体加入还会导致岩浆源区（以及由其形成的岩浆岩）的 Th/Yb 值显著增加，但 Ta/Yb 值几乎不发生变化（Pearce et al., 1990）。牛苦头矿区印支期岩浆岩选择性富集大离子亲石元素，亏损高场强元素。事实上，大量的研究已经证明具有岛弧火山岩特征的岩浆岩并不一定形成于俯冲环境（Pearce et al., 1990; Peccerillo et al., 1976; Aldanmaz et al., 2000; Xia, 2014; Wang et al., 2016）。它们也可以形成于后碰撞环境，但岩浆源区遭受残留的碰撞前俯冲物质的富集交代（Peccerillo, 1998; Aldanmaz et al.,

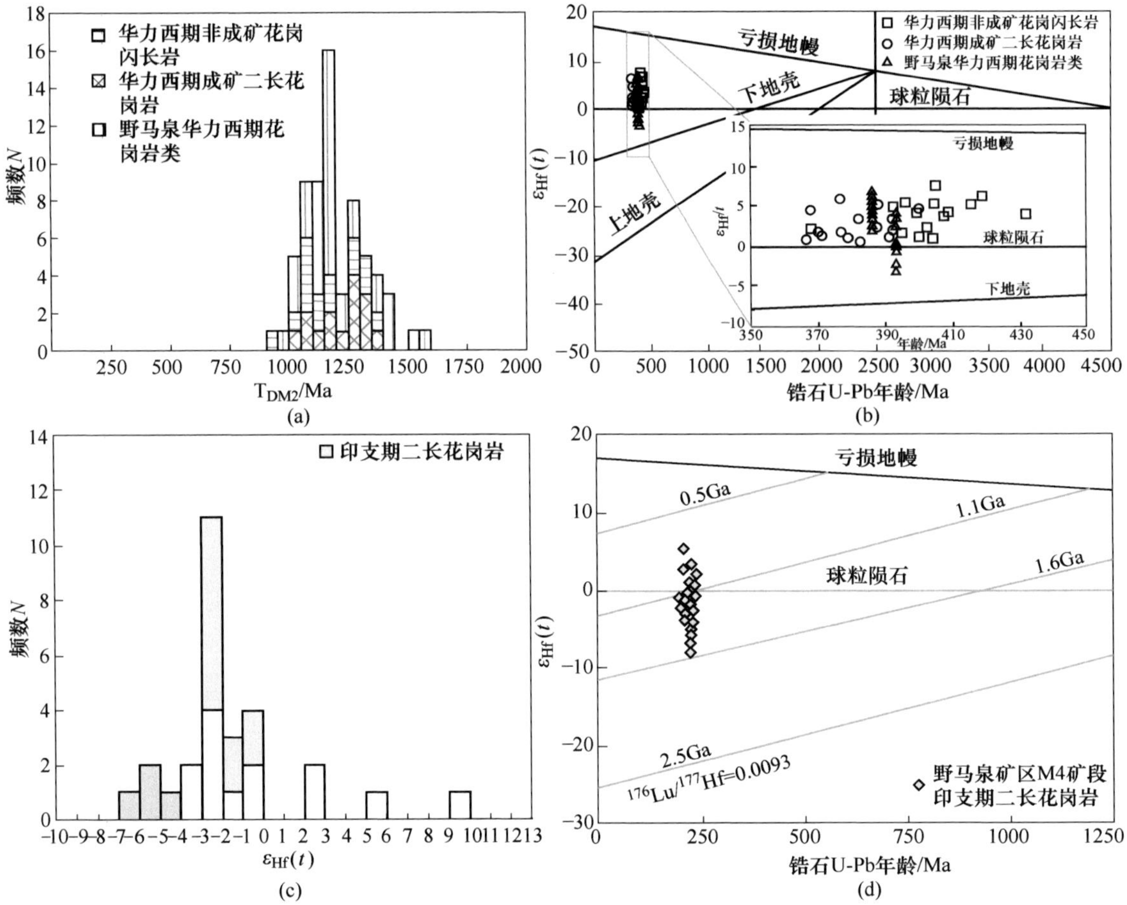

图 3-29　牛苦头地区两期花岗岩类锆石 Hf 同位素特征

(a) 华力西期岩体锆石 T_{DM2} 分布直方图；(b) 华力西期岩体 $\varepsilon_{Hf}(t)$-T 年龄分布图；

(c) 印支期岩体 $\varepsilon_{Hf}(t)$ 分布直方图（数据引自高永宝 等，2014）；

(d) 印支期岩体 $\varepsilon_{Hf}(t)$-T 年龄分布图（数据引自高永宝 等，2014）

2000）。牛苦头矿区印支期岩浆岩可能与此类似，为由俯冲物质交代的亏损地幔源区，俯冲物质的加入导致源区 $\varepsilon_{Hf}(t)$ 值相对富集，并且具有上述富集地幔的性质。与之类似，华力西期法国中央陆块大规模的后碰撞镁铁质岩浆作用也被认为是由亏损地幔和俯冲物质共同组成的岩浆源区形成。

综合以上分析，牛苦头矿区华力西期岩浆岩源区可能为地幔底侵形成的幔源岩浆与下地壳（或古老地壳）重熔的壳源岩浆的混合，然而，其幔源成分曾遭受过俯冲物质的交代。另外，当岩浆源区存在陆壳物质时，能降低 $\varepsilon_{Hf}(t)$ 值，导致同位素组成表现出富集特征。牛苦头矿区华力西期晚阶段成矿二长花岗岩中较低的 $\varepsilon_{Hf}(t)$ 值可能暗示了早阶段花岗闪长岩分异演化过程中，岩浆源区受到了地壳物质的混染。

综合研究认为，牛苦头矿区华力西期早阶段花岗闪长岩由亏损地幔底侵下地壳，并发生一定程度的岩浆混合作用而形成，而晚阶段成矿二长花岗岩是由早阶段花岗闪长岩经分异演化形成，演化过程中可能受到了一定的地壳混染。

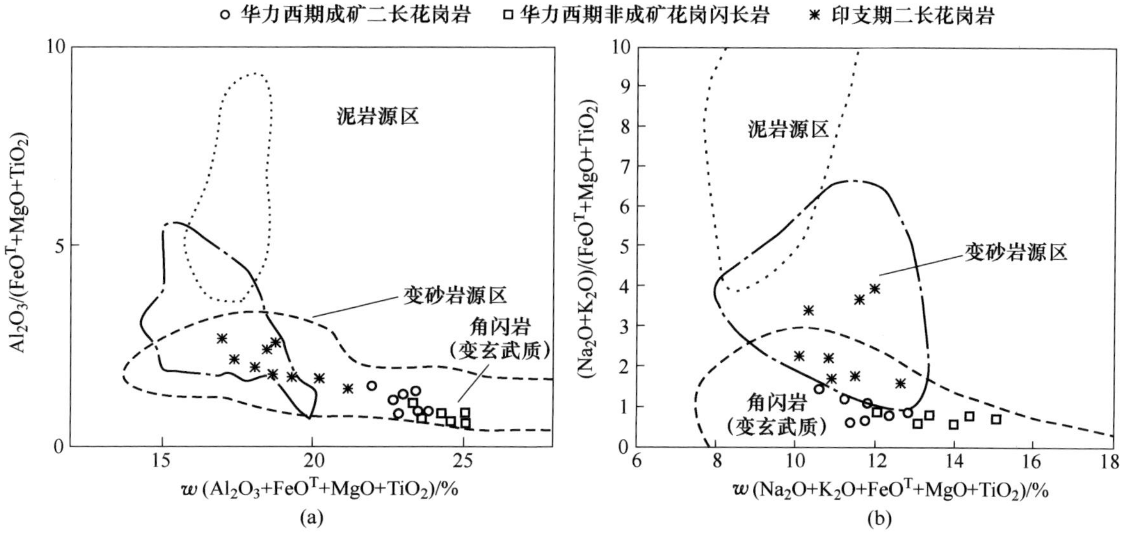

图 3-30 牛苦头矿区岩浆岩源区判别图解

(a) $Al_2O_3/(FeO^T+MgO+TiO_2)$-$Al_2O_3+FeO^T+MgO+TiO_2$ 图解;

(b) $(Na_2O+K_2O)/(FeO^T+MgO+TiO_2)$-$Na_2O+K_2O+FeO^T+MgO+TiO_2$ 图解

B 地球动力学背景

早-中泥盆世，在祁漫塔格地区大量过铝质花岗岩（I 型或 S 型）（赵振明 等，2008）及喀雅克登塔格（谌宏伟 等，2006）等地区闪长岩-辉长岩组合的出现，说明东昆仑在早-中泥盆世已由碰撞挤压环境转向后碰撞的伸展环境，并可能同时发育壳幔岩浆混合作用（谌宏伟 等，2006；莫宣学 等，2007；刘彬 等，2012）。晚泥盆世，东昆仑地区再次进入后碰撞阶段。牛苦头矿区 380~360 Ma 华力西期岩浆岩、具有壳幔混合特征的 I 或 S 型花岗岩就形成于该背景之下。在 Rb-Y+Nb 及 Rb/30-Hf-3Ta 图解中（见图 3-31（a）（b）），牛苦头矿区华力西期花岗岩类均落入碰撞-后碰撞环境，这些进一步佐证了其后碰撞的地球化学特征。

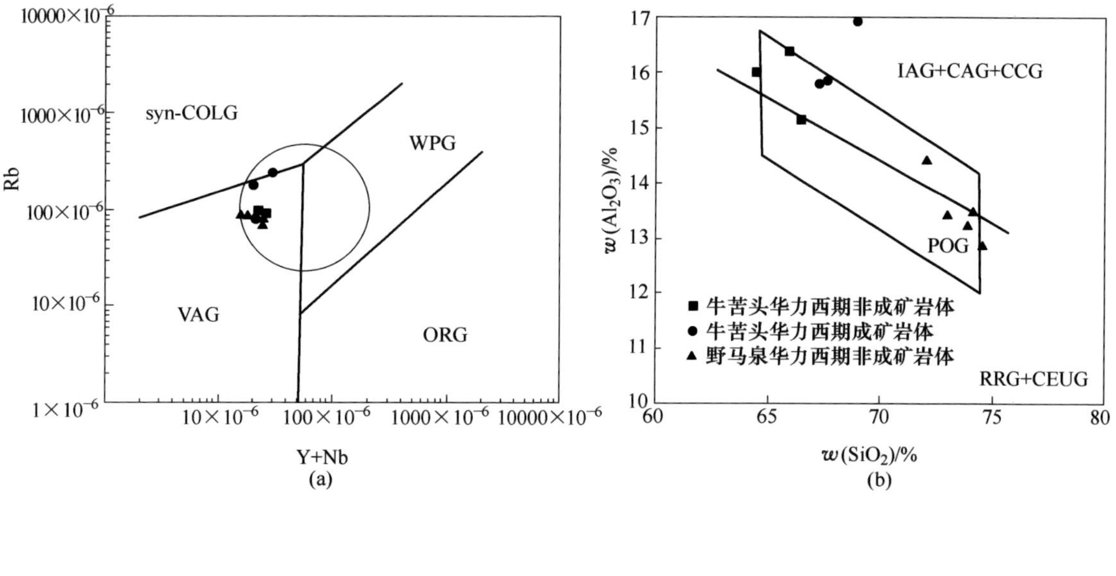

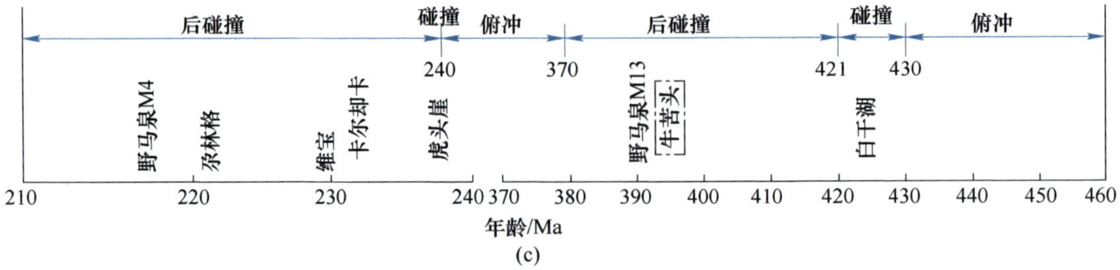

图 3-31　牛苦头矿区华力西期岩浆岩构造判别图解

（a）Rb-Y+Nb 图解（底图据 Pearce et al.，1984）；（b）Al_2O_3-SiO_2 图解（底图据 Maniar et al.，1989）；

（c）华力西期和印支期祁漫塔格地区构造背景年代学

VAG—岛弧型花岗岩；POG—后造山花岗岩类；syn-COLG—同碰撞花岗岩类；

IAG—岛弧花岗岩类；CAG—大陆弧花岗岩类；CCG—大陆碰撞花岗岩；RRG—与裂谷有关的花岗岩；

CEUG—与大陆的造陆抬升有关的花岗岩类

晚泥盆世—早石炭世（360～340 Ma），花岗闪长岩—石英闪长岩—二长花岗岩形成于区内早-晚古生代早期构造-岩浆旋回的碰撞-后碰撞阶段（见图 3-32），由下（古老）陆壳重熔而成，并加入了部分地幔物质（Liu et al.，2004；莫宣学 等，2007）。

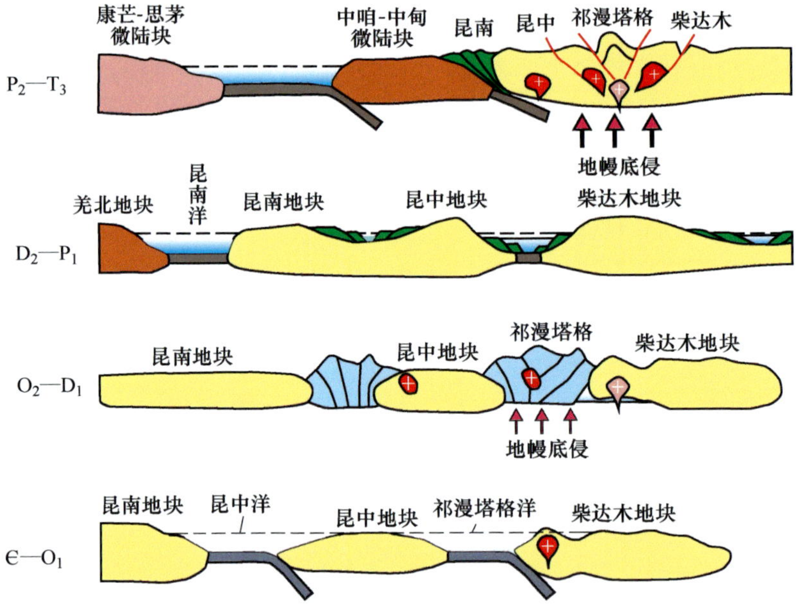

图 3-32　祁漫塔格地区早-晚古生代构造演化模式图

3.4.2　印支期岩浆岩成因探讨

由于 Zr 是典型的高场强元素和化学不稳定性元素，在流体和弱变质过程中不易迁移（Hastie et al.，2013），因此，Zr 与其他元素的相关性是判断元素蚀变影响程度的重要依据。由图 3-33 可见，Rb、Sr、Ba、La 与 Zr 的活动性明显，表明热液作用和次生蚀变对牛苦头矿区印支期岩浆岩元素含量的影响不大，其地球化学特征仍可制约其岩石成因和演化过程（Kessel et al.，2005）。

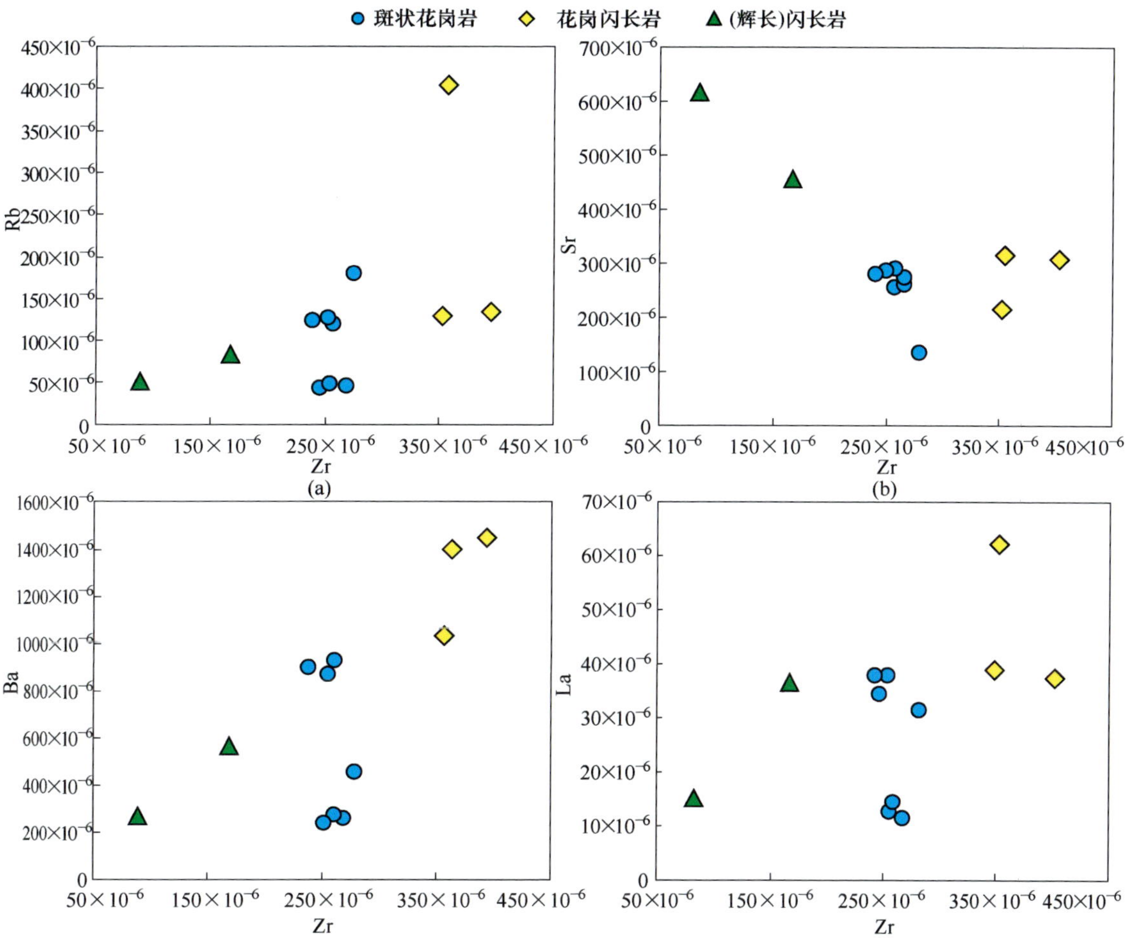

图 3-33 牛苦头印支期岩浆岩微量元素与 Zr 含量相关性图解

3.4.2.1 岩浆成因与岩浆演化

A 成因类型

研究区牛苦头矿区不同时代的岩石类型较多，成分相对复杂，成因类型也较为复杂。

印支期花岗闪长岩、（辉长）闪长岩地球化学特征相似，暗示它们可能是同源岩浆的产物。这些花岗岩类不含堇青石，A/CNK 值为 0.78~1.04，均小于 1.1，明显区别于 S 型花岗岩（Chappell et al.，2001）。其均为钙碱性-高钾钙碱性系列，富集轻稀土元素，且中等强度的负 Eu 异常或弱的正 Eu 异常（$\delta Eu = 0.40 \sim 1.33$），明显亏损 P、Nb、Ta、Ti、Sr、Ba 等，富集 Rb、Th、U、K 等，显示了 I 型花岗岩的特征，与区域上玛兴大坂、尕林格、野马泉中-晚三叠世 I 型花岗岩的地球化学特征也较为一致（吴详珂 等，2011；高永宝 等，2014）。

晚三叠世斑状花岗岩具有高硅（SiO_2 的质量分数为 69.42%~73.37%）、富碱（K_2O+

Na_2O 的质量分数为 69. 42% ~ 73. 37%）、贫铝（Al_2O_3 的质量分数为 13. 04% ~ 15. 48%）的特征，稀土元素总量高（$60.10\times10^{-6} \sim 170.3\times10^{-6}$），重稀土，相对轻稀土，明显亏损（LREE/HREE 值为 7. 73 ~ 11. 23），富集 Y、Zr、Hf、Th、U、Ga 等，强烈亏损 Ba、Sr、P、Ti、Eu，并具有强烈的负 Eu 异常（$\delta Eu = 0.61 \sim 0.96$），具有准铝质至弱过铝质性质，与区域正长斑状花岗岩一致（高永宝 等，2014；薛宁 等，2009），同时在 Whalen 等人（1987）提出的判别图上也落入 A 型花岗岩区域（见图 3-34），显示 A 型花岗岩的特征。

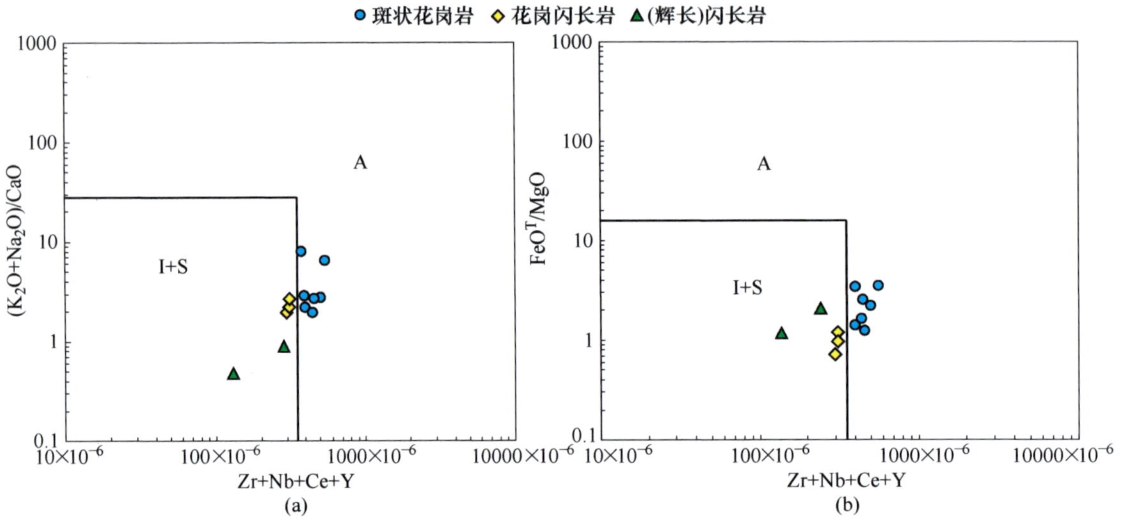

图 3-34　牛苦头矿区印支期岩浆岩成因类型判别图解

（a）$(K_2O+Na_2O)/CaO$-Zr+Nb+Ce+Y 图解（底图据 Whalen et al.，1987）；

（b）FeO^T/MgO-Zr+Nb+Ce+Y 图解（底图据 Whalen et al.，1987）

B　岩浆混合特征

牛苦头印支期岩浆岩中斑状花岗岩较高的 SiO_2 含量（69. 42% ~ 73. 37%），较低的 Cr、Ni 含量，指示岩浆源区应以壳源物质为主，但值得注意的是，该期岩浆岩普遍具有高 Mg 和高 K 的特征，$Mg^\#$值变化较大，为 35. 53 ~ 69. 74，K_2O/Na_2O 为 0. 23 ~ 1. 68。实验研究发现，$Mg^\#$是判断岩浆熔体单纯来源于地壳还是地幔物质参与的有效参数，不管熔融程度如何，地壳部分熔融形成的熔体形成的岩石具有较低的 $Mg^\#$值，而高 $Mg^\#$值（>40）的岩石可能与地幔物质的加入有关（Rapp et al.，1995），牛苦头矿区印支期岩体多数具有较高的 $Mg^\#$，指示岩浆形成过程中有地幔物质的参与。

由于岩浆混合作用发生于岩浆与岩浆的混合，很少有固体物质参与，受双扩散作用影响，参与混合的各类寄主岩石及包体的主要氧化物成分与 SiO_2 含量应呈线性分布特征（解洪晶 等，2018）。从牛苦头矿区印支期岩体岩石化学成分的哈克图解可以看出，从基性端元到酸性端元，SiO_2 与 TiO_2、FeO^T、CaO 和 MnO 投影点呈现连续一致的线性关系（见图 3-35），表明他们可能具有相关的成因关系，这种关系被认为是岩浆混合作用的重要标志（Roman et al.，2005）。同时，在同分母氧化物比值协变图上表现为线性相关（见图 3-36），在多元素不同分母比值图上表现为双曲线演化关系，上述特征也指示岩浆混合作用的发生。

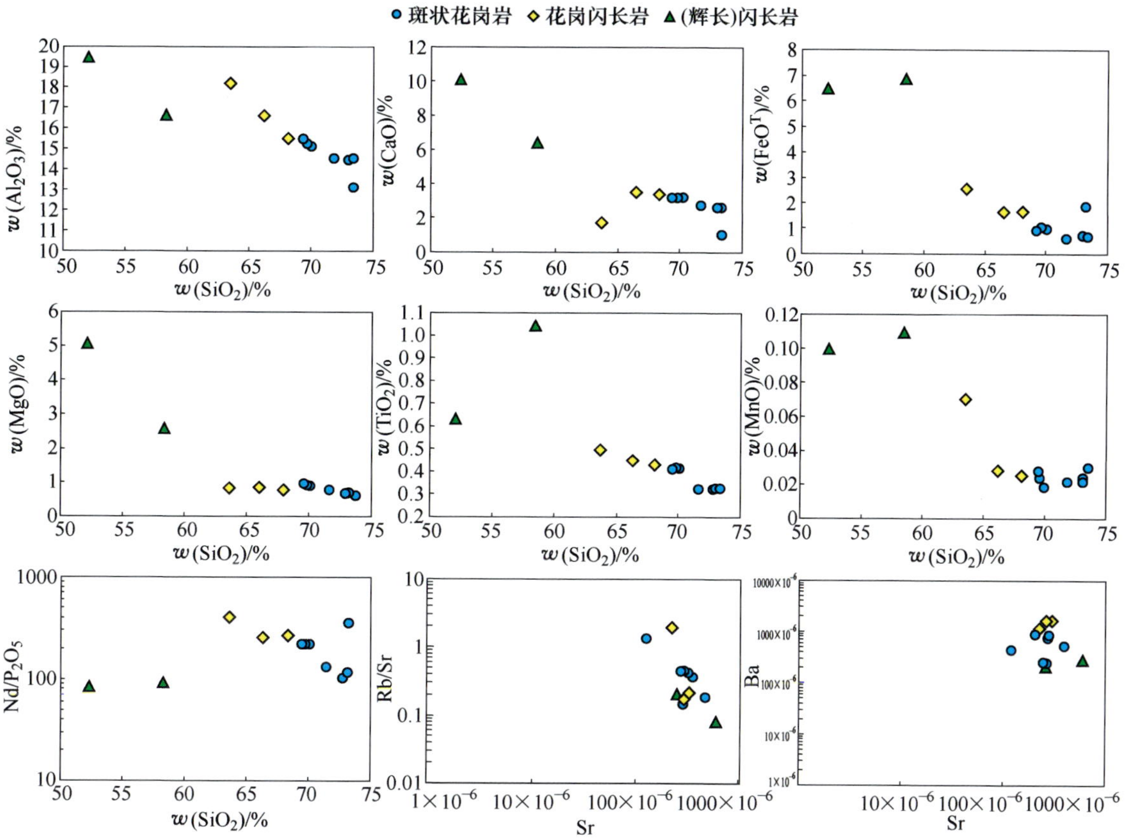

图 3-35 牛苦头矿区印支期岩浆岩主微量元素哈克图解

在稀土和微量图解中，辉长闪长岩、闪长岩、花岗闪长岩、斑状花岗岩具有相似的稀土配分形式，均表现出轻稀土富集、重稀土亏损的右倾模式，酸性端元位于基性端元的上方，表明前者稀土总体高于后者，这与斑状花岗岩、花岗闪长岩中角闪石、磷灰石等富稀土元素的载体矿物含量较高有关，相似的分布形式表明它们在微量元素上发生过交换。另外，Hf 同位素显示，相似的 $\varepsilon_{Hf}(t)$ 值及 Hf 同位素二阶段模式年龄也暗示了牛苦头矿区印支期不同岩性岩浆岩相似的源区。同时，牛苦头矿区印支期花岗闪长岩与卡尔却卡（234±1）Ma 花岗闪长岩一样，均含暗色包体等（高永宝 等，2014），暗示祁漫塔格地区在 239~213 Ma 可能发生了一定规模的壳幔混合岩浆作用。

综上，牛苦头矿区印支期岩浆岩酸性端元（斑状花岗岩、花岗闪长岩）与中基性端元（闪长岩、辉长闪长岩）具有共同的源区，由壳源岩浆和幔源岩浆混合形成。这种成因与邻区野马泉矿区印支期斑状石英二长闪长岩的成因基本一致（高永宝 等，2014）。

C 岩浆分异与演化

通过上述分析可知，牛苦头矿区印支期斑状花岗岩与花岗闪长岩、（辉长）闪长岩具有一致的地球化学特征，两者可能具有相同的源区与成因，而斑状花岗岩可能为辉长闪长岩、闪长岩演化分异的产物，主要证据包括：（1）从地质特征来看，从辉长闪长岩至斑状花岗岩，两者之间没有明显的界线，呈渐变过渡关系，从基性至酸性，花岗结构越来越

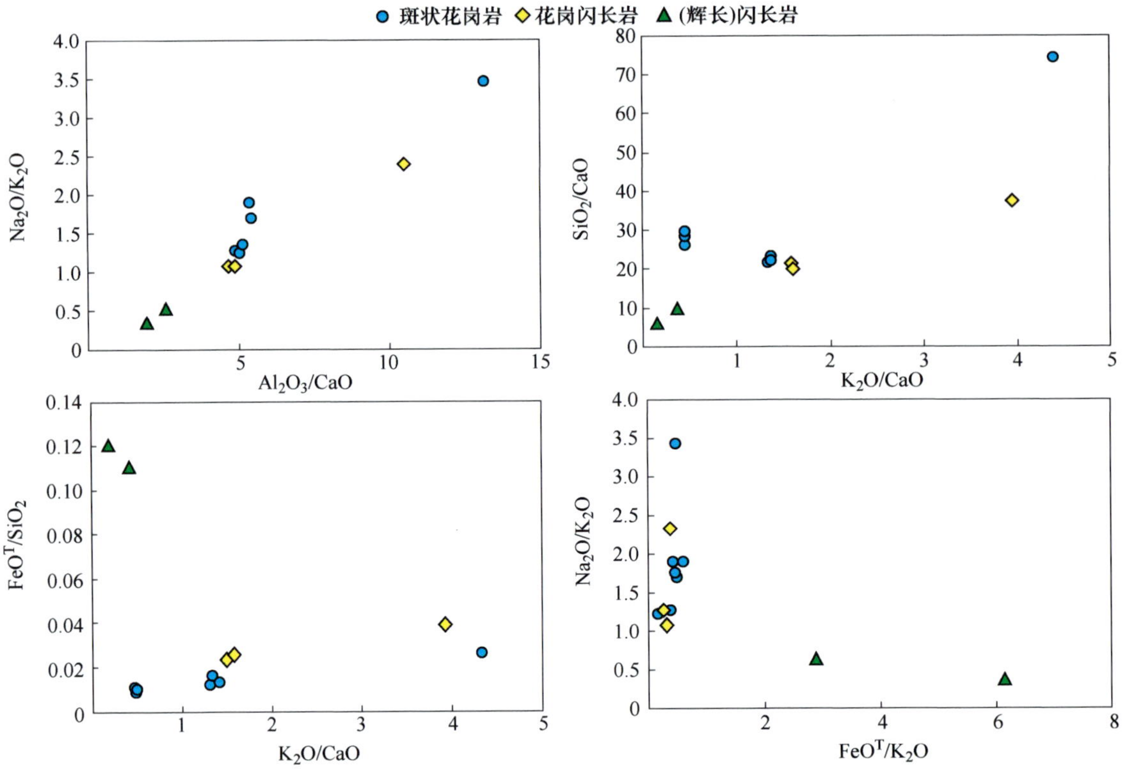

图 3-36　牛苦头矿区印支期岩浆岩中性与酸性花岗岩主量元素协变图解

明显，暗色矿物含量减少，石英含量增加；（2）从成矿时代来看，辉长闪长岩、斑状花岗岩在误差范围内基本一致；（3）从地球化学特征来看，斑状花岗岩与辉长闪长岩具有明显不同的稀土和微量元素分布特征，相对于辉长闪长岩，斑状花岗岩稀土球粒陨石标准化配分曲线呈现“燕式”分布特征，具有更为明显的负 Eu 异常，微量元素蛛网图上，斑状花岗岩表现出更为明显的负 Ba、Sr、Ti 异常。Eu、Ba、Sr 异常可能是斜长石的分离结晶所致，Ti 异常可能为富 Ti 矿物（钛铁矿、榍石）的分离结晶所致。本书认为，岩浆混合作用形成了辉长闪长岩-闪长岩-花岗闪长岩岩基，随着岩浆的演化分异，逐渐形成边部的斑状二长花岗岩，其与牛苦头露天采场西南侧矽卡岩化和矿化密切相关。

由哈克图解可以看出（见图 3-35），SiO_2 与 CaO 和 Al_2O_3 含量的负相关及 Eu 的亏损指示斜长石参与了分离结晶过程；而 SiO_2 与 P_2O_5 含量的负相关、与 Nd/P_2O_5 含量的正相关指示其岩浆演化过程中经历了磷灰石的分离结晶作用；SiO_2 与 MgO、FeO^T 含量的负相关指示镁铁矿物（角闪石和黑云母）可能参与了分离结晶作用；SiO_2 与 FeO^T、TiO_2 含量的负相关指示 Fe-Ti 氧化物的分离结晶；Ba 和 Sr 的亏损指示钾长石或斜长石的分离结晶。其次，Zr/Hf、Nb/Ta 和 K/Rb 值是花岗质岩浆分异程度的重要地球化学指标（Pérez-Soba et al., 2010；Ballouad et al., 2016；Yuan et al., 2018），从辉长闪长岩至斑状花岗岩，微量元素比值 Nb/Ta、Zr/Hf 和 K/Rb 也都呈逐渐降低趋势，Nb/Ta 值从 15.83 下降到 8.41，Zr/Hf 值的平均值从 42.21 下降到 36.87，K/Rb 由 342.98 减少至 189.70（见图 3-37）。角闪石是花岗岩演化后期主要分离结晶的镁铁质矿物之一，研究表明，对低镁角闪石而言，

$D_{Nb/Ta}$大于1，其分离结晶作用可能降低残余岩浆的Nb/Ta值，同时，黑云母的分离结晶也会使花岗质岩石富集Ta，从而使Nb/Ta值降低，因此Nb/Ta值降低可能为角闪石、黑云母的分离结晶作用所致。Zr和Hf主要富集在锆石中，Zr和Hf元素含量的降低往往和Zr饱和之后的锆石分离结晶相关，由于锆石具有较高的Zr/Hf值（普遍高于40），当锆石发生分离结晶时，Zr/Hf值也降低。另外，相对于辉长闪长岩，斑状花岗岩的（Zr+Nb+Ce+Y）和Ti的值更低，1000Ga/Al及Ta的值更高，表现出更高的演化程度。

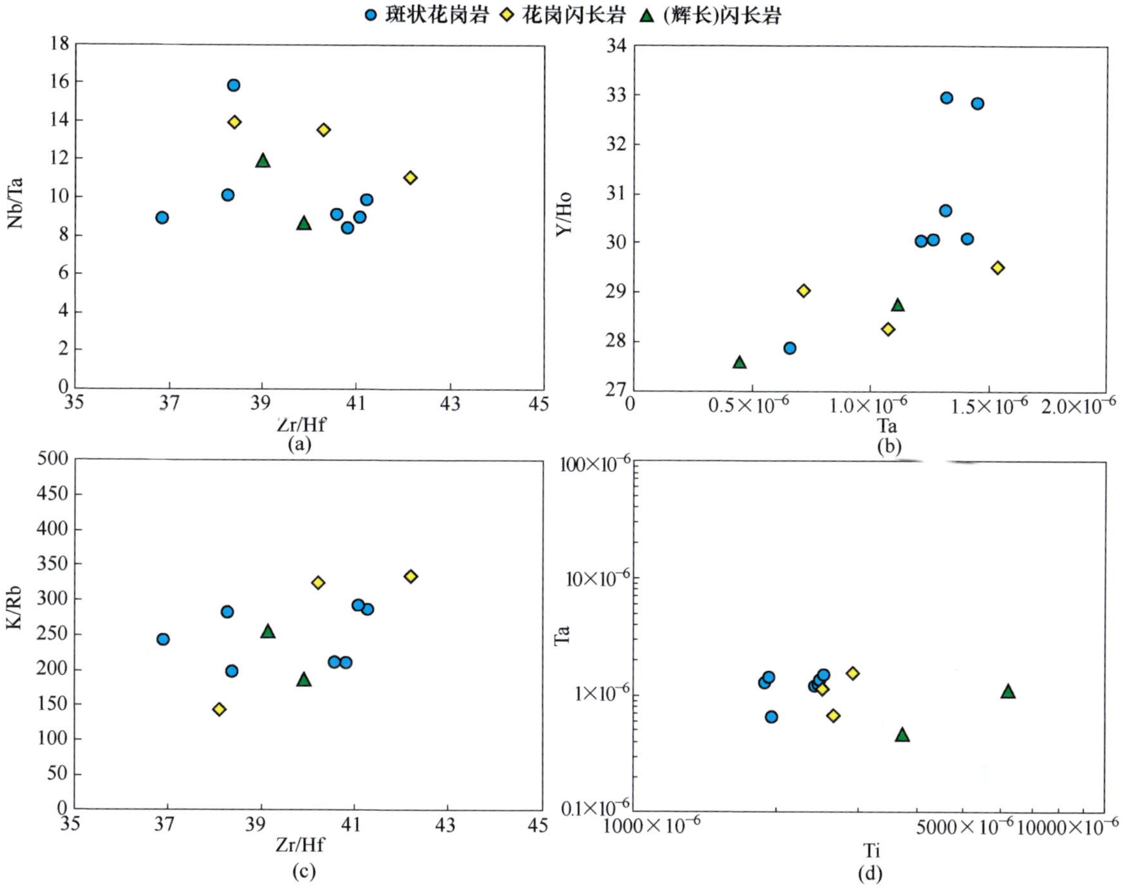

图3-37 牛苦头印支期花岗岩类演化程度判别图

（据Lehmann，2021）

因此，从地质特征、成岩时代及地球化学特征来综合分析，牛苦头斑状花岗岩成因可能为辉长闪长岩、闪长岩经历斜长石、角闪石、黑云母、锆石、富Ti矿物等的分离结晶作用形成。即斑状花岗岩可能为辉长闪长岩、闪长岩、花岗闪长岩演化形成的，具有较高的结晶分异程度，并且在岩浆演化的晚期可能经历了强烈的熔体-流体相互作用和岩浆热液演化过程。结合斑状花岗岩与矿床矽卡岩及矿化分带的时空关系，笔者认为，牛苦头露天采场西南侧矿化可能与这种较高演化程度的斑状花岗岩有关。

3.4.2.2 岩浆源区与地球动力学背景

从Hf同位素分析的结果可以看出（见图3-38），牛苦头矿区印支期岩浆岩4件样品

59 个点的 $^{176}Hf/^{177}Hf$ 值为 0.282514～0.282793。$\varepsilon_{Hf}(t)$ 为 -4.51～5.55。T_{DM2} 为 897～1454 Ma（平均值为 1192 Ma）。多数为 1016～1454 Ma。与野马泉矿区印支期岩体（$\varepsilon_{Hf}(t)$ = -6.3～5.5，T_{DM2} = 895～1659 Ma）、尕林格印支期岩体（$\varepsilon_{Hf}(t)$ = -5.06～3.44，T_{DM2} = 1042～1587 Ma）的 Hf 同位素特征基本一致，而与卡尔却卡印支期岩浆岩有所差异，后者 $\varepsilon_{Hf}(t)$ 均为负值，二阶段模式年龄较老（1485～1632 Ma）。

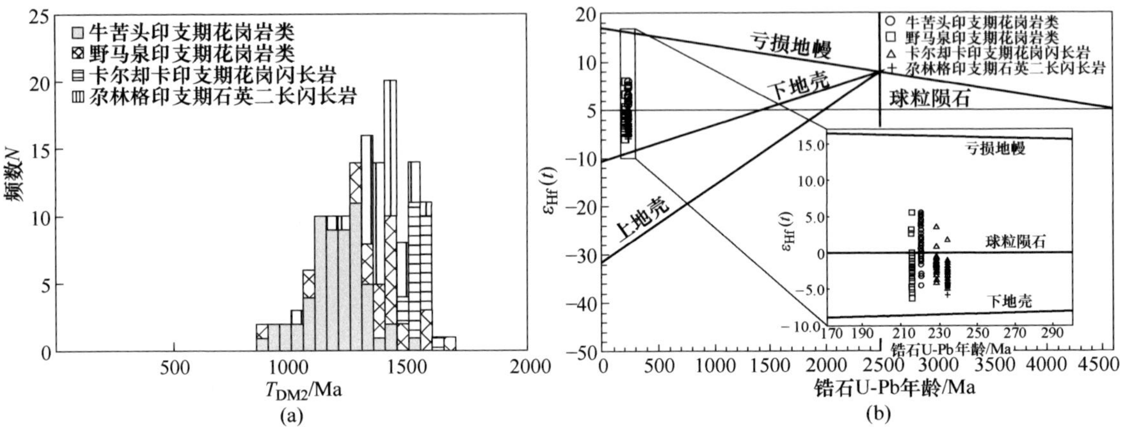

图 3-38　牛苦头矿区印支期花岗岩类锆石 Hf 同位素特征

（a）印支期岩体锆石 T_{DM2} 分布直方图；（b）印支期花岗岩类 $\varepsilon_{Hf}(t)$-T 年龄分布图

牛苦头、野马泉、尕林格矿区印支期岩浆岩 $\varepsilon_{Hf}(t)$ 值均在 0 附近浮动，但多数为负值，少数为正值，卡尔却卡印支期岩浆岩的 $\varepsilon_{Hf}(t)$ 均为负值。其 $\varepsilon_{Hf}(t)$ 值进一步证明该地区矿床成矿岩体的锆石 $\varepsilon_{Hf}(t)$ 值可能为幔源物质（正 $\varepsilon_{Hf}(t)$）与古老陆壳物质（负 $\varepsilon_{Hf}(t)$）混合后的结果，因此，牛苦头、卡尔却卡等地区印支期岩浆岩源区为古老地壳的重熔。卡尔却卡矿区印支期岩浆岩二阶段模式年龄较老，可能与岩浆源区壳源成分占比大有关。结合 $\varepsilon_{Hf}(t)$-T 图解（见图 3-38），表明祁漫塔格地区岩浆岩在 230～220 Ma 可能由加厚下地壳（古老地壳）部分熔融与幔源岩浆混合作用而形成。

本书研究测得牛苦头矿区印支期岩浆岩的年龄为 224～225 Ma，与野马泉矿区印支期岩体（213～219 Ma）、尕林格印支期岩体（228～234 Ma）及卡尔却卡矿区印支期岩体（234 Ma）基本一致。初步认为，牛苦头矿区与铁铅锌多金属矿关系密切的花岗岩的形成时代为晚三叠世。

石炭纪至二叠纪该区下沉成为陆表海，形成了一套以碳酸盐岩为主体的浅-滨海相沉积物，代表了相对稳定的环境，晚二叠世—早三叠世，由于古特提斯洋向北俯冲，陆壳碰撞并发生叠覆或陆内造山（丰成友 等，2011a），晚二叠世—早三叠世（260～240 Ma）为俯冲造山期，发育一套弧花岗岩类（莫宣学 等，2007）；中-晚三叠世为碰撞-后碰撞阶段（莫宣学 等，2007），牛苦头矿区 M1 矿段 A 型斑状花岗岩（225 Ma）、I 型花岗闪长岩—闪长岩（225～224 Ma）就形成于该构造环境中，结合区域发育的约格鲁杂岩体中的角闪辉长岩体（(239±6) Ma；刘成东 等，2002）、石灰沟外滩角闪辉长岩（(227±1) Ma；罗照华 等，2002）、玛兴大坂壳幔混合特征二长花岗岩（(218±2) Ma；吴祥珂 等，2011）、尕林格壳幔混合特征花岗岩（(228±1) Ma～(234±1) Ma；高永宝 等，2014）、虎头崖含暗色包体花岗闪长岩（(224±1) Ma)、卡尔却卡含暗色包体花岗闪长岩（(234±1) Ma）及暗色包体（(234±1) Ma）等，暗示东昆仑地区在239~213 Ma可能由地幔底侵古老陆壳形成壳源花岗质岩浆，同时幔源基性岩浆与壳源花岗质岩浆发生不同程度的混合（罗照华 等，2002；Liu et al.，2004；莫宣学 等，2007；高永宝 等，2014）。于沟子含绿钠闪石碱性花岗岩（(210±1) Ma）的发育暗示碰撞结束后进入造山伸展阶段。

综上，牛苦头矿区印支期成矿作用形成于晚古生代—早中生代的构造-岩浆旋回的碰撞和后碰撞阶段，地幔底侵古老地壳，导致其壳源物质部分熔融，同时幔源基性岩浆与壳源花岗质岩浆发生不同程度的混合，壳幔物质的交换可能为区域大规模岩浆热液成矿提供大量成矿物质。

3.5 牛苦头矿区两期岩浆岩与成矿作用

3.5.1 牛苦头矿区华力西期岩浆岩与成矿作用

依据本书获得的花岗质岩体LA-ICP-MS锆石U-Pb年龄，牛苦头铅锌矿床主要产于晚泥盆世（365~359 Ma）二长花岗岩与滩间山群大理岩（O_3t）接触带矽卡岩之间。

总体而言，该矿区由成矿岩体内部到围岩地层，表现出明显的多金属蚀变矿化分带特征：由岩体→接触带→含碳酸盐岩地层，金属成矿元素分别为W-Mo→Fe-Sn-Cu→Cu-(Pb-Zn)→Pb-Zn-Ag（见图3-39）；蚀变类型由岩体自蚀变的钾化、硅化、黄铁矿化，过渡为正接触带附近的浸染状闪锌矿化及晚期的绿泥石化、碳酸盐化。

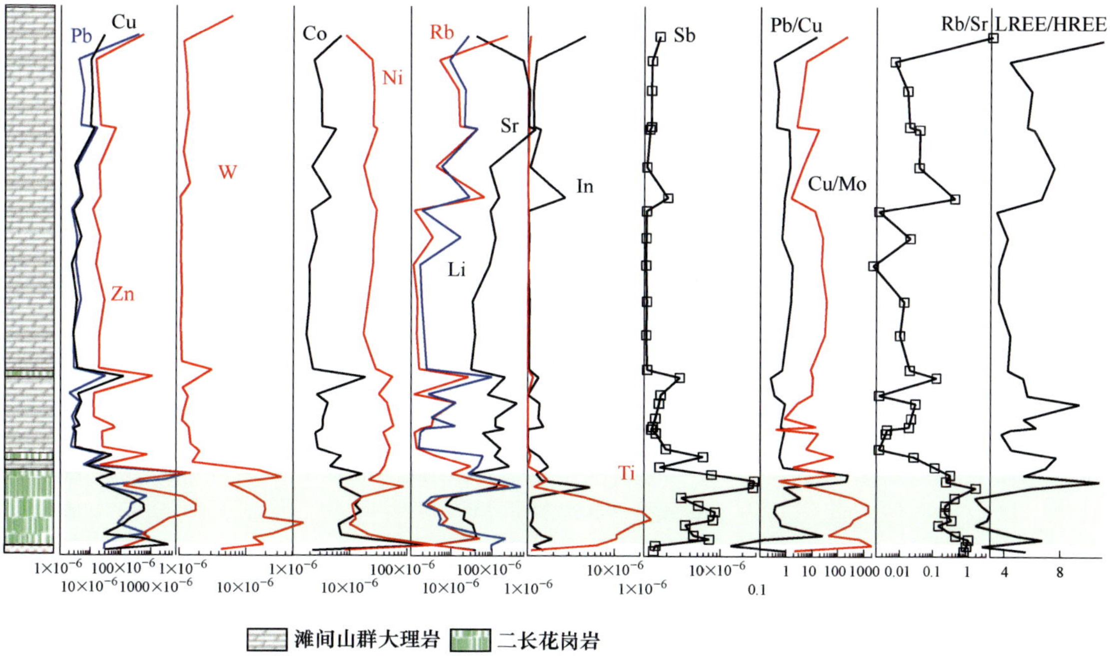

图3-39　M1矿段ZK0405钻孔地质地球化学剖面

钻孔底部花岗闪长岩→成矿二长花岗岩→矽卡岩→矽卡岩化碳酸盐岩，表现出不同的地球化学成分特征。其中，花岗闪长岩→成矿二长花岗岩→矽卡岩中 SiO_2、Al_2O_3、K_2O、Na_2O 含量普遍减少（见图 3-40），而 FeO^T 含量增加（见图 3-40）；从矽卡岩→矽卡岩化大理岩→大理岩，CaO、MnO 含量明显增加，FeO^T 含量减少（见图 3-40）。这些特征表明，钻孔底部的成矿岩体在接触交代变质形成矽卡岩的过程中，CaO 从大理岩带出，SiO_2、Al_2O_3、K_2O、Na_2O 从岩体带出，而 Fe_2O_3 和 MnO 主要来自热液。成矿元素 Cu、Pb、Zn、Ag 在成矿岩体附近的地层或矽卡岩中明显升高（见图 3-39）。

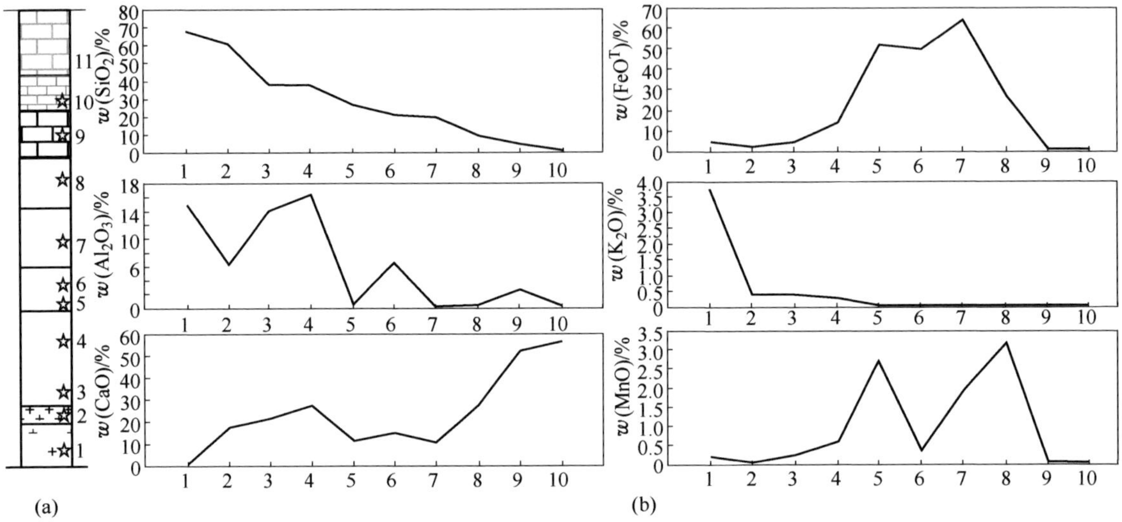

图 3-40　牛苦头矿区 ZK0405 钻孔剖面主量元素变化图解

（a）牛苦头矿区 ZK0405 钻孔剖面示意图；（b）岩石主量元素变化图解

1—新鲜花岗闪长岩；2—矽卡岩化花岗闪长岩；3—磁铁矿、石榴子石矽卡岩；4—磁铁矿、石榴子石矽卡岩；5—矿化矽卡岩；6—矿化矽卡岩；7—锰钙辉石化大理岩；8—石榴子石、符山石化大理岩；9—矽卡岩化大理岩；10—大理岩；11—灰岩

牛苦头—四角羊矿区的 $\delta^{34}S$ 值集中于+5.97‰~+6.39‰，其较高的 $\delta^{34}S$ 值，暗示该矿区的成矿物质主要来自幔源岩浆热液（徐国端，2011）。此外，牛苦头—四角羊矿区的硫化物的 Pb 同位素位于上地壳与地幔之间（徐国端，2011），分布较为集中，显示岩浆热液矿床共有的特征，这也暗示着牛苦头铅锌多金属矿床的形成与华力西期岩浆作用形成的中高温岩浆热液密切相关。

综上所述，牛苦头矿区华力西期岩浆岩成矿背景和成矿模式可以解释为：中-晚泥盆世，东昆仑地区处于碰撞-后碰撞伸展阶段。软流圈上涌，带来的热量导致亏损地幔部分熔融，随后，底侵下地壳（古老地壳）导致其重熔，两者混合，形成的早期花岗质岩浆上涌，于 379~375 Ma 侵位，形成牛苦头矿区早期的 I 型花岗闪长岩。早期的 I 型花岗闪长岩经过结晶分异演化作用（斜长石、富 Ti 矿物、磷灰石等的分离结晶作用），并经历了一定的岩浆分异演化（演化过程中受到了一定的地壳混染），最终形成了晚阶段成矿二长花岗岩。晚阶段成矿二长花岗岩形成于早阶段花岗闪长岩就位后的十几个百万年或更短的时间，于 365~353 Ma 侵位上涌，与滩间山群地层发生接触交代作用，接触交代过程中成矿元素 Cu、Pb、Zn、Ag 进一步富集，形成含矿热液，在硅钙面或构造薄弱面卸载，形成铅锌矿化或矿体（见图 3-41）。

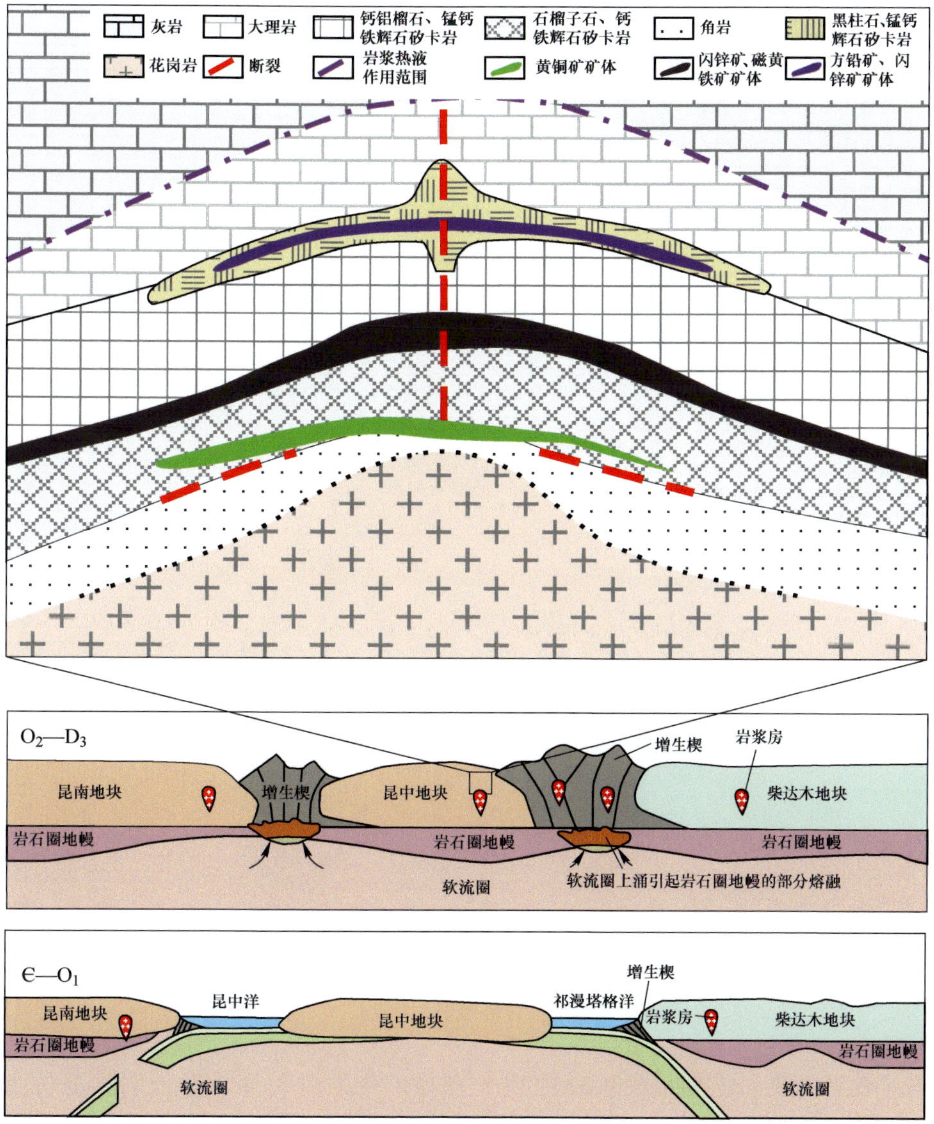

图 3-41 祁漫塔格地区早-晚古生代构造演化及牛苦头矿床成因模式图
（据王新雨 等，2023）

3.5.2 牛苦头矿区印支期岩浆岩与成矿作用

祁漫塔格地区一直以来都以印支期成矿为主，但在牛苦头矿区印支期成矿较弱，一直被认为只发生在 M2 矿段。此次野外地质调查和成岩成矿年代都表明，M1 矿段也存在印支期成矿。

牛苦头矿区印支期矿化主要与斑状花岗岩关系密切。矿化主要产于中酸性岩体和碳酸盐岩地层接触部位。综合分析，印支期岩浆岩成矿元素富集在岩体的高演化阶段，从基性到中性的黑云母辉长岩、闪长岩、石英闪长斑岩、黑云母花岗闪长岩到酸性的斑状花岗岩及最终的高演化岩浆岩，成矿元素随着 K 含量的升高而增加（见图 3-42）。

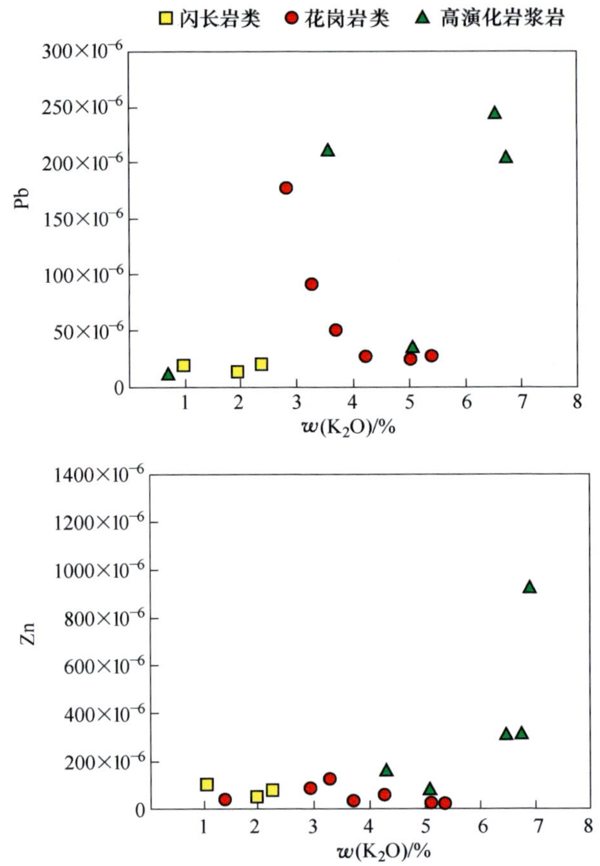

图 3-42　印支期岩浆岩成矿元素迁移图解
（数据引自耿健，2023）

牛苦头 M1 矿段印支期成矿表现在矽卡岩和矿化的分带性，靠近岩体部位为硫铜矿化，发育石榴子石、钙铁辉石矽卡岩，中心部位为硫锌铁矿化，发育钙锰铁辉石和黑柱石矽卡岩，远离岩体部位为铅锌矿化，发育锰铁辉石、黑柱石矽卡岩。

牛苦头矿区印支期岩浆成矿作用可以概括为早二叠世昆南洋向北俯冲、消减，中三叠世洋盆闭合，晚三叠世碰撞-后碰撞转换阶段伸展作用下，岩石圈减薄，软流圈地幔物质上涌并发生减压部分熔融，受到伸展减压和软流圈地幔物质部分熔融加热的影响，下地壳物质部分熔融，与地幔物质发生混合形成原始岩浆，从而形成牛苦头地区印支期原始母岩浆。原始岩浆经过结晶分异等作用（斜长石、角闪石等矿物的分离结晶），在靠近地层位置演化形成斑状花岗岩，其上升侵位于滩间山群、缔敖苏组地层或早期岩体，发生接触交代作用，在接触交代过程中成矿元素进一步富集，形成含矿热液，在硅钙面或构造薄弱面卸载（见图 3-43），形成铁铜矿化或矿体。

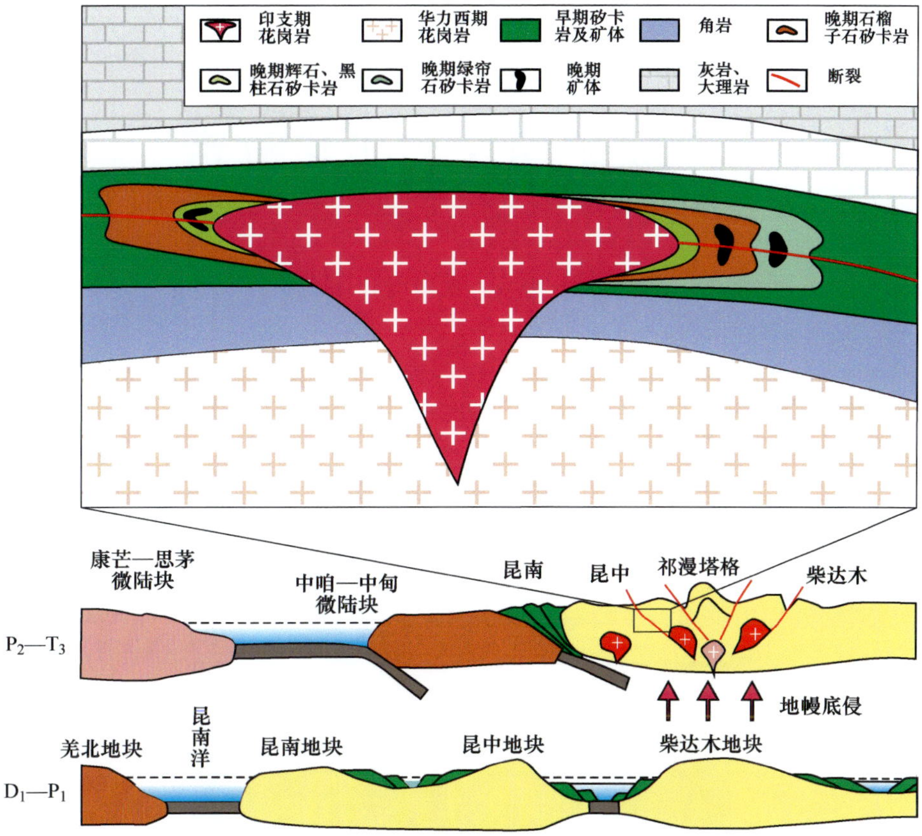

图 3-43 祁漫塔格地区早-晚古生代构造演化及牛苦头印支期矿床成因模式图

（据王新雨 等，2023）

4 成矿期次和矿化分带

4.1 两期矽卡岩成矿作用地质特征

野外地质调查及室内显微镜下观察表明，牛苦头铅锌矿床发育早、晚两期矽卡岩并分别伴有相应的成矿作用，且两期矽卡岩在产出特征、产出规模、成矿过程及矿物组合方面均有明显区别。

4.1.1 两期矽卡岩产出特征

早期矽卡岩主要呈层状、似层状，少量呈透镜状，与地层产状一致。局部呈脉状穿插角岩地层和碳酸盐岩中，多沿裂隙充填（见图 4-1）。

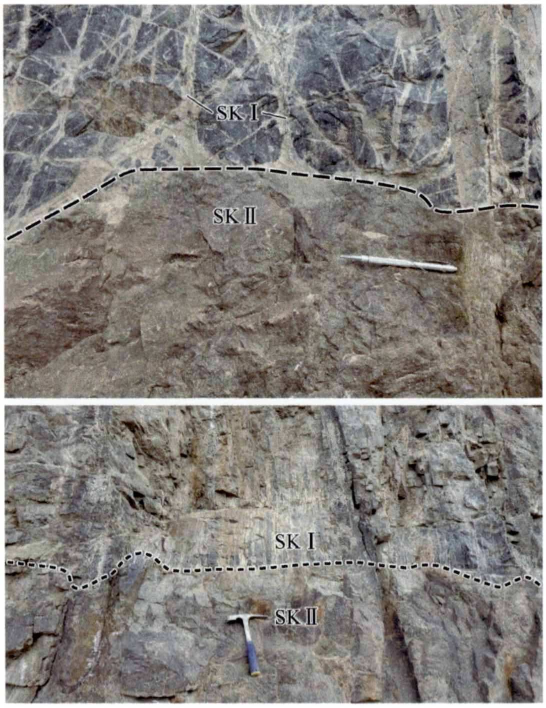

图 4-1 牛苦头矿区两期矽卡岩接触交代面

（SK Ⅰ为早期华力西期成矿岩体引起的矽卡岩，SK Ⅱ为晚期印支期成矿岩体引起的矽卡岩）

晚期矽卡岩主要呈带状、脉状，穿插早期地层及早期矽卡岩。晚期带状矽卡岩围绕印支期成矿中心呈环带状产出。脉状矽卡岩，脉宽一般为 1～10 cm，最宽可达 15 cm，穿插早期矽卡岩和地层。未见与早期矽卡岩或地层有明显交代关系。

4.1.2 两期矽卡岩产出规模及矿化强度

4.1.2.1 早期矽卡岩产出规模

早期矽卡岩在牛苦头矿区分布广泛，呈层状、似层状分布，位于华力西期岩浆岩之上，呈带状垂直分布，在M1、M4及M2矿段范围内均有分布。在M1矿段，华力西期矽卡岩走向上整体呈NW—SE向（见图4-2），原岩主要为大理岩、泥岩、角岩、灰岩等。

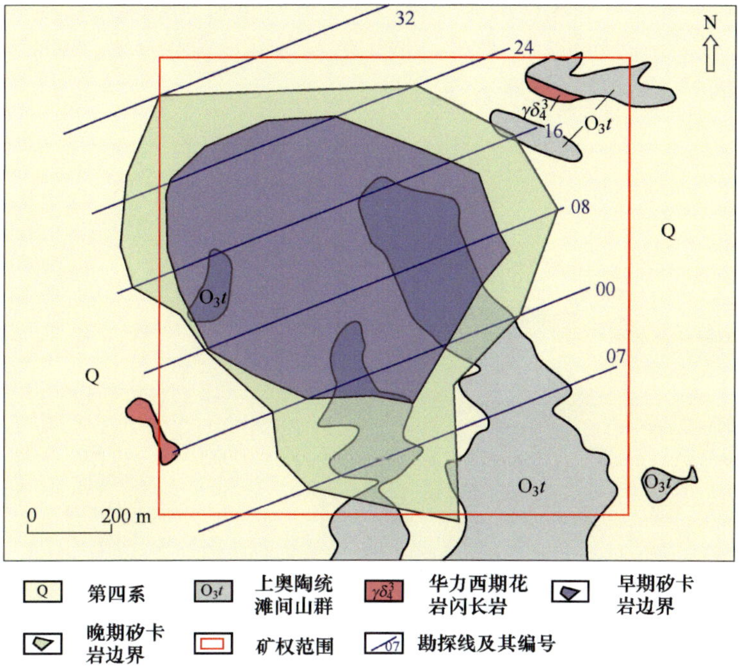

图4-2　M1矿段两期矽卡岩水平投影范围分布图

依照所含主要矽卡岩矿物的占比，M1矿段华力西期矽卡岩分带由成矿岩体向外，依次为辉石矽卡岩带，黑柱石、绿帘石矽卡岩带。

M4矿段华力西期矽卡岩分带由成矿岩体向外，依次为辉石、石榴子石矽卡岩带，黑柱石、阳起石矽卡岩带，绿帘石矽卡岩带（见图4-3）。

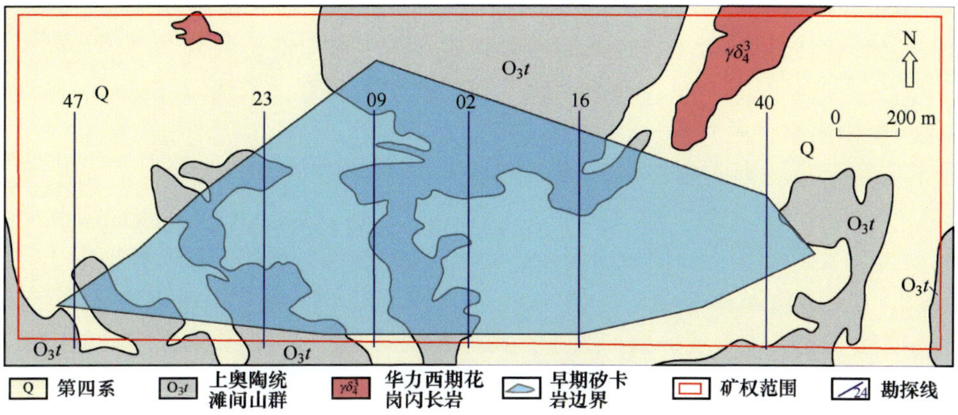

图4-3　M4矿段早期矽卡岩与矿体范围水平投影图

M2 矿段华力西期矽卡岩的分带强度不如 M1 矿段和 M4 矿段分布的明显，矿化呈脉状或稀疏浸染状。根据矽卡岩的种类，由成矿岩体向外，依次为石榴子石、辉石矽卡岩带，阳起石、透闪石矽卡岩带。

4.1.2.2　晚期矽卡岩产出规模

晚期矽卡岩主要分布于 M1 矿段，呈环带状 NE—SW 向分布，与 M1 矿段露天采场西南侧的印支期岩体空间关系密切，由南西至北东，蚀变分带依次为石榴子石带→钙铁辉石带→锰钙铁辉石-黑柱石带→锰钙辉石-黑柱石-绿帘石带（见图 4-4）。原岩除大理岩、灰岩、角岩外，还有早期的岩浆岩。此外，矽卡岩呈脉状或浸染状，主要分布于露天采场东北侧，交代早期矽卡岩、角岩及地层等。

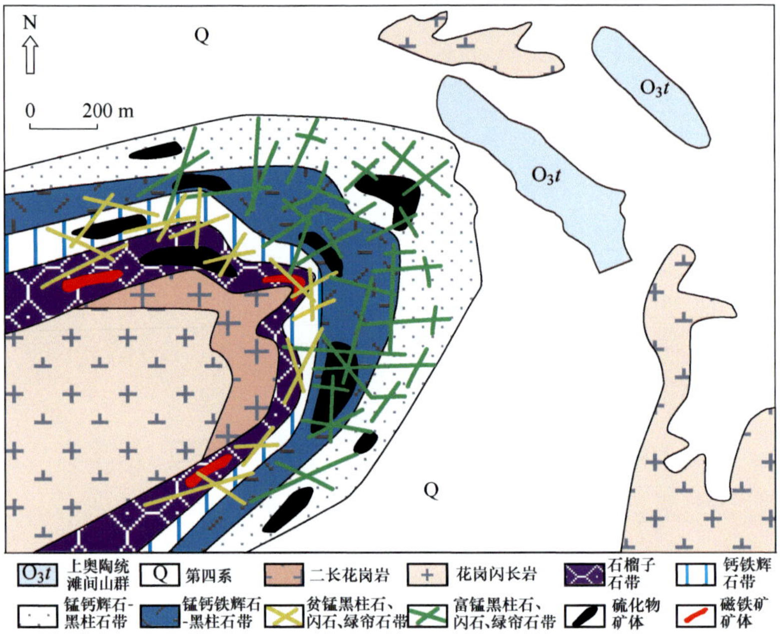

图 4-4　牛苦头矿区 M1 矿段实测矽卡岩蚀变分带图

4.1.2.3　早、晚矽卡岩矿化强度分析

由于牛苦头矿区 M1 矿段以往地质资料及在开发过程中均未提出存在早、晚两期矽卡岩并加以区分，因此目前对早、晚两期矽卡岩矿化强度做出准确的判断是困难的，但依据主要矿体的分布产状及其与早、晚两期矽卡岩的空间关系等，依然能够对早、晚两期矽卡岩的矿化强度做出定性的判断。

M1 矿段露天采场揭露存在早、晚两期矽卡岩，其中华力西期矽卡岩呈层状、似层状、脉状，与地层产状一致。印支期矽卡岩呈带状或脉状，切穿或穿插地层和早期矽卡岩。5 号矿体主要产于华力西期矽卡岩中，1 号矿体主要产于印支期矽卡岩中。其中，从西南至东北，Zn 矿化强度增强（见图 4-5），中部与北东部强度相差不大，北东部略高。Pb 矿化强度的变化规律表现得更加明显，具体表现为西南部 Pb 矿化强度最低，中部略有增高，北东部最高（见图 4-6）。

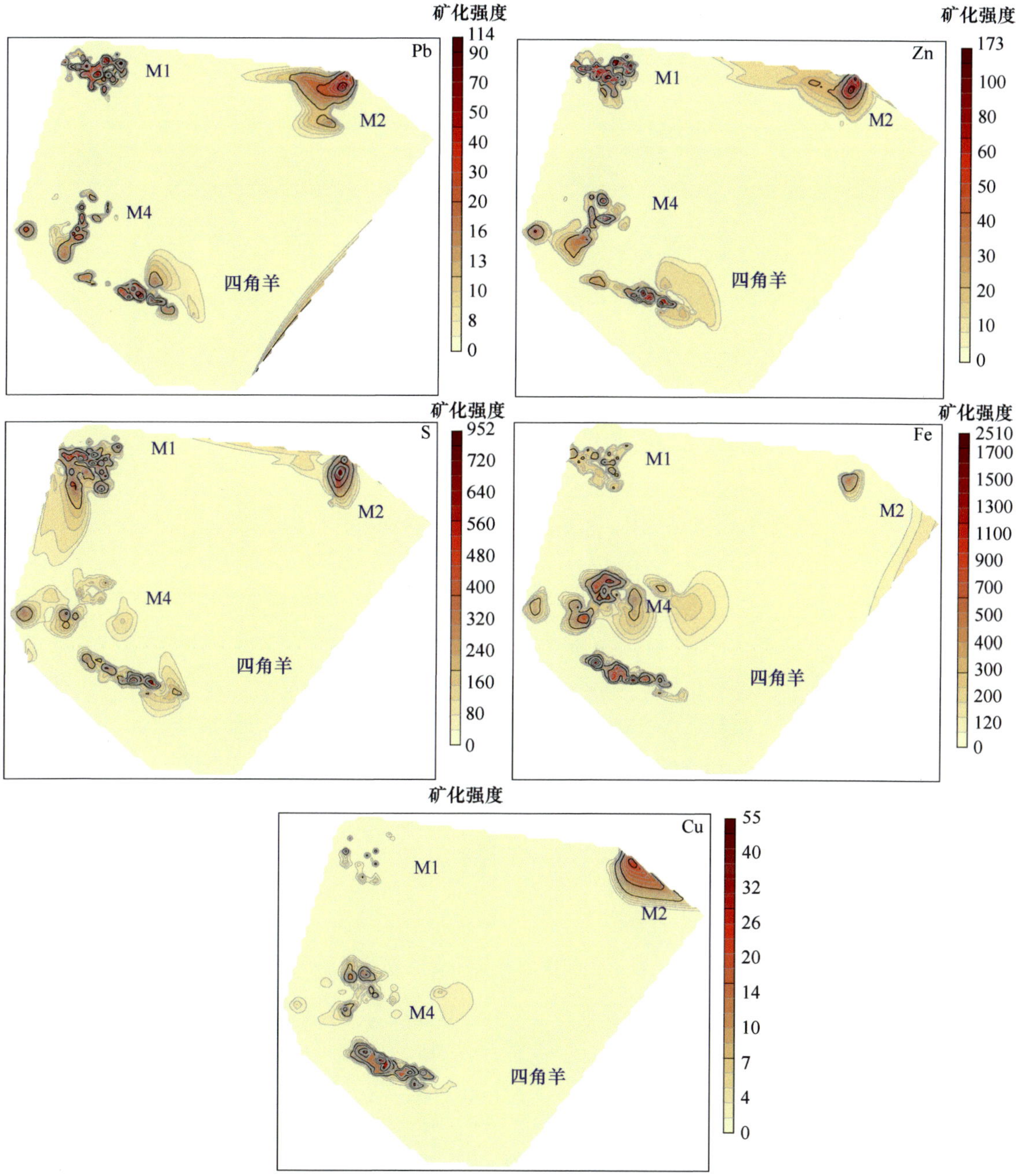

图 4-5 牛苦头-四角羊矿区矿化强度图

M4 矿段属于华力西期矽卡岩，PbZn 矿化强度整体在西南侧成矿强度高，往矿区中部也有富集，向北东减弱。Fe 矿化最强位于矿区中部，西南部也有浓集，东部较弱。Cu 矿化最强区为矿区中心，大概在 0 线至 12 线一带。西南部也有少量富集（见图 4-7）。S 矿化最强为西南地区，其次为矿区中部位置，考虑到矿石多为硫化物，暗示着西南部为 S 来源，西南延伸方向可能还具有较大的找矿空间。这些元素整体上矿化呈 SW—NE 向延伸，与地层产状基本保持一致，表明了地层产状对矿体具有控制作用。

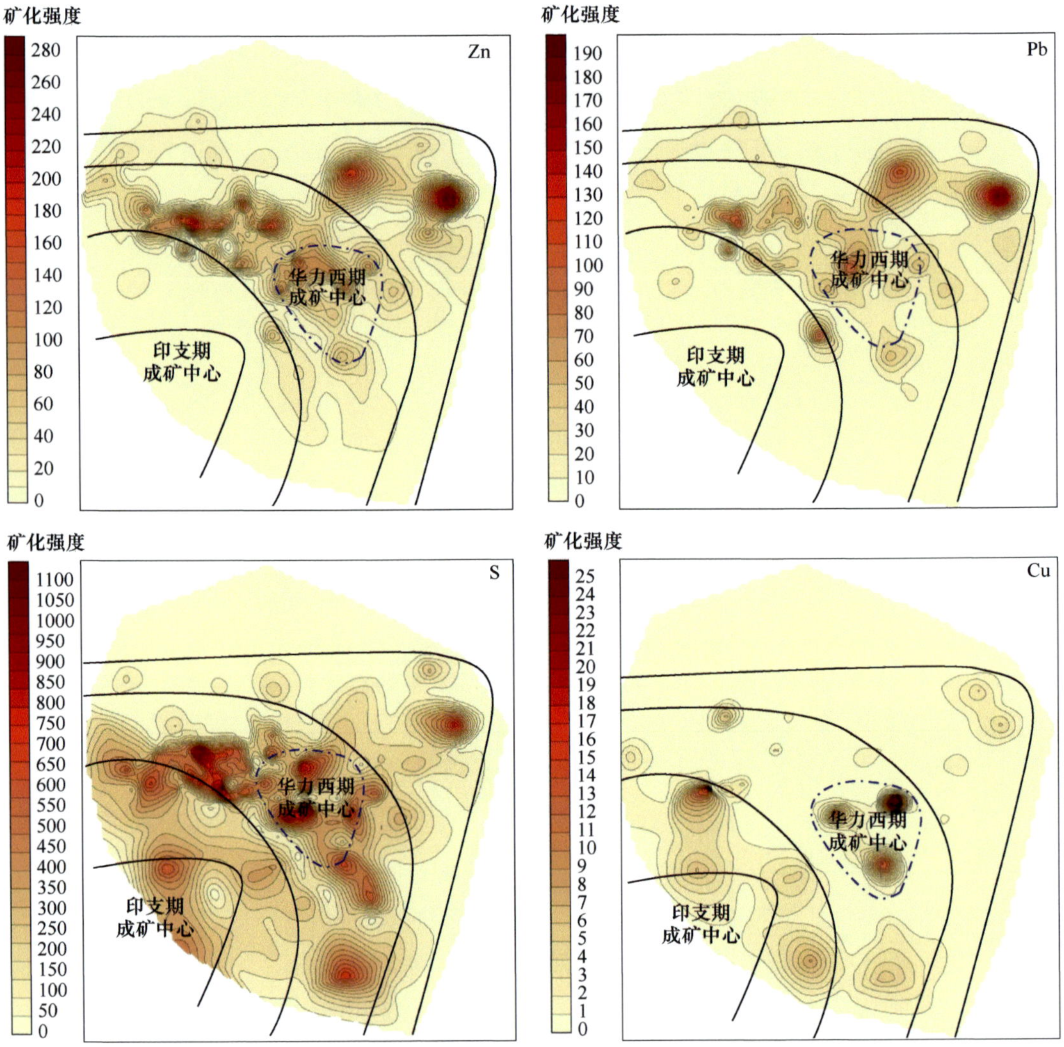

图 4-6　牛苦头 M1 矿段矿化强度图及其印支期成矿作用指示的蚀变分带

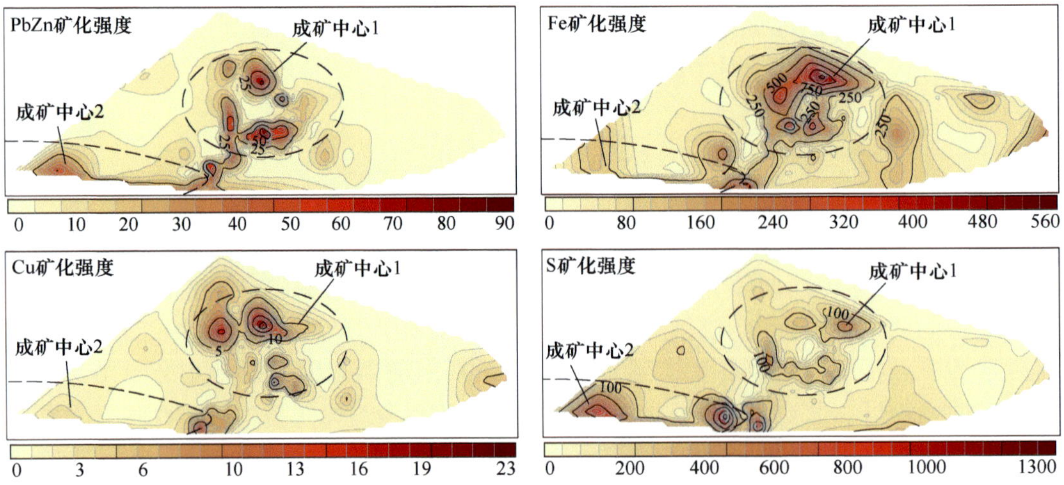

图 4-7　牛苦头 M4 矿段两期成矿作用对应的成矿中心矿化强度图

M2 矿段的矿化强度差异性表现得没那么明显（可能与钻孔控制较为稀疏有关），然而在整个牛苦头—四角羊矿区，与其他矿段（点）对比，其表现出一定的规律性。Pb 矿化在 M2 和 M1 矿段强于 M4 矿段与四角羊矿段，也即是说，从四角羊—M4 矿段向东北，Pb 矿化强度有增强的趋势，虽然不排除 M1 矿段有印支期叠加的原因，但是，总体上东北部（M1、M2 矿段）矿化强度强于西南部（M4、四角羊矿段）；Zn 矿化强度也表现出上述趋势，但是在 M4 矿段，Zn 矿化强度要比 Pb 矿化强度更明显富集，几乎与四角羊相同；S 矿化强度与硫铁矿发育程度密切相关，整体 S 矿化在 M1 矿段强度最大（可能有两期叠加成矿作用的因素），其次是四角羊和 M2 矿段，最弱的为 M4 矿段；M2 矿段 S 矿化强度强与其局部发育厚层磁黄铁矿矿体有关；Fe 矿化强度与磁铁矿发育程度呈正相关，如图 4-5 所示，M4、四角羊矿段 Fe（磁铁矿）矿化强度发育最强，M1 矿段次之，M2 矿段最弱；从 Cu 矿化强度来看，整个地区表现出明显的规律，即西南强，向北东变弱，Cu 矿化最强的为四角羊矿段，其次为北部紧邻其的 M4 矿段，然后为 M1 矿段，最后为 M2 矿段，Cu 矿化为矽卡岩矿床中较为高温的一种矿化，因此这样的矿化强度分布可能反映了从西南向东北成矿温度逐渐降低。

4.1.3 两期矽卡岩成矿阶段的划分

4.1.3.1 早期矽卡岩成矿阶段

依据野外调查和镜下观察的矿物生成顺序、穿插交代关系及矽卡岩的矿物共生组合和结构构造特征等，早期矽卡岩成矿过程从早到晚可分为 4 个阶段：进变质阶段、氧化物阶段、退变质阶段、石英-硫化物阶段（见图 4-8）。

（1）进变质阶段。该阶段矿物组合为石榴子石+辉石。石榴子石多呈红褐-棕红色，局部呈浅棕黄色的自形晶，粒径一般为 0.8~2 mm，辉石呈深褐色或深绿色，多呈半自形晶产于石榴子石颗粒间隙，指示其结晶要稍晚于石榴子石。

（2）氧化物阶段。该阶段矿物组合为磁铁矿+黑柱石。磁铁矿多呈浸染状、团块状产出，黑柱石一般呈浸染状、块状或囊状产出。二者共生，并交代早期石榴子石和辉石，其后又被后期绿帘石穿插交代。

（3）退变质阶段。该阶段矿物组合主要为绿帘石+透闪石+绿泥石+黄铁矿。

（4）石英-硫化物阶段。该阶段以硅化为主，形成的硫化物主要有磁黄铁矿、闪锌矿、方铅矿，以及少量黄铜矿等。

4.1.3.2 晚期矽卡岩成矿阶段

晚期矽卡岩成矿过程从早到晚可分为 4 个阶段：进变质阶段、退变质阶段、石英-硫化物阶段、石英-碳酸盐阶段（见图 4-8）。

（1）进变质阶段。该阶段矿物组合以石榴子石+钾长石+辉石为主要特征，其中石榴子石主要为深褐色，粒径为 3~7mm，可见石榴子石矽卡岩呈层状穿插早期矽卡岩；辉石多与石榴子石共生，成分主要为钙铁辉石和锰钙铁辉石。该阶段成矿岩体（花岗闪长岩、斑状花岗岩）蚀变以钾化为主，显微镜下可见钾长石与矽卡岩矿物共生，反映出钾长石与矽卡岩成矿关系密切。

（2）退变质阶段。该阶段矿物组合为绿帘石+透闪石+石英（少量）+黑柱石。与早期矽卡岩退变质阶段不同的是，晚期黑柱石较早期黑柱石分散，尤其在露天采场东北侧较

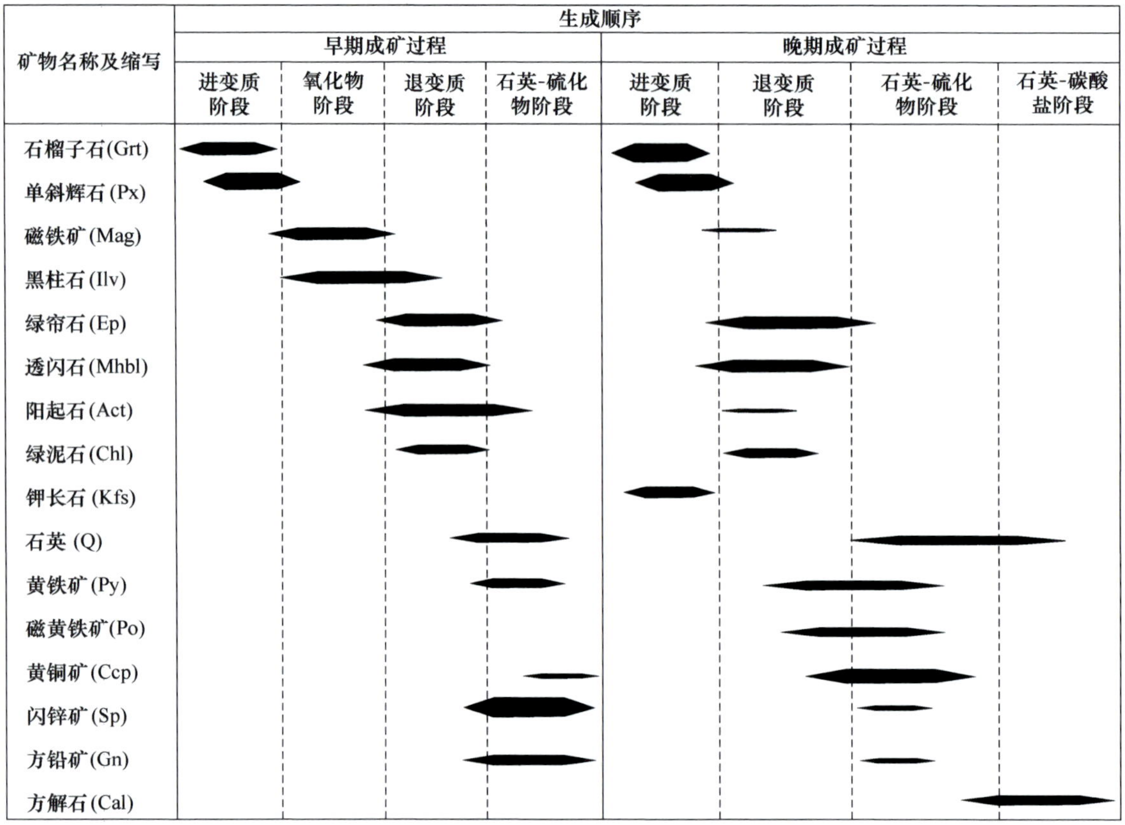

图 4-8　牛苦头矿区两期矽卡岩成矿过程及各期次矿物含量对比图

为集中，多与闪锌矿、方铅矿共生。

（3）石英-硫化物阶段。该阶段矿物组合以石英+金属硫化物（黄铁矿+黄铜矿+磁黄铁矿 +闪锌矿+方铅矿）的大量出现为主要特征，是矿化的主要阶段，形成大量石英-硫化物型矿石，黄铜矿呈浸染状分布于磁黄铁矿中。

（4）石英-碳酸盐阶段。以大量出现不含矿的石英+方解石脉为主要特征，但少数石英+方解石脉中可见自形闪锌矿，反映此时仍有少量矿化作用发生。

4.2　成矿作用年代学证据

矿区存在两期岩浆岩，与矿区铜铁铅锌矿化关系密切，为了精确确定矿区内的岩浆演化序列及与成矿的关系，本次工作对两期岩浆岩及矽卡岩中的石榴子石进行了 LA-ICP-MS 锆石 U-Pb 年代学测试。

4.2.1　样品和分析方法

锆石 U-Pb 同位素测年工作利用 LA-ICP-MS（在广州市拓岩检测技术有限公司）完成。根据锆石 CL 图像，选择晶型完整、透明度高、包裹体和裂隙少且吸收均匀的区域进行测试。实验室采用 New Wave Research（NWR）激光剥蚀系统由 ArF 193 nm 准分子激光器和光学系统组成，ICP-MS 型号为 iCAP RQ。激光剥蚀过程中采用氦气作载气、氩气为补偿气以调节灵敏度。激光束斑和频率分别为 30 μm 和 6 Hz，激光能量密度为 5 J/cm²。U-Pb 同位素定年中采用锆石标准 91500 和玻璃标准物质 NIST SRM 610 作外标进行同位素分馏校正，以标准锆石 Plešovice 为盲样，检验 U-Pb 定年数据质量。每个时间分辨分析数据包括约 30 s 空白信号和 40 s 样品信号。对分析数据的离线处理（包括对样品和空白信号的选择、仪器灵敏度漂移校正、U-Pb 同位素比值和年龄计算）采用软件 ICPMSDataCal 完成（耿健，2023）。

石榴子石 U-Pb 同位素测年利用 LA-ICP-MS（在广州市拓岩检测技术有限公司）完成。New Wave Research（NWR）激光剥蚀系统由 ArF 193 nm 准分子激光器和光学系统组成，ICP-MS 型号为 iCAP RQ。激光剥蚀过程中采用氦气作载气、氩气为补偿气以调节灵敏度。激光束斑和频率分别为 80 μm 和 6 Hz，激光能量密度为 5 J/cm²。U-Pb 同位素定年和微量元素含量处理中采用石榴子石标样 TC-13、锆石标准样品 91500（Wiedenbeck et al., 1995）和玻璃标准物质 NIST SRM 610（Reed, 1992）作外标分别进行同位素和微量元素分馏校正。每个时间分辨分析数据包括 30~45 s 空白信号和 45 s 样品信号。对分析数据的离线处理（包括对样品和空白信号的选择、仪器灵敏度漂移校正及 U-Pb 同位素比值和年龄计算）采用软件 Iolite 完成。

4.2.2 测试结果

4.2.2.1 岩浆岩年代

A 华力西期岩浆岩年代

对华力西期岩浆岩等 12 件样品锆石进行了锆石 LA-ICP-MS 年代学测试（详见第 3.2.1.3 小节），样品年龄集中于（378.9±1.9）Ma~(362.2±2.7）Ma。

B 印支期岩浆岩年代

对印支期岩浆岩等 4 件样品锆石进行了锆石 LA-ICP-MS 年代学测试（详见第 3.2.2.4），样品年龄集中于（225.2±1)~(224±1）Ma。

4.2.2.2 石榴子石年代

A 华力西期石榴子石年代

该样品采自 M4 采矿 ZK0405 415 m 处，岩性为磁黄铁矿化石榴子石矽卡岩，呈灰黑色，块状构造。本研究对样品 N1012 中的 6 颗石榴子石分析了 39 个样品点，石榴子石中 U-Pb 同位素及 Th 和 U 含量分析结果见于表 4-1。样品 N1012 中石榴子石的 U 含量为 $0.450\times10^{-6}\sim47.630\times10^{-6}$。U-Pb 同位素分析结果在 U-Pb 谐和图上显示所有分析点均含有不同含量的普通 Pb，其下交年龄为（400.4±5.85）Ma。另外，通过采用矿区硫化物的 Pb 同位素组成对石榴子石中的普通 Pb 进行校正，获得 ^{207}Pb 校正的 ^{206}Pb/^{238}U 的加权平均年龄为（399±10）Ma（n=39)，与下交点在误差范围内一致（见图 4-9)。

B 印支期石榴子石年代学

由于矽卡岩矿物的成岩时代一般对应同期的成矿岩体。目前为止，发现的印支期石榴子石主要发育于 M1 采矿场附近和四角羊矿段 35 线附近。

对 M1 采矿场附近毗邻印支期成矿岩体的两个石榴子石样品进行了 LA-ICP-MS 石榴子石 U-Pb 测年，样品号分别为 NKB067a 和 NKB067b。

表 4-1 牛苦头矿区石榴子石 LA-ICP-MS U-Pb 同位素数据

序号	样品号及点号	Pb	Th	U	$^{207}Pb/^{206}Pb$		$^{207}Pb/^{235}U$		$^{206}Pb/^{238}U$		rho	$^{206}Pb/^{238}U$	
		$\times10^{-6}$			比值	2σ	比值	2σ	比值	2σ		年龄/Ma	2σ/Ma
1	N1012-8@1	4.606	3.096	1.913	0.5623	0.0137	13.5386	0.3874	0.1733	0.0041	0.4533	381.4	20.3
2	N1012-8@2	2.659	3.483	0.866	0.5378	0.0232	13.6930	0.6238	0.1838	0.0055	0.2701	437.3	34.2
3	N1012-8@3	64.133	196.669	5.498	0.5584	0.0140	22.4397	3.8251	0.2700	0.0377	0.9891	596.1	86.0
4	N1012-8@4	4.539	0.055	0.450	0.7793	0.0210	65.5709	1.6166	0.6046	0.0127	0.1889	345.3	97.9
5	N1012-8@5	4.392	0.024	0.481	0.7703	0.0201	61.1459	1.1807	0.5602	0.0132	0.2746	357.5	87.2
6	N1012-8@6	4.342	0.034	0.562	0.7617	0.0193	52.2663	1.0971	0.4938	0.0094	0.2129	347.2	73.9
7	N1012-8@7	14.867	19.383	2.926	0.6218	0.0105	21.6890	0.3983	0.2522	0.0057	0.6348	440.8	23.4
8	N1012-8@8	19.974	56.476	5.813	0.5021	0.0085	10.0866	0.1846	0.1429	0.0024	0.5637	379.2	11.5
9	N1012-8@9	42.016	78.333	11.008	0.5860	0.0059	15.3575	0.2240	0.1929	0.0036	0.7315	390.1	12.7
10	N1012-8@10	4.278	0.561	0.853	0.6750	0.0163	30.7518	0.6533	0.3397	0.0071	0.3341	458.2	43.5
11	N1012-8@11	3.799	0.083	0.734	0.6983	0.0154	33.5113	0.6381	0.3503	0.0064	0.2818	412.2	42.6
12	N1012-8@12	5.022	5.248	5.083	0.3571	0.0097	5.2684	0.1651	0.1082	0.0013	0.2515	404.6	9.4
13	N1012-8@13	5.042	1.988	0.775	0.7135	0.0174	38.0559	1.1939	0.3932	0.0109	0.6326	417.6	53.8
14	N1012-8@14	3.803	0.294	0.745	0.6897	0.0208	31.3510	0.7928	0.3353	0.0080	0.1927	416.2	53.8
15	N1012-8@15	3.857	0.405	0.824	0.6721	0.0200	28.5990	0.6895	0.3066	0.0074	0.3116	420.9	47.5
16	N1012-8@16	3.911	1.344	1.680	0.5818	0.0169	14.8201	0.4391	0.1809	0.0044	0.4908	371.9	24.9
17	N1012-8@17	10.026	11.416	2.266	0.6160	0.0127	19.6668	0.3329	0.2322	0.0037	0.3933	416.7	24.0
18	N1012-8@18	4.464	0.305	1.142	0.6521	0.0146	24.1232	0.4223	0.2676	0.0046	0.0340	407.8	31.1
19	N1012-8@19	9.095	8.579	2.219	0.6213	0.0143	20.2046	0.9644	0.2269	0.0059	0.9339	398.3	27.2
20	N1012-8@20	10.057	13.451	1.759	0.6486	0.0165	28.2291	2.4867	0.3017	0.0188	0.9626	466.3	47.5
21	N1012-8@21	4.498	0.042	0.458	0.7764	0.0195	63.8121	1.5080	0.5853	0.0135	0.4165	346.8	88.7
22	N1012-8@22	6.790	1.799	2.193	0.6107	0.0125	19.5233	0.4142	0.2242	0.0041	0.4820	411.2	23.2

续表 4-1

序号	样品号及点号	Pb	Th	U	$^{207}Pb/^{206}Pb$		$^{207}Pb/^{235}U$		$^{206}Pb/^{238}U$		rho	$^{206}Pb/^{238}U$	
		$\times10^{-6}$			比值	2σ	比值	2σ	比值	2σ		年龄/Ma	2σ/Ma
23	N1012-8@23	3.455	5.972	1.217	0.4997	0.0190	11.0800	0.4632	0.1627	0.0047	0.5244	433.5	26.1
24	N1012-8@24	51.430	61.464	16.020	0.5890	0.0051	16.8727	0.1726	0.2014	0.0018	0.4279	402.4	10.6
25	N1012-8@25	71.328	62.479	24.260	0.5664	0.0061	14.2407	0.3206	0.1871	0.0040	0.9435	405.4	13.3
26	N1012-8@26	76.174	119.031	27.059	0.5276	0.0046	11.7193	0.1643	0.1639	0.0021	0.7244	403.2	8.9
27	N1012-8@27	99.004	135.372	47.630	0.4858	0.0030	9.7341	0.0776	0.1467	0.0010	0.0430	406.6	5.7
28	N1012-8@28	41.527	108.733	12.185	0.4981	0.0066	10.3816	0.1699	0.1527	0.0026	0.7723	409.3	10.8
29	N1012-8@29	44.394	37.570	11.026	0.6429	0.0059	22.2104	0.3998	0.2546	0.0032	0.9206	405.6	15.2
30	N1012-8@30	74.790	66.029	19.728	0.6449	0.0056	21.8903	0.4803	0.2460	0.0040	0.9039	388.6	14.8
31	N1012-8@31	6.555	2.590	1.255	0.6729	0.0163	31.3355	0.6131	0.3424	0.0069	0.2326	467.0	43.8
32	N1012-8@32	5.501	0.393	0.852	0.7311	0.0190	43.3998	0.8334	0.4287	0.0086	0.1515	399.1	63.1
33	N1012-8@33	4.595	0.377	0.874	0.6630	0.0150	25.8409	0.4581	0.2847	0.0046	-0.0451	410.6	33.8
34	N1012-8@35	59.384	105.010	16.593	0.5298	0.0052	11.5211	0.1442	0.1579	0.0020	0.7070	385.9	9.0
35	N1012-8@36	7.286	12.153	3.333	0.4610	0.0123	8.0541	0.3818	0.1245	0.0035	0.9277	369.1	15.6
36	N1012-8@37	4.306	1.287	0.953	0.6443	0.0154	22.3535	0.5395	0.2526	0.0072	0.5129	399.9	32.1
37	N1012-8@38	79.302	139.808	17.807	0.5866	0.0049	15.7721	0.1483	0.1938	0.0019	0.3823	390.8	10.1
38	N1012-8@39	4.073	0.524	1.104	0.6394	0.0191	19.7407	0.5315	0.2227	0.0052	-0.0023	361.3	33.5
39	N1012-8@40	4.356	1.249	1.131	0.6308	0.0172	20.9793	0.5774	0.2382	0.0048	0.1323	401.2	32.4
40	NKB067a@13	0.263	3.184	1.412	0.4637	0.0334	4.0482	0.2788	0.0620	0.0025	0.5818	187.4	18.0
41	NKB067a@14	0.453	0.681	1.735	0.2847	0.0212	1.9253	0.1378	0.0487	0.0015	0.3682	214.3	10.3
42	NKB067a@15	0.218	0.761	1.433	0.3127	0.0198	2.5948	0.1764	0.0594	0.0019	0.5529	248.1	12.2
43	NKB067a@16	0.497	0.417	1.844	0.2210	0.0153	1.4684	0.0958	0.0490	0.0015	0.1042	239.2	9.2
44	NKB067a@17	0.293	0.531	1.481	0.2725	0.0203	1.7206	0.1321	0.0454	0.0014	0.5922	204.2	9.7

续表 4-1

序号	样品号及点号	Pb	Th	U	$^{207}Pb/^{206}Pb$		$^{207}Pb/^{235}U$		$^{206}Pb/^{238}U$		rho	$^{206}Pb/^{238}U$	
			$\times10^{-6}$		比值	2σ	比值	2σ	比值	2σ		年龄/Ma	2σ/Ma
45	NKB067a@18	0.407	0.644	1.712	0.2388	0.0153	1.4642	0.1037	0.0431	0.0013	0.3693	204.9	8.0
46	NKB067a@19	0.226	0.289	1.403	0.1815	0.0192	1.0018	0.1004	0.0432	0.0015	0.2297	224.2	10.2
47	NKB067a@20	0.214	0.905	1.391	0.3718	0.0309	2.6237	0.2460	0.0525	0.0022	0.8601	196.0	15.0
48	NKB067a@21	0.307	0.584	1.293	0.2943	0.0212	1.9751	0.1354	0.0496	0.0017	0.1022	214.6	10.9
49	NKB067a@22	0.446	0.584	1.420	0.3127	0.0213	2.1489	0.1657	0.0500	0.0016	0.6831	209.3	10.7
50	NKB067a@23	0.506	0.333	1.905	0.1586	0.0156	0.9686	0.1050	0.0441	0.0015	0.6529	236.4	9.3
51	NKB067a@24	0.566	0.387	1.912	0.2092	0.0163	1.2336	0.0776	0.0443	0.0013	0.1250	220.6	8.6
52	NKB067a@25	1.266	0.623	0.568	0.5297	0.0374	5.5173	0.3342	0.0774	0.0030	0.1123	194.6	24.1
53	NKB067a@26	1.199	1.145	0.978	0.5306	0.0268	6.0377	0.4050	0.0815	0.0030	0.9094	204.4	19.3
54	NKB067a@27	0.875	1.546	0.561	0.6773	0.0330	15.1161	1.0293	0.1622	0.0078	0.7222	223.1	45.1
55	NKB067a@28	1.266	0.776	1.082	0.4490	0.0241	3.9864	0.1796	0.0655	0.0023	0.1842	205.2	14.6
56	NKB067a@29	0.230	0.300	1.411	0.2102	0.0188	1.2428	0.1236	0.0443	0.0018	0.6317	220.1	11.0
57	NKB067a@30	0.431	0.589	1.649	0.2933	0.0154	2.1174	0.1020	0.0537	0.0016	0.4667	232.2	9.4
58	NKB067a@31	0.267	0.319	2.022	0.1804	0.0136	1.0545	0.0785	0.0432	0.0012	0.2160	224.5	7.8
59	NKB067a@32	0.262	0.350	1.220	0.2657	0.0203	1.7389	0.1201	0.0486	0.0018	0.0800	220.9	11.2
60	NKB067a@33	0.574	0.545	2.266	0.2044	0.0177	1.2999	0.1320	0.0453	0.0016	0.9281	226.9	10.1
61	NKB067a@34	0.647	0.317	2.390	0.1272	0.0123	0.7401	0.0691	0.0405	0.0011	0.0764	227.3	7.2
62	NKB067a@35	0.645	0.416	2.429	0.1561	0.0159	0.9290	0.1215	0.0431	0.0022	0.9347	231.9	12.9
63	NKB067a@36	0.394	0.697	1.845	0.2621	0.0219	1.8852	0.1813	0.0514	0.0020	0.7350	234.8	12.5
64	NKB067a@37	1.670	8.671	0.777	0.7635	0.0204	46.3785	2.5294	0.4312	0.0206	0.8486	305.6	83.7
65	NKB067a@38	1.427	1.014	0.811	0.4939	0.0261	5.3815	0.2669	0.0784	0.0030	0.2602	218.6	18.5
66	NKB067a@39	1.760	2.792	0.795	0.6764	0.0331	14.3483	0.6560	0.1542	0.0051	0.6568	213.2	42.4

续表 4-1

序号	样品号及点号	Pb	Th	U	$^{207}Pb/^{206}Pb$		$^{207}Pb/^{235}U$		$^{206}Pb/^{238}U$		rho	$^{206}Pb/^{238}U$	
		$\times10^{-6}$			比值	2σ	比值	2σ	比值	2σ		年龄/Ma	2σ/Ma
67	NKB067a@ 40	2. 134	2. 769	0. 915	0. 6349	0. 0268	12. 6904	0. 5407	0. 1440	0. 0044	0. 5484	244. 7	33. 1
68	NKB067b@ 1	3. 316	0. 421	1. 664	0. 6162	0. 0195	10. 5539	0. 4385	0. 1253	0. 0042	0. 7028	224. 3	21. 1
69	NKB067b@ 2	2. 745	0. 116	2. 602	0. 4808	0. 0201	5. 3337	0. 2483	0. 0800	0. 0022	0. 5534	226. 4	14. 1
70	NKB067b@ 3	3. 037	0. 042	0. 766	0. 6701	0. 0279	17. 1717	0. 8726	0. 1846	0. 0076	0. 6393	253. 6	41. 8
71	NKB067b@ 4	11. 663	0. 593	2. 171	0. 7139	0. 0173	22. 3629	2. 6605	0. 2127	0. 0148	0. 9886	220. 9	34. 6
72	NKB067b@ 5	1. 402	0. 149	3. 139	0. 2754	0. 0139	1. 8842	0. 0883	0. 0501	0. 0014	0. 2138	221. 1	8. 1
73	NKB067b@ 6	2. 953	0. 134	2. 831	0. 3928	0. 0221	3. 7519	0. 3648	0. 0673	0. 0039	0. 7757	236. 0	17. 8
74	NKB067b@ 7	1. 258	0. 116	2. 651	0. 2974	0. 0187	2. 1632	0. 1232	0. 0524	0. 0016	0. 0188	222. 2	10. 1
75	NKB067b@ 8	7. 878	0. 113	2. 433	0. 6467	0. 0219	13. 4186	1. 1836	0. 1357	0. 0080	0. 5381	211. 2	26. 9
76	NKB067b@ 17	0. 149	0. 036	2. 943	0. 0936	0. 0066	0. 5230	0. 0360	0. 0397	0. 0009	−0. 0196	230. 4	5. 3
77	NKB067b@ 18	0. 071	0. 226	2. 281	0. 0824	0. 0078	0. 4155	0. 0364	0. 0369	0. 0009	-0. 0475	217. 8	5. 7
78	NKB067b@ 19	0. 287	0. 445	2. 323	0. 1464	0. 0131	0. 9501	0. 0968	0. 0455	0. 0016	0. 6730	245. 5	9. 8
79	NKB067b@ 20	0. 184	0. 032	2. 767	0. 1187	0. 0073	0. 6528	0. 0412	0. 0405	0. 0011	0. 4862	227. 2	6. 3
80	NKB067b@ 21	0. 108	0. 071	2. 706	0. 0708	0. 0062	0. 3931	0. 0324	0. 0387	0. 0010	0. 0345	231. 3	6. 3
81	NKB067b@ 22	0. 192	0. 115	1. 460	0. 1528	0. 0116	0. 9634	0. 0675	0. 0477	0. 0017	−0. 0043	254. 8	10. 1
82	NKB067b@ 23	0. 689	0. 098	1. 593	0. 3210	0. 0202	2. 9168	0. 2473	0. 0653	0. 0026	0. 8032	264. 5	14. 7
83	NKB067b@ 24	0. 656	0. 111	1. 925	0. 2633	0. 0185	2. 2328	0. 3740	0. 0555	0. 0033	0. 9568	249. 8	16. 5
84	NKB067b@ 25	3. 683	0. 645	0. 798	0. 6968	0. 0217	26. 7261	2. 6851	0. 2712	0. 0230	0. 9741	315. 9	54. 1
85	NKB067b@ 26	1. 387	0. 213	1. 532	0. 4870	0. 0205	5. 3633	0. 2376	0. 0819	0. 0020	0. 0330	227. 9	14. 3
86	NKB067b@ 27	1. 089	0. 157	1. 613	0. 4137	0. 0150	4. 2878	0. 1650	0. 0763	0. 0017	0. 2180	254. 9	10. 6
87	NKB067b@ 28	0. 309	0. 090	1. 000	0. 2539	0. 0189	1. 6754	0. 1272	0. 0518	0. 0019	0. 3451	237. 1	11. 5
88	NKB067b@ 29	0. 995	0. 353	1. 393	0. 4180	0. 0211	4. 1272	0. 2679	0. 0716	0. 0027	0. 5713	237. 1	14. 6

续表 4-1

序号	样品号及点号	Pb	Th	U	$^{207}Pb/^{206}Pb$		$^{207}Pb/^{235}U$		$^{206}Pb/^{238}U$		rho	$^{206}Pb/^{238}U$	
			$\times 10^{-6}$		比值	2σ	比值	2σ	比值	2σ		年龄/Ma	2σ/Ma
89	NKB067b@ 30	0. 734	0. 458	1. 692	0. 3062	0. 0182	2. 3479	0. 1610	0. 0572	0. 0019	0. 7387	238. 5	11. 2
90	NKB067b@ 31	1. 208	0. 435	1. 556	0. 4331	0. 0209	4. 2772	0. 2858	0. 0736	0. 0027	0. 7608	235. 4	14. 8
91	NKB067b@ 32	2. 436	0. 297	1. 127	0. 6004	0. 0229	12. 1537	2. 3782	0. 1523	0. 0303	0. 9857	290. 0	63. 2
92	NKB067b@ 33	0. 486	0. 024	1. 525	0. 2998	0. 0199	2. 1261	0. 1455	0. 0519	0. 0017	0. 2690	219. 3	10. 6
93	NKB067b@ 34	0. 917	0. 900	1. 263	0. 4280	0. 0239	4. 4016	0. 3627	0. 0737	0. 0038	0. 7457	238. 5	18. 2
94	NKB067b@ 35	0. 813	1. 274	1. 572	0. 3556	0. 0214	2. 8395	0. 1760	0. 0586	0. 0016	0. 4134	222. 2	11. 4
95	NKB067b@ 37	1. 191	0. 446	2. 096	0. 3921	0. 0246	3. 2680	0. 2729	0. 0637	0. 0028	0. 8125	223. 7	15. 4
96	NKB067b@ 38	ha6	0. 277	2. 255	0. 7421	0. 0137	29. 6110	1. 5647	0. 2822	0. 0121	0. 9312	231. 8	36. 0
97	NKB067b@ 39	3. 825	0. 375	1. 820	0. 6066	0. 0231	12. 5028	1. 6239	0. 1417	0. 0134	0. 9777	263. 5	35. 7
98	NKB067b@ 40	0. 618	0. 508	0. 964	0. 3643	0. 0247	3. 3927	0. 3148	0. 0665	0. 0029	0. 8516	247. 5	16. 6
99	N1823-36@ 1	0. 334	0. 621	1. 190	0. 2775	0. 0159	1. 9381	0. 1148	0. 0506	0. 0015	0. 4395	221. 4	9. 1
100	N1823-36@ 2	0. 545	0. 387	0. 712	0. 4718	0. 0203	4. 9100	0. 1965	0. 0745	0. 0021	0. 3192	214. 1	13. 3
101	N1823-36@ 3	0. 456	0. 404	0. 828	0. 3817	0. 0186	3. 2442	0. 1641	0. 0611	0. 0020	0. 2606	218. 3	11. 3
102	N1823-36@ 4	0. 497	0. 408	0. 883	0. 3805	0. 0192	3. 3430	0. 1407	0. 0642	0. 0018	0. 0208	229. 7	11. 5
103	N1823-36@ 5	0. 553	0. 379	0. 771	0. 4402	0. 0224	4. 1239	0. 1733	0. 0705	0. 0020	0. 2618	219. 9	13. 7
104	N1823-36@ 6	0. 558	0. 296	0. 417	0. 5500	0. 0293	8. 0101	0. 3619	0. 1062	0. 0030	0. 0801	240. 8	25. 1
105	N1823-36@ 7	0. 652	0. 512	0. 979	0. 4306	0. 0232	3. 7828	0. 1603	0. 0648	0. 0018	−0. 0105	207. 1	13. 0
106	N1823-36@ 8	0. 590	0. 398	0. 613	0. 5052	0. 0289	5. 7682	0. 2747	0. 0848	0. 0030	0. 1054	221. 9	20. 6
107	N1823-36@ 9	2. 470	0. 536	0. 674	0. 7140	0. 0270	18. 5178	0. 8123	0. 1932	0. 0062	0. 7477	193. 9	41. 9
108	N1823-36@ 10	2. 459	0. 698	0. 941	0. 6306	0. 0229	13. 6743	0. 3493	0. 1588	0. 0034	−0. 0083	261. 0	29. 3
109	N1823-36@ 11	1. 274	0. 717	0. 996	0. 5384	0. 0385	7. 1185	1. 2803	0. 0926	0. 0117	0. 8911	218. 5	38. 8
110	N1823-36@ 12	0. 515	0. 796	1. 217	0. 2982	0. 0213	2. 1270	0. 1304	0. 0522	0. 0018	−0. 0121	220. 0	11. 4

续表 4-1

序号	样品号及点号	Pb	Th	U	$^{207}Pb/^{206}Pb$		$^{207}Pb/^{235}U$		$^{206}Pb/^{238}U$		rho	$^{206}Pb/^{238}U$	
			$\times10^{-6}$		比值	2σ	比值	2σ	比值	2σ		年龄/Ma	2σ/Ma
111	N1823-36@13	0.943	0.514	0.577	0.5858	0.0290	9.1144	0.3840	0.1135	0.0041	0.1983	226.2	26.9
112	N1823-36@14	1.087	1.075	1.686	0.3926	0.0188	3.4159	0.1521	0.0625	0.0015	0.1050	217.8	10.5
113	N1823-36@15	0.369	0.374	1.025	0.2995	0.0229	2.1464	0.1596	0.0522	0.0018	0.1304	219.7	12.0
114	N1823-36@16	0.857	0.524	0.839	0.5093	0.0239	5.8051	0.2539	0.0826	0.0023	0.1691	213.6	16.5
115	N1823-36@17	0.988	0.475	0.877	0.5611	0.0265	7.0892	0.4115	0.0914	0.0035	0.6519	199.8	20.4
116	N1823-36@18	1.471	0.339	0.392	0.7491	0.0321	22.3011	1.0513	0.2179	0.0071	0.8724	159.8	55.6
117	N1823-36@19	0.581	0.237	0.308	0.6394	0.0377	11.1349	0.5740	0.1288	0.0049	0.1564	203.6	38.4
118	N1823-36@20	3.945	0.627	0.414	0.7534	0.0176	54.3933	1.4809	0.5214	0.0134	0.3040	361.2	76.4
119	N1823-36@21	1.810	0.347	0.323	0.7409	0.0298	32.7563	1.3092	0.3171	0.0118	0.4710	251.3	75.0
120	N1823-36@22	0.949	0.672	0.885	0.5167	0.0243	6.1995	0.2912	0.0870	0.0026	0.3227	219.8	17.7
121	N1823-36@23	0.595	0.847	2.985	0.2049	0.0094	1.2483	0.0524	0.0448	0.0010	0.0386	221.0	5.9
122	N1823-36@24	0.655	0.703	4.814	0.1726	0.0073	1.0171	0.0417	0.0429	0.0007	0.0079	222.5	4.3
123	N1823-36@25	0.559	0.643	9.164	0.1050	0.0041	0.5619	0.0220	0.0391	0.0005	0.1110	223.4	2.8
124	N1823-36@26	0.678	0.601	0.902	0.4069	0.0225	3.9750	0.2100	0.0738	0.0024	0.3723	248.8	15.1
125	N1823-36@27	0.571	0.430	0.554	0.5351	0.0326	5.6168	0.2932	0.0788	0.0025	0.1656	188.3	20.8
126	N1823-36@28	1.052	0.563	0.737	0.5692	0.0248	7.7154	0.2934	0.0981	0.0030	0.1485	208.3	20.2
127	N1823-36@29	1.253	0.493	0.579	0.6240	0.0287	10.9937	0.4656	0.1315	0.0048	0.6911	223.2	30.6
128	N1823-36@30	1.055	0.752	3.860	0.2591	0.0113	1.7441	0.0683	0.0489	0.0010	0.1993	220.9	6.1
129	N1823-36@31	4.331	0.633	0.908	0.7320	0.0156	26.4073	0.6491	0.2595	0.0058	0.4352	223.8	34.7
130	N1823-36@32	1.678	0.700	0.878	0.6061	0.0237	9.8653	0.3142	0.1167	0.0034	0.1740	214.3	22.7
131	N1823-36@33	1.213	0.679	0.918	0.5531	0.0231	6.8621	0.2916	0.0906	0.0029	0.3614	203.6	17.7
132	N1823-36@34	1.779	0.615	0.965	0.5621	0.0278	9.6741	1.3408	0.1171	0.0118	0.9862	254.5	35.8

续表 4-1

序号	样品号及点号	Pb	Th	U	$^{207}Pb/^{206}Pb$		$^{207}Pb/^{235}U$		$^{206}Pb/^{238}U$		rho	$^{206}Pb/^{238}U$	
		$\times 10^{-6}$			比值	2σ	比值	2σ	比值	2σ		年龄/Ma	2σ/Ma
133	N1823-36@ 35	1.156	0.715	1.062	0.4990	0.0220	5.7685	0.3019	0.0841	0.0028	0.6072	224.1	16.3
134	N1823-36@ 36	0.804	0.807	1.531	0.3762	0.0200	3.0310	0.1599	0.0587	0.0016	0.3431	212.1	10.7
135	N1823-36@ 37	1.273	0.594	0.817	0.5630	0.0219	8.5633	0.3051	0.1093	0.0032	0.2880	237.0	20.1
136	N1823-36@ 38	3.952	0.663	1.260	0.6582	0.0206	17.7033	2.1810	0.1942	0.0207	0.9829	277.5	43.3
137	N1823-36@ 39	0.679	0.736	1.451	0.3334	0.0182	2.6931	0.1267	0.0583	0.0016	0.0866	229.9	10.3
138	N1823-36@ 40	0.632	0.592	1.189	0.3826	0.0183	3.1152	0.1356	0.0605	0.0016	0.1616	215.7	10.3
139	N1823-18@ 1	0.557	0.153	0.643	0.4779	0.0288	4.9182	0.2944	0.0776	0.0034	0.3763	221.5	19.8
140	N1823-18@ 2	0.322	0.226	0.580	0.3853	0.0341	2.9897	0.2142	0.0585	0.0025	0.1432	208.8	17.7
141	N1823-18@ 3	10.488	0.170	0.404	0.8277	0.0177	146.5096	21.2564	1.2064	0.1653	0.9918	197.4	191.8
142	N1823-18@ 4	0.650	0.159	0.305	0.6419	0.0392	12.7845	0.7019	0.1474	0.0061	0.1992	234.6	45.8
143	N1823-18@ 5	0.264	0.125	0.416	0.4523	0.0493	4.3383	0.4470	0.0707	0.0044	0.3783	215.7	29.8
144	N1823-18@ 6	0.292	0.196	0.341	0.4440	0.0473	4.5377	0.5513	0.0724	0.0050	0.6282	225.3	30.4
145	N1823-18@ 7	0.417	0.175	0.305	0.4969	0.0386	6.7446	0.4682	0.0971	0.0046	0.1441	262.2	31.3
146	N1823-18@ 8	0.462	0.204	0.595	0.4714	0.0347	4.9219	0.4464	0.0730	0.0035	0.6685	212.2	21.9
147	N1823-18@ 9	1.786	0.185	0.475	0.7094	0.0275	21.3193	0.7582	0.2166	0.0067	0.1847	232.4	48.2
148	N1823-18@ 10	0.552	0.193	0.578	0.4787	0.0301	4.9560	0.2557	0.0737	0.0029	0.1739	210.0	19.0
149	N1823-18@ 11	0.099	0.123	0.320	0.2500	0.0393	1.5574	0.2172	0.0515	0.0033	0.1220	236.8	21.6
150	N1823-18@ 12	0.745	0.177	0.450	0.5770	0.0328	9.6778	0.5676	0.1223	0.0049	0.3220	255.3	32.7
151	N1823-18@ 13	0.947	0.074	0.238	0.7084	0.0353	22.1607	0.8769	0.2288	0.0101	0.3304	246.9	64.1
152	N1823-18@ 14	0.091	0.226	0.295	0.2462	0.0390	1.5343	0.2330	0.0450	0.0029	0.0696	208.7	18.9
153	N1823-18@ 15	1.065	0.051	0.252	0.7571	0.0384	26.5007	1.5507	0.2556	0.0155	0.6823	181.1	78.1
154	N1823-18@ 16	0.338	0.250	0.568	0.4494	0.0401	3.6716	0.2615	0.0617	0.0026	0.1093	189.8	20.6
155	N1823-18@ 17	0.905	0.363	0.664	0.5748	0.0299	7.5750	0.3260	0.0970	0.0028	0.1628	204.6	23.4

续表 4-1

序号	样品号及点号	Pb	Th	U	$^{207}Pb/^{206}Pb$		$^{207}Pb/^{235}U$		$^{206}Pb/^{238}U$		rho	$^{206}Pb/^{238}U$	
		$\times 10^{-6}$			比值	2σ	比值	2σ	比值	2σ		年龄/Ma	2σ/Ma
156	N1823-18@18	0.999	0.213	0.240	0.7544	0.0490	22.7954	1.6377	0.2256	0.0132	0.6898	164.5	86.6
157	N1823-18@19	1.058	0.176	0.283	0.7213	0.0397	21.1022	1.2886	0.2146	0.0096	0.3728	210.8	67.2
158	N1823-18@20	0.079	0.247	0.272	0.2693	0.0587	1.4895	0.3120	0.0467	0.0043	0.4717	208.3	28.3
159	N1823-18@21	0.139	0.083	0.415	0.3812	0.0461	2.5519	0.2728	0.0512	0.0031	0.0138	184.5	21.2
160	N1823-18@22	0.308	0.238	0.608	0.4117	0.0420	3.5964	0.4374	0.0612	0.0035	0.0453	206.0	22.9
161	N1823-18@23	0.388	1.053	0.967	0.2621	0.0248	1.7450	0.1349	0.0497	0.0019	0.1254	224.3	12.6
162	N1823-18@24	0.814	3.829	1.416	0.2832	0.0180	1.9468	0.1083	0.0506	0.0015	0.0840	220.0	9.4
163	N1823-18@25	6.807	0.367	0.737	0.7312	0.0225	42.5147	10.2597	0.4058	0.0895	0.9967	364.8	108.4
164	N1823-18@26	0.543	0.353	0.748	0.4284	0.0324	3.9580	0.3470	0.0652	0.0032	0.6563	211.0	19.2
165	N1823-18@27	0.810	0.257	0.694	0.4841	0.0285	5.2610	0.2641	0.0813	0.0037	0.3128	227.9	20.6
166	N1823-18@28	0.123	0.010	0.674	0.2314	0.0303	1.2848	0.1477	0.0431	0.0021	0.1116	204.7	14.2
167	N1823-18@29	0.872	0.020	0.421	0.6008	0.0433	10.2994	0.9476	0.1225	0.0077	0.6489	233.7	43.4
168	N1823-18@30	3.671	0.006	0.910	0.6785	0.0279	20.4421	2.2814	0.2113	0.0203	0.9471	276.2	53.4
169	N1823-18@31	0.584	0.004	0.777	0.4179	0.0268	4.1425	0.2342	0.0721	0.0027	0.2075	238.7	17.3
170	N1823-18@32	0.076	0.000	0.812	0.1080	0.0185	0.5900	0.0984	0.0412	0.0022	0.2793	234.8	13.5
171	N1823-18@33	0.693	0.078	0.210	0.7371	0.0442	20.8600	1.5112	0.2080	0.0128	0.6348	179.3	72.5
172	N1823-18@34	0.115	0.006	0.538	0.2475	0.0362	1.7135	0.2448	0.0522	0.0030	0.1857	241.4	19.7
173	N1823-18@35	1.072	0.285	0.621	0.6151	0.0293	9.9491	0.5242	0.1218	0.0051	0.6294	219.1	29.5
174	N1823-18@36	0.906	0.177	0.388	0.6547	0.0288	14.1794	0.7662	0.1566	0.0061	0.5788	233.8	36.7
175	N1823-18@37	0.403	0.000	0.723	0.3879	0.0385	3.6154	0.4630	0.0638	0.0039	0.7559	226.2	23.3
176	N1823-18@38	0.294	0.068	0.308	0.5199	0.0502	5.8868	0.5319	0.0862	0.0048	0.3150	218.2	35.3
177	N1823-18@39	0.049	0.000	0.690	0.1275	0.0199	0.7664	0.1260	0.0415	0.0024	0.3529	230.0	14.8
178	N1823-18@40	1.071	0.182	0.294	0.7289	0.0499	22.1770	2.3981	0.2234	0.0219	0.9093	206.4	88.6

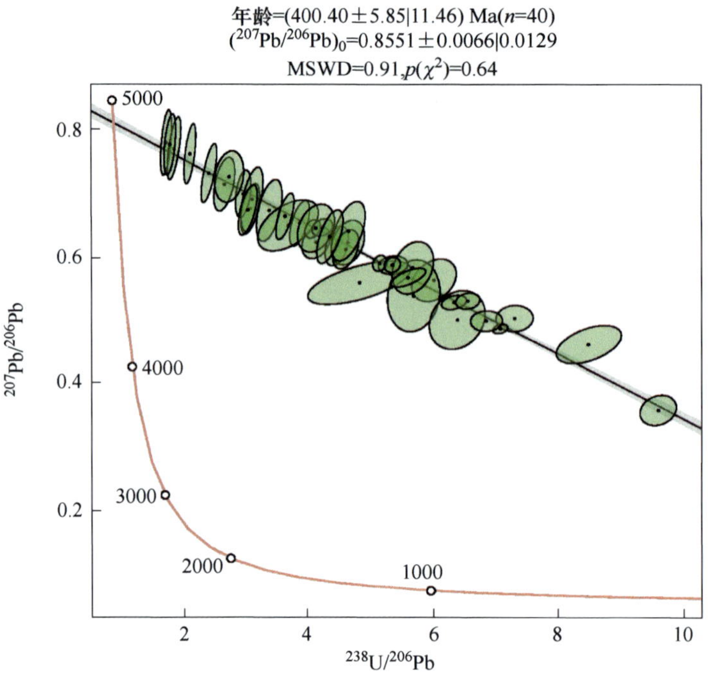

图 4-9　M4 矿段矽卡岩样品 N1012 中石榴子石的 U-Pb 年龄谐和图

对 NKB067a 样品中 4 颗石榴子石分析了 28 个样品点，石榴子石中 U-Pb 同位素及 Th 和 U 含量分析结果见于表 4-1。样品 NKB067a 中石榴子石的 U 含量为 0.777×10^{-6} ~ 2.429×10^{-6}。U-Pb 同位素的分析结果在 U-Pb 谐和图上显示所有分析点均有不同含量的普通 Pb，其下交年龄为（219.9±2.89）Ma。另外，通过采用矿区硫化物的 Pb 同位素组成对石榴子石的普通 Pb 进行校正，获得^{207}Pb 校正的^{206}Pb/^{238}U 的加权平均年龄为（222±5）Ma（$n=28$），与下交点在误差范围内一致（见图 4-10）。

对 NKB067b 样品中 6 颗石榴子石分析了 30 个样品点，石榴子石中 U-Pb 同位素及 Th 和 U 含量分析结果见于表 4-1。样品 NKB067b 中石榴子石的 U 含量为 0.766×10^{-6} ~ 3.139×10^{-6}，含量相对较低。U-Pb 同位素分析结果在 U-Pb 谐和图上显示所有分析点均有不同含量的普通 Pb，其下交年龄为（228.87±2.43）Ma。另外，通过采用矿区硫化物的 Pb 同位素组成对石榴子石的普通 Pb 进行校正，获得^{207}Pb 校正的^{206}Pb/^{238}U 的加权平均年龄为（230.7±4.2）Ma（$n=30$），与下交点在误差范围内一致（见图 4-11）。

对四角羊矿段 35 线剖面 ZK3507 钻孔两件矽卡岩样品中的石榴子石进行了 LA-ICP-MS 测年。其中，N1823-36 样品为含矿石榴子石矽卡岩，石榴子石中 U-Pb 同位素及 Th 和 U 含量分析结果见于表 4-1。样品 N1823-36 中石榴子石的 U 含量为 0.308×10^{-6} ~ 9.164×10^{-6}，含量相对较低。U-Pb 同位素分析结果在 U-Pb 谐和图上显示所有分析点均有不同含量的普通 Pb，其下交年龄为（220.7±2.13）Ma。另外，通过采用矿区硫化物的 Pb 同位素组成对石榴子石的普通 Pb 进行校正，获得^{207}Pb 校正的^{206}Pb/^{238}U 的加权平均年龄为（221.4±1.9）Ma（$n=40$），与下交点在误差范围内一致（见图 4-12）。

其中，N1823-18 样品为石榴子石矽卡岩，石榴子石中 U-Pb 同位素及 Th 和 U 含量分

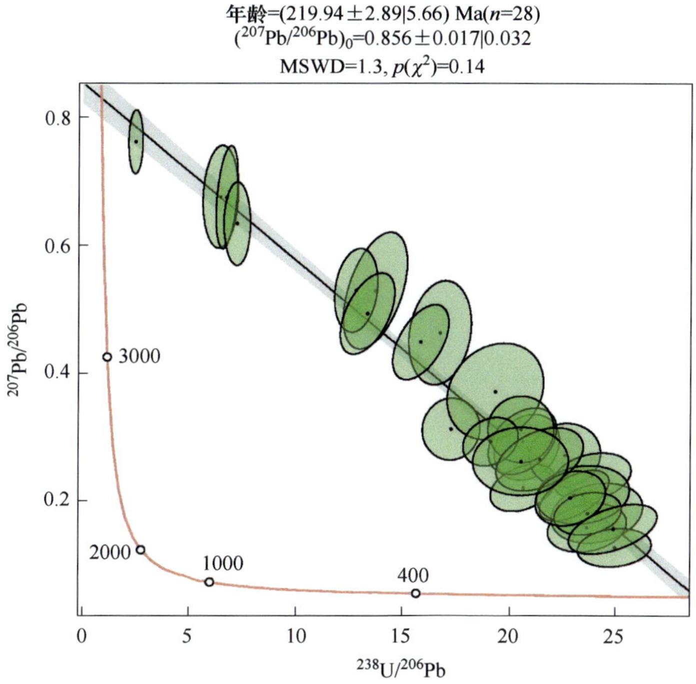

图 4-10 M1 矿段矽卡岩样品 NKB067a 中石榴子石的 U-Pb 年龄谐和图

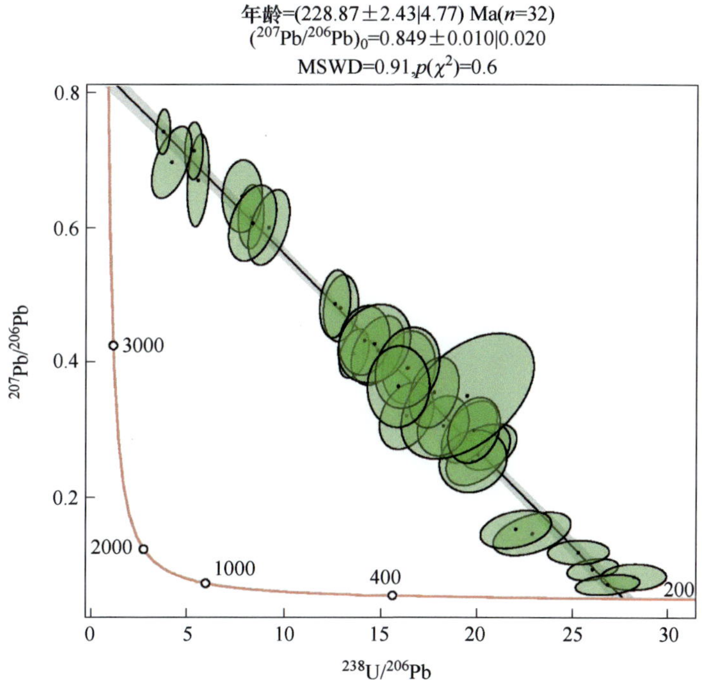

图 4-11 M1 矿段矽卡岩样品 NKB067b 中石榴子石的 U-Pb 年龄谐和图

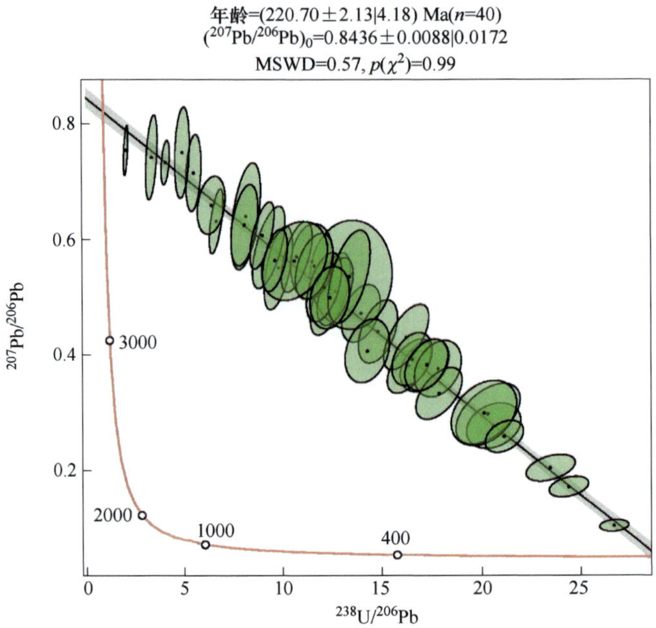

图 4-12　四角羊矿段含矿石榴子石矽卡岩 N1823-36 中石榴子石的 U-Pb 年龄谐和图

析结果见于表 4-1。样品 N1823-18 中石榴子石的 U 含量为 $0.210\times10^{-6}\sim1.416\times10^{-6}$，含量相对较低。U-Pb 同位素分析结果在 U-Pb 谐和图上显示所有分析点均有不同含量的普通 Pb，其下交年龄为（213.86±4.70）Ma。另外，通过采用矿区硫化物的 Pb 同位素组成（Li et al., 2014）对石榴子石的普通 Pb 进行校正，获得 ^{207}Pb 校正的 $^{206}Pb/^{238}U$ 的加权平均年龄为（220.7±4.6）Ma（$n=40$），与下交点在误差范围内一致（见图 4-13）。

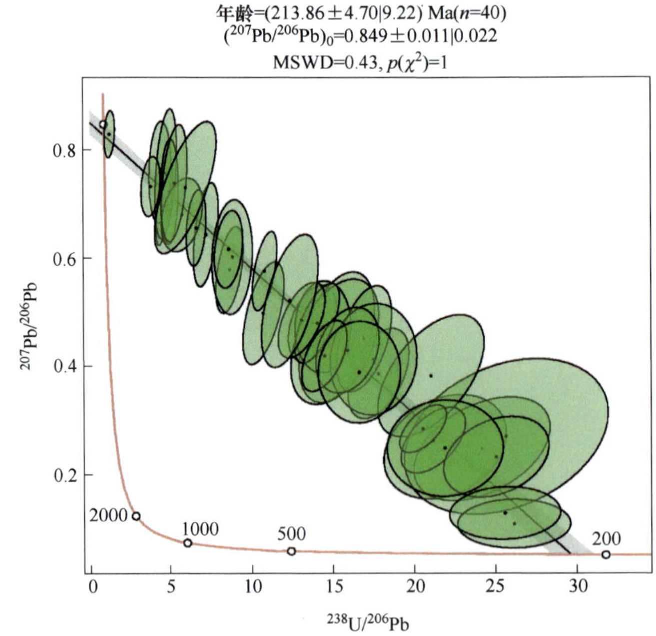

图 4-13　四角羊矿段石榴子石矽卡岩样品 N1823-18 中石榴子石的 U-Pb 年龄谐和图

4.3 两期矽卡岩成矿作用的厘定

对于牛苦头铅锌多金属矿床的成矿时代，早先是根据四角羊 14 线钻孔成矿岩体时代判断的，认为成矿时代为印支期晚三叠世。贾建团（2013）在四角羊-牛苦头矿区二长花岗岩中采集了 1 件锆石 U-Pb 同位素测试样品，获得该期次二长花岗岩同位素年龄为（224.81±2.53）Ma，认为岩浆岩的侵入时代属于印支期。贾建团（2013）、蒋成伍（2013）通过研究钻孔底部二长花岗岩与矽卡岩矿化的空间分带关系，认为该二长花岗岩与成矿密切相关，因此也初步推断四角羊-牛苦头成矿时代为印支期。李加多等（2019a）则通过 M1、M4 矿段东侧大量出露的、与成矿密切相关的华力西期花岗闪长岩进行 LA-ICP-MS 锆石精确测年，获得了（399±5）Ma 的年龄，初步认为矿区的成矿作用可能与泥盆纪岩浆活动有关。王新雨等（2021）认为 M1、M4 矿段底部二长花岗岩体与铅锌多金属矿成矿关系密切，研究发现钻孔底部岩体由内至外，依次为新鲜二长花岗岩→角岩→石榴子石、透辉石矽卡岩带→黑柱石、锰钙辉石、阳起石矽卡岩带→绿帘石化大理岩→新鲜大理岩带。明显的蚀变矿化分带显示了矽卡岩距离岩体较近的位置为石榴子石、辉石、磁铁矿、磁黄铁矿、黄铜矿等高温蚀变矿物，远离岩体为黑柱石、锰钙辉石、闪锌矿、方铅矿等中低温蚀变矿物。由此说明，M1、M4 矿段底部二长花岗岩为成矿岩体。并对成矿二长花岗岩地球化学性质、年代学进行了详细研究，认为 M1、M4 矿段底部成矿二长花岗岩的年龄为 353～375 Ma，进一步确定了 M1、M4 矿段的成矿时代。因此，M1、M4 矿段存在华力西期晚泥盆世铅锌成矿作用，该期铅锌成矿作用伴随一套锰质矽卡岩建造（以广泛发育锰钙铁辉石、锰钙辉石、锰质黑柱石为特征，石榴子石则主要以钙榴辉石为主；李加多，2019b；王新雨等，2020，2023）。

近年来，随着研究的不断深入，本研究发现了 M1 矿段露天采坑西南侧发育有晚三叠世斑状花岗岩（年龄为 221～226 Ma），该花岗岩中发育一定的自变质（钾化和绢云母化），从该岩体至北东方向，靠近岩体发育钙铁榴石、钙铁辉石矽卡岩带及黄铜矿化、磁黄铁矿化，远离该岩体发育黑柱石、绿帘石矽卡岩带及黄铁矿、闪锌矿化，呈现一定的水平侧向分带。通过对靠近斑状花岗岩中的石榴子石进行 LA-ICP-MS 测年，其年龄为 222 Ma，与西南侧晚泥盆世斑状花岗岩时代一致，而与底部晚泥盆世二长花岗岩不一致，进而表明了印支期晚三叠世成矿作用的存在。

M4 矿段底部成矿二长花岗岩为 379～398 Ma，并且自该成矿岩体至地层，呈现明显的蚀变分带：靠近该岩体发育钙铁榴石、钙铁辉石、磁铁矿、黄铜矿等高温蚀变矿化，远离该岩体发育阳起石、黑柱石、方铅矿、闪锌矿等低温蚀变矿化。这表明了成矿岩体与成矿作用的密切关系，由此说明了 M4 矿段的成矿时代属于华力西期晚泥盆世。

M2 矿段发育大规模中-晚泥盆世岩浆岩（年龄为 375 Ma），可能为 M1 矿段华力西期岩基向东的延续。先前发现的所谓“印支期岩浆岩”，其数据较少，还需要进一步验证。

四角羊矿段岩浆岩形态及形成时代更为复杂，穿插关系也很强烈。目前为止，对四角羊 15 线及 35 线两个钻孔的花岗岩进行了测年，时代均为华力西期中-晚泥盆世。但是该钻孔中石榴子石矽卡岩中石榴子石的形成时代为印支期晚三叠纪（见图 4-12），可能表明矿段局部可能有印支期岩浆成矿作用。

以上说明，牛苦头 M1 矿段存在华力西期和印支期两期成矿作用，M4 矿段与 M2 矿段属于华力西期成矿。四角羊矿段根据石榴子石的形成时代，应属于印支期，但考虑到华力西期岩浆岩岩基的规模很大，也不排除该矿段两期成矿的可能性。

5 成矿特征标志

5.1 矿物学特征

5.1.1 早期矽卡岩矿物学特征

早期矽卡岩进变质矿物主要包括石榴子石和辉石，退变质蚀变产物包括黑柱石、阳起石、绿帘石、绿泥石等（见图5-1）。

图5-1　牛苦头矿区典型矽卡岩矿物特征及交代关系

（a）牛苦头M1矿段中粒状石榴子石与辉石共生；（b）粗粒石榴子石中充填的磁黄铁矿；（c）粒状石榴子石与短柱状黑柱石共生，锰钙铁辉石残留于黑柱石中；（d）等粒状石榴子石与黑柱石共生；（e）短柱状Ⅱ型黑柱石与Ⅱ型锰钙铁辉石共生；（f）方铅矿和闪锌矿发育于Ⅲ型黑柱石颗粒间

Grt1，Px1—Ⅰ型石榴子石、辉石；Grt2，Px2，Ilv2—Ⅱ型石榴子石、辉石和黑柱石；Ilv3—Ⅲ型黑柱石；Gn—方铅矿；Sp—闪锌矿；Po—磁黄铁矿

5.1.1.1　*石榴子石*

根据地质产状、矿物穿插关系及镜下特征，牛苦头 M1、M4 矿段早期矽卡岩中石榴子石可进一步分成两种亚型：Ⅰ型石榴子石（Grt1）和Ⅱ型石榴子石（Grt2）（见图 5-1（a）~（c）），其镜下特征（见图 5-2（a）~（d））。Ⅰ型石榴子石（Grt1）主要分布于矽卡岩带的内带，而Ⅱ型石榴子石（Grt2）主要分布于矽卡岩带的中带。

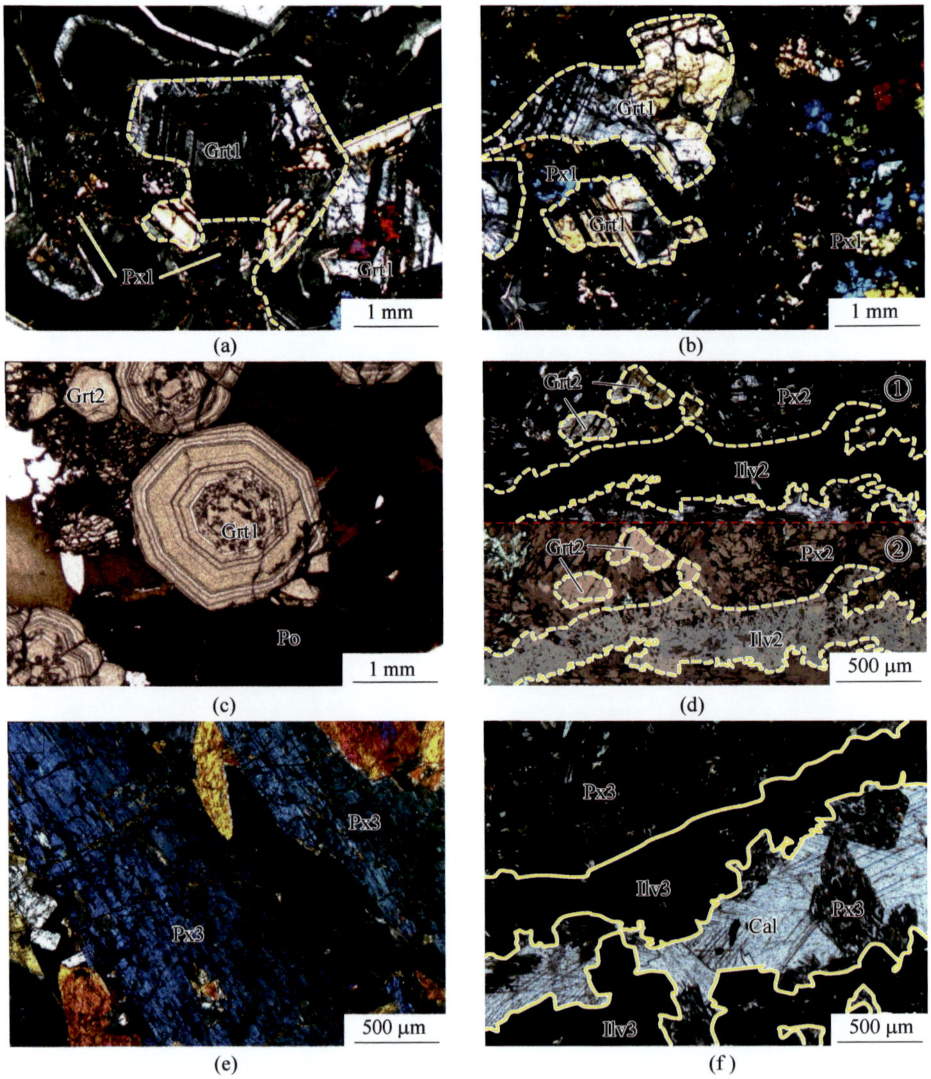

图 5-2　牛苦头矿床不同阶段（世代）矿物组成的镜下特征

（a）Ⅰ型环带状石榴子石被Ⅰ型辉石交代或共存，正交偏光镜下；
（b）Ⅰ型环带状石榴子石被Ⅰ型辉石交代，正交偏光；
（c）Ⅰ型环带状石榴子石，单偏光镜下；（d）Ⅱ型石榴子石被Ⅱ型辉石和黑柱石交代
（①—单偏光镜下；②—反射光镜下）；（e）纤维状或长柱状锰钙辉石，正交偏光镜下；
（f）Ⅲ型辉石与Ⅲ型黑柱石共生，被晚期碳酸盐岩岩脉切穿（单偏光镜下）
Grt1，Px1—Ⅰ型石榴子石、辉石；Grt2，Px2，Ilv2—Ⅱ型石榴子石、辉石和黑柱石；
Px3，Ilv3—Ⅲ型辉石和黑柱石；Po—磁黄铁矿；Cal—方解石

5.1.1.2　辉石

根据地质产状、矿物穿插关系及镜下特征，初步将牛苦头矿区早期矽卡岩中辉石划分为3种类型：Ⅰ型辉石、Ⅱ型辉石和Ⅲ型辉石（见图5-1（a）（b））。其中Ⅰ型辉石（Px1）主要分布于矽卡岩带的内带，而Ⅱ型辉石（Px2）主要分布于矽卡岩带的中带，Ⅲ型辉石（Px3）主要分布于矽卡岩带的外带。

Ⅰ型辉石主要呈粒状、短柱状，暗绿色，镜下表现为高级黄-绿干涉色及辉石典型的“十字”节理。在M1矿段钻孔深部较常见（即矽卡岩的内带），经常与Ⅰ型石榴子石共生（见图5-1（a）和图5-2（a）（b））。

相比之下，Ⅱ型辉石呈短柱状或纤维状，镜下显示为黄-绿干涉色。Ⅱ型辉石常与Ⅱ型石榴子石共生，偶见其被黑柱石交代（见图5-1（e）和图5-2（b）~（d））。

Ⅲ型辉石呈长柱状或纤维状，以前常被认为是“阳起石”，单偏光镜下呈暗绿色及草绿色。Ⅲ型辉石常常被退变质矿物黑柱石及阳起石交代，Ⅲ型辉石中常发育有浸染状闪锌矿、方铅矿化（见图5-1（d）和图5-2（e）（f））。常见于矽卡岩与大理岩接触的位置。

5.1.1.3　黑柱石

牛苦头矿区M1、M4矿段早期矽卡岩中的黑柱石手标本颜色为黑色，呈柱状，柱面有纵向的晶纹，长轴为3~10 mm，溶于盐酸，溶解后呈白色乳胶状。单偏光镜下为黑-深褐色，多色性极为明显，反射光镜下呈淡蓝色（见图5-2（f））。M1与M4矿段黑柱石镜下特征基本一致。在野外地质调研和镜下观察的基础上，结合电子探针分析结果，牛苦头矿区M1、M4矿段黑柱石也可分为3种亚型：Ⅰ型、Ⅱ型、Ⅲ型黑柱石（见图5-1和图5-2），3种亚型的黑柱石分别分布于矽卡岩带的内带、中带和外带（见图5-3）。Ⅲ型黑柱石居多，常呈囊状分布于Ⅲ型辉石中（见图5-3），3种类型黑柱石产状及矿物组合分别为：（1）黑柱石（Ilv1）+钙铁榴石（Grt1）+钙铁辉石（Px1）组合，其中的石榴子石多被黑柱石交代，而黑柱石又多被磁铁矿交代（见图5-4（a）），形成顺序依次为石榴子石→黑柱石→磁铁矿；（2）黑柱石（Ilv2）+（锰）钙铁辉石（Px2）+磁铁矿组合，黑柱石一般呈短柱状，交代锰钙（铁）辉石或与锰钙（铁）辉石共生（见图5-4（a）~（c））；（3）黑柱石（Ilv3）+锰钙辉石（Px3）+铁（锰）阳起石组合（见图5-4（d）），黑柱石常呈集合体状产出于锰钙辉石矽卡岩交代大理岩的前锋位置，局部黑柱石集合体表现为囊状或豆荚状，伟晶产出的一般为囊体，推测黑柱石为锰钙辉石矽卡岩晚期经退化蚀变形成，矿物生成顺序依次为锰钙辉石→黑柱石→铁阳起石→方铅矿+闪锌矿。

(a)　(b)

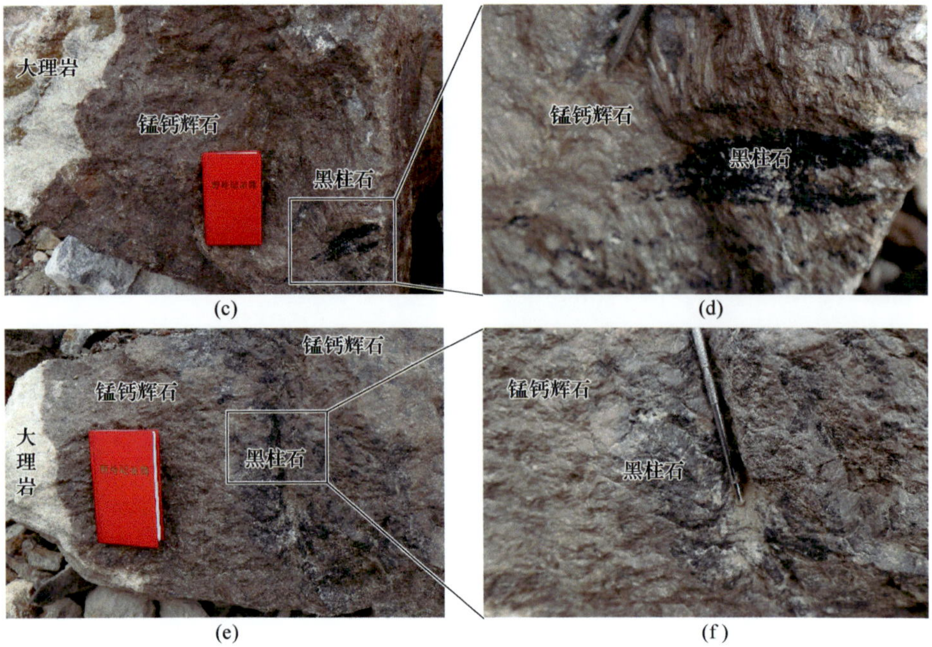

图 5-3　M1 矿段早期矽卡岩与大理岩接触带岩性矿物组合特征

图 5-4 牛苦头矿区含黑柱石矿物的矽卡岩手标本

（a）被黑柱石交代的残余锰钙辉石；（b）黑柱石交代锰钙辉石，黑柱石呈短柱状，颗粒之间发育方铅矿；（c）与石英、锰钙辉石共生的黑柱石；（d）与磁黄铁矿、石英共生的黑柱石；（e）黑柱石颗粒间发育的方铅矿、闪锌矿；（f）黑柱石中发育的方解石细脉

Jo—锰钙辉石；Ilv—黑柱石；Gn—方铅矿；Sp—闪锌矿；Q—石英；Po—磁黄铁矿；Cal—方解石

5.1.1.4 阳起石

早期矽卡岩中阳起石主要产于早期矽卡岩的外带，呈纤维状或放射状自形晶集合体状，单偏光镜下呈蓝绿色或浅绿色，粒径一般为 0.1～0.5 mm，与闪锌矿、黄铁矿、方铅矿等紧密伴生，镜下呈一级白或一级蓝干涉色（见图 5-5（a）（b））。常与黑柱石交代共生，为退化变质作用阶段的产物（见图 5-5（b））。其成分属于阳起石系列，与闪锌矿、方铅矿伴生的阳起石，其 MnO 含量较高，局部属于锰阳起石（见图 5-5（c））。

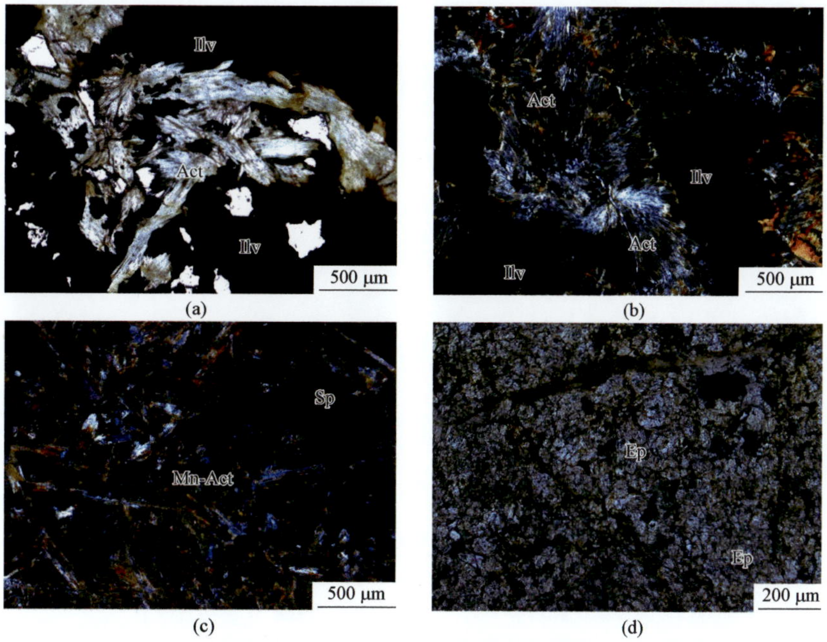

图 5-5 牛苦头矿区 M1 和 M4 矿段阳起石与绿帘石镜下特征

（a）阳起石、黑柱石矽卡岩，单偏光镜下；（b）阳起石黑柱石矽卡岩，正交偏光镜下；（c）含锰阳起石和闪锌矿镜下照片，正交偏光镜下；（d）绿帘石镜下照片，单偏光镜下

Ilv—黑柱石；Act—阳起石；Sp—闪锌矿；Ep—绿帘石

5.1.1.5　*绿帘石*

绿帘石呈粒-短柱状结构。单偏光镜下，呈浅草黄色（见图 5-5（d）），粒径一般小于 0.5 mm，常与闪锌矿交代共生。正交偏光镜下，具有异常干涉色，呈粒状或短柱状。常交代早期进变质矽卡岩矿物，如石榴子石、透辉石等矿物，表明其明显晚于早期进变质矽卡岩矿物。

5.1.2　晚期矽卡岩矿物学特征

5.1.2.1　*石榴子石*

石榴子石矽卡岩手标本呈棕褐色，粒状结构，块状构造（见图 5-6（a）（b）），石榴

图 5-6　牛苦头矿区主要矽卡岩矿物手标本照片

（a）石榴子石矽卡岩手标本；（b）磁黄铁矿化石榴子石矽卡岩；（c）铁闪锌矿化辉石矽卡岩；（d）铁闪锌矿化辉石矽卡岩；（e）条带状磁铁矿化黑柱石矽卡岩；（f）方铅矿化、闪锌矿化黑柱石锰钙铁辉石矽卡岩

Grt—石榴子石；Po—磁黄铁矿；Fe-Sp—铁闪锌矿；Px1—早阶段辉石；Px2—晚阶段辉石；Ilv1—早阶段黑柱石；Ilv2—晚阶段黑柱石；Mt—磁铁矿；Sp—闪锌矿；Gn—方铅矿

子石多被磁黄铁矿和黄铜矿交代。在镜下可见明显核边结构，正交偏光镜下全消光，常被磁铁矿、黑柱石、绿泥石等矿物交代（见图 5-7（a））。

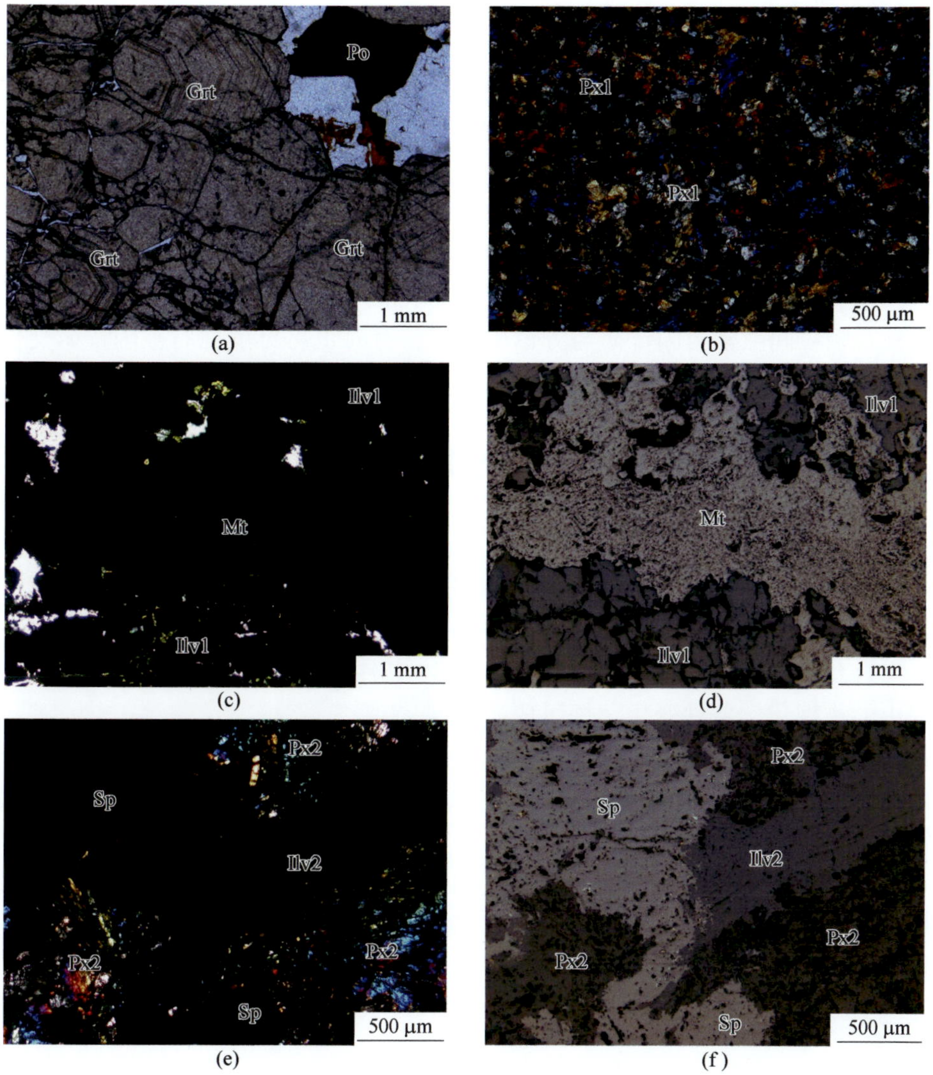

图 5-7 牛苦头矿区矽卡岩矿物镜下照片

（a）环带状石榴子石，单偏光镜下；（b）早阶段辉石，正交偏光镜下；
（c）早阶段条带状黑柱石被磁铁矿交代，正交偏光镜下；（d）早阶段条带状辉石被磁铁矿交代，反射光镜下；
（e）闪锌矿化黑柱石锰钙铁辉石矽卡岩，晚阶段短柱-纤维状辉石（Px2）被晚阶段锰质黑柱石（Ilv2）交代，正交偏光镜下；
（f）闪锌矿化黑柱石锰钙铁辉石矽卡岩，晚阶段短柱-纤维状辉石（Px2）被晚阶段锰质黑柱石（Ilv2）交代，反射光镜下

5.1.2.2 *辉石*

根据野外产状和地球化学特征，可将辉石分为两种类型，早阶段辉石成分主要为钙铁辉石，短柱-粒状结构（见图 5-6（c）（d）），块状构造，镜下表现为高级黄-绿干涉色及辉石典型的“十字”节理（见图 5-7（b））。晚阶段辉石成分为锰钙铁辉石，手标本呈黄

绿色、棕色，呈长柱状、纤维状，镜下具有辉石的高级黄-绿干涉色，常被黑柱石和磁铁矿交代（见图 5-7（c）（d））。

5. 1. 2. 3 黑柱石

晚期矽卡岩中的黑柱石主要呈条带状和浸染状产出，粒径相对于早期矽卡岩明显变小，交代早期矽卡岩或晚期矽卡岩中的进变质阶段矿物。就地球化学成分来说，相对于早期矽卡岩中的黑柱石，其 MnO 含量明显偏低（质量分数为 0. 2%~0. 5%）。晚期矽卡岩中的黑柱石根据产状可分为条带状黑柱石和脉-浸染状黑柱石两种类型。常见脉状、浸染状黑柱石切穿条带状黑柱石，说明条带状黑柱石形成略早。早阶段条带状黑柱石常呈条带状与磁铁矿共生（见图 5-6（e）），单偏光镜下为不透明黑色，反射光镜下呈深灰色（见图 5-7（c）（d））。晚阶段脉状、浸染状黑柱石（见图 5-6（f）），常交代晚阶段辉石，呈浸染状，黑柱石颗粒间隙常有闪锌矿与方铅矿发育，有时也可见黑柱石被闪锌矿交代，其单偏光镜下呈不透明黑色，反射光下呈灰色或浅蓝色（见图 5-7（e）（f））。

5. 2 矿物地球化学特征

一般认为矽卡岩型矿床的形成经历了复杂的成矿过程，矽卡岩的矿物类型及组合形成于特定的条件下，与岩浆化学成分、围岩组分及物理化学条件（如氧逸度、酸碱度等）有着密切的关系（Meinert，1987，1995），不同的岩浆来源及成矿过程决定了矽卡岩矿物的种类、组合及其矿化类型，因此，研究主要矽卡岩中矿物的矿物学特征可以反演矽卡岩成矿过程中的物理化学条件变化，探讨成矿机制。

牛苦头铅锌矿床发育早、晚两期矽卡岩，且两期矽卡岩在产出特征、矿物组合及成矿过程方面均有明显区别，本次对早期矽卡岩进变质阶段形成的石榴子石和辉石，氧化物阶段的磁铁矿、黑柱石及退变质阶段的阳起石和绿帘石，以及晚期矽卡岩进变质阶段形成的石榴子石和辉石，退变质阶段形成的绿帘石和透闪石进行了电子探针和原位微量元素测试分析，探讨两期矽卡岩各自成矿过程中物理化学条件的变化及金属沉淀机制，各矽卡岩矿物的矿物地球化学特征及测试分析结果分述如下。

5. 2. 1 石榴子石和辉石

5. 2. 1. 1 早期矽卡岩中的石榴子石和辉石

早期矽卡岩中石榴子石主量组成及所推算的端元成分见表 5-1。电子探针分析显示，牛苦头 M4 矿段的石榴子石晶体主要属于钙铁-钙铝榴石系列，成分中也含有少量锰铝榴石或镁铝榴石（见图 5-8）。

如前所述，牛苦头 M4 矿段的石榴子石可分为两个亚型，其中 Ⅰ 型石榴子石的 SiO_2 和 CaO 含量变化范围较小，而 FeO^T 和 Al_2O_3 含量变化较大。其 MnO 和 MgO 含量相对较低（低于 1%）。Ⅰ 型石榴子石端元成分显示其包含 45. 08%~99. 39%的 And（钙铁榴石）和 0~51. 55%的 Gro（钙铝榴石），以及少量（0. 61%~3. 14%）的 Pyr（镁铝榴石）。Ⅰ 型石榴子石发育有明显的环带，具有较好的核边结构。电子探针分析结果显示，自核部至环带，FeO^T 含量及钙铁榴石含量降低，而 Al_2O_3 含量和钙铝榴石含量升高。另外，从核部至边部，MnO 含量也有轻微的增加（见图 5-9），TiO_2 和 MgO 含量变化几乎可以不计。

表 5-1 牛苦头矿床石榴子石电子探针分析结果

样　品	世代	SiO_2	TiO_2	Al_2O_3	$C_{r2}O_3$	FeO	MnO	MgO	CaO	总量	And	Gro	Pyr
KUB213. 1	Grt1	36. 90	0. 00	0. 20	0. 02	27. 48	0. 24	0. 11	32. 18	97. 14	99. 39	0. 00	0. 61
KUB213. 2	Grt1	35. 55	0. 09	0. 27	0. 01	27. 02	0. 28	0. 11	31. 97	95. 30	97. 86	0. 99	1. 15
KUB213. 3	Grt1	35. 82	0. 00	3. 19	0. 00	23. 95	0. 42	0. 10	32. 68	96. 15	84. 15	14. 24	1. 61
KUB213. 4	Grt1	37. 70	0. 07	11. 32	0. 00	14. 04	0. 75	0. 00	32. 65	96. 53	45. 08	50. 98	3. 94
KUB213. 5	Grt1	38. 92	0. 00	11. 29	0. 01	13. 83	0. 76	0. 04	33. 95	98. 80	46. 28	51. 55	2. 17
KUB214. 1	Grt1	36. 76	0. 14	0. 68	0. 03	26. 91	0. 60	0. 12	32. 01	97. 27	96. 55	1. 46	1. 99
KUB214. 2	Grt1	35. 73	0. 11	0. 01	0. 03	27. 88	0. 37	0. 06	32. 26	96. 45	99. 04	0. 00	1. 22
KUB214. 3	Grt1	35. 61	0. 01	0. 00	0. 00	27. 49	0. 39	0. 07	32. 69	96. 26	97. 23	1. 52	1. 25
KUB214. 4	Grt1	36. 19	0. 00	0. 02	0. 05	28. 23	0. 40	0. 07	32. 06	97. 01	97. 94	0. 00	2. 06
KUB214. 5	Grt1	36. 12	0. 00	0. 01	0. 02	28. 18	0. 50	0. 11	31. 79	96. 74	97. 44	0. 00	2. 56
KUB214. 6	Grt1	38. 06	0. 04	10. 73	0. 00	14. 83	0. 73	0. 03	33. 85	98. 27	49. 00	48. 53	2. 48
KUB214. 7	Grt1	38. 05	0. 02	11. 12	0. 04	14. 51	0. 67	0. 03	33. 28	97. 73	46. 70	49. 88	3. 41
NZB271-1	Grt2	35. 09	0. 00	1. 68	0. 03	26. 13	0. 70	0. 16	33. 99	97. 79	88. 06	2. 25	9. 69
NZB271-2	Grt2	35. 50	0. 00	0. 04		28. 28	0. 67	0. 14	33. 32	97. 94	97. 27	2. 12	0. 61
NZB271-3	Grt2	35. 27	0. 00	0. 02	0. 04	28. 09	0. 78	0. 17	33. 52	97. 87	95. 80	2. 47	1. 72
NZB271-4	Grt2	35. 34	0. 00	0. 49		27. 49	0. 75	0. 12	33. 73	97. 92	93. 31	2. 23	4. 46
NZB271-5	Grt2	35. 42	0. 00	0. 10		28. 49	0. 74	0. 09	33. 44	98. 27	97. 67	2. 09	0. 24
NZB269. 1	Grt2	37. 88	0. 00	11. 45	0. 00	13. 64	1. 16	0. 07	32. 40	96. 59	44. 43	50. 89	4. 68

续表 5-1

样品	世代	SiO_2	TiO_2	Al_2O_3	$C_{r2}O_3$	FeO	MnO	MgO	CaO	总量	And	Gro	Pyr
NZB269.2	Grt2	36.36	0.00	14.72	0.01	3.86	0.18	2.88	36.19	94.20	11.21	78.51	10.28
NZB273.1	Grt2	40.49	0.00	20.33		2.62	0.00	0.12	35.93	99.49	7.60	91.36	1.04
NZB273.2	Grt2	35.00	0.00	0.18	0.01	27.64	0.24	0.08	33.98	97.14	94.43	4.67	0.90
NZB124	Grt2	36.10	0.00	8.57	0.07	17.03	0.43	0.07	33.47	95.74	58.33	40.10	1.57
NZB086.1	Grt2	35.85	0.00	0.04	0.03	27.61	1.41	0.14	33.39	98.47	93.27	3.77	2.95
NZB086.2	Grt2	35.51	0.00	0.11	0.02	27.71	1.43	0.12	32.43	97.32	96.63	3.37	0.00
KUK002.1	Grt2	37.00	0.00	3.15	0.00	24.24	0.43	0.04	32.75	97.61	84.39	13.88	1.73
KUK002.2	Grt2	37.30	0.06	2.29	0.04	25.07	0.59	0.08	32.60	98.03	88.58	9.69	1.73
KUK002.3	Grt2	37.49	0.00	2.30	0.00	23.94	0.39	0.04	32.98	97.13	84.08	14.85	1.07
KUK002.4	Grt2	37.32	0.04	4.82	0.00	21.77	0.55	0.00	32.81	97.31	76.12	22.34	1.54
KUK002.5	Grt2	36.87	0.00	0.35	0.00	27.23	0.34	0.06	32.92	97.77	95.85	3.10	1.05
KUK002.6	Grt2	37.31	0.00	0.82	0.04	26.66	0.55	0.12	32.20	97.71	95.30	2.86	1.83
NKB67B.1	Grt2	36.08	0.00	0.50	0.02	27.94	0.44	0.05	33.67	98.69	96.00	2.75	1.25
NKB67B.2	Grt2	35.70	0.00	0.43	0.01	27.94	0.41	0.06	33.51	98.05	96.51	2.32	1.17
NKB67B.3	Grt2	37.86	0.00	12.02	0.01	13.10	1.07	0.01	35.29	99.36	42.44	55.20	2.36
NKB67B.4	Grt2	35.65	0.00	0.13	0.00	27.80	0.45	0.07	33.90	98.00	94.71	3.96	1.33
NKB67B.5	Grt2	35.74	0.00	0.77	0.07	26.94	0.43	0.13	33.72	97.79	92.33	6.15	1.51

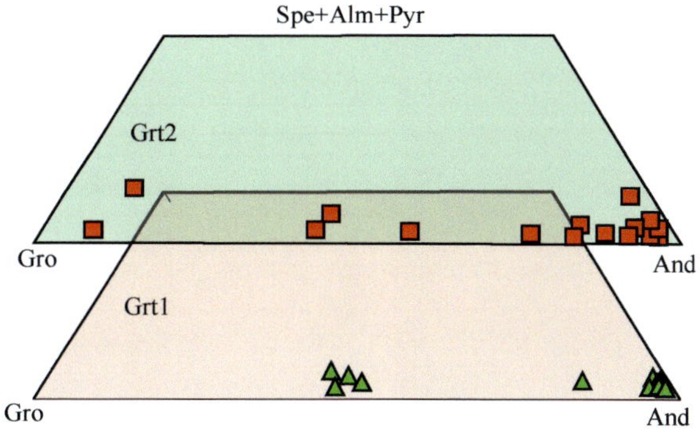

图 5-8 牛苦头早期矽卡岩中石榴子石三角分类图解

（底图据 Meinert，1993）

Grt1—早阶段石榴子石富集钙铁榴石；Grt2—晚阶段石榴子石，成分变化；Gro—钙铝榴石；And—钙铁榴石；Spe—锰铝榴石；Alm—铁铝榴石；Pyr—镁铝榴石

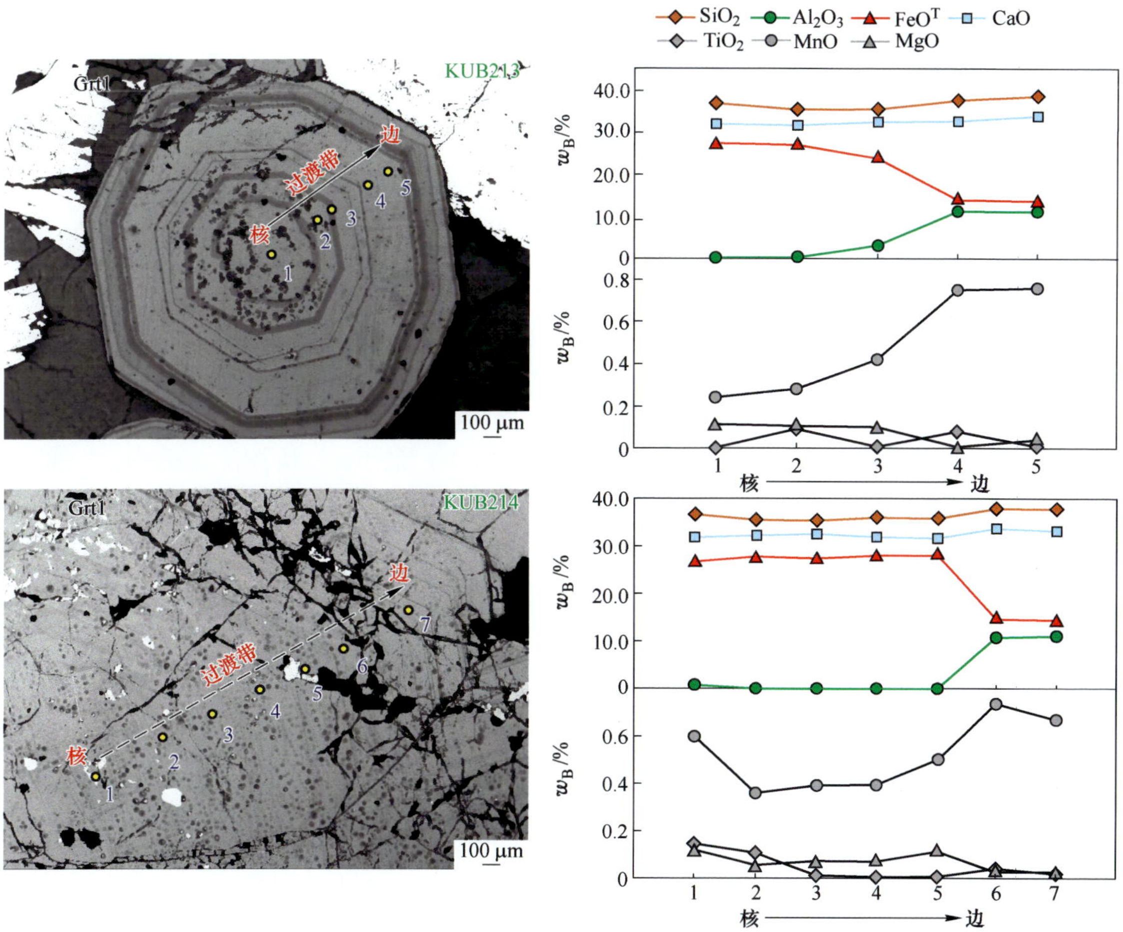

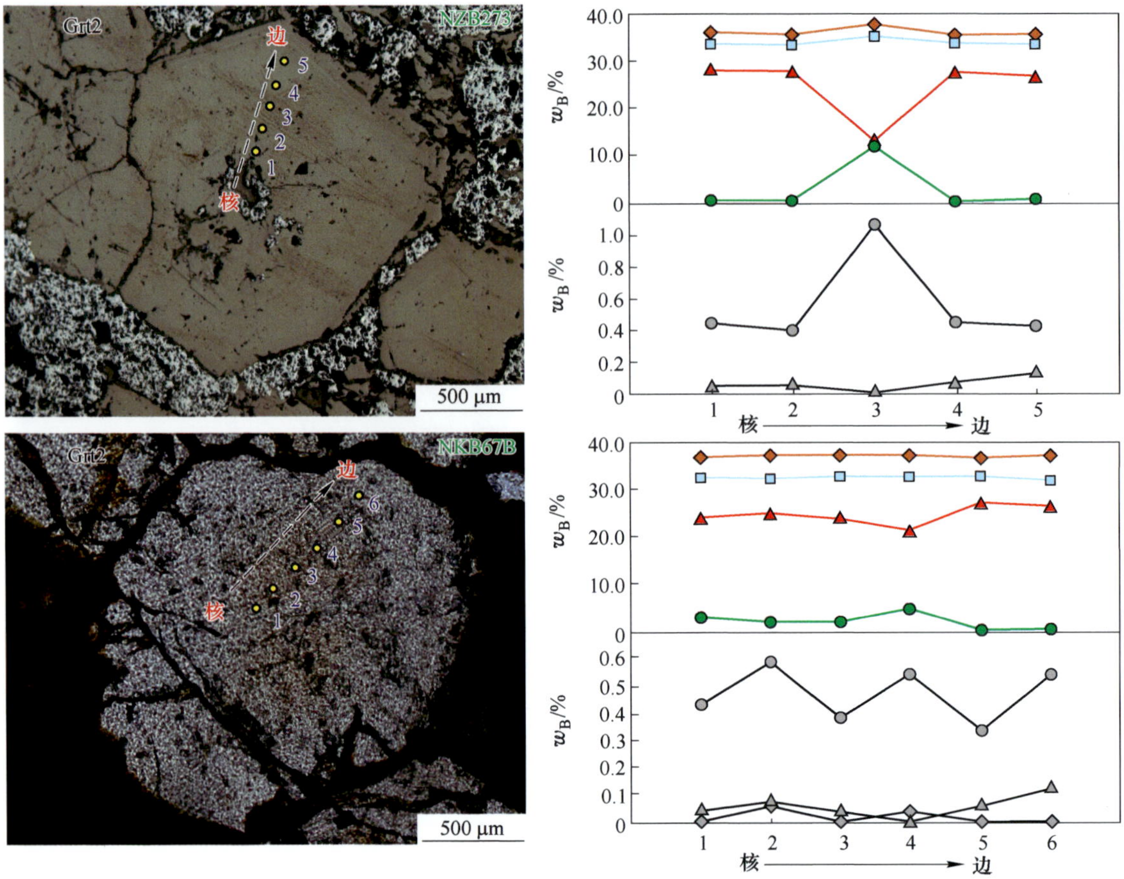

图 5-9　不同世代石榴子石的背散射和单偏光镜下照片及电子探针成分剖面

相对于Ⅰ型石榴子石，Ⅱ型石榴子石几乎无环带结构，其 And 和 Gro 含量化范围不稳定，计算结果显示，其 And 含量变化范围为 7.60%～97.67%，Gro 含量变化范围为 2.12%～91.36%，另外也包含少量（0.224%～10.28%）的 Pyr。从核部至边部，一部分石榴子石成分几乎保持不变，另一部分石榴子石成分表现出“W”和“M”形分带特征（见图 5-9），显示出 FeO^T 和 Al_2O_3 含量变化的波动性。这些特征暗示了Ⅱ型石榴子石的多期生长成因。

大体上，牛苦头 M4 矿段石榴子石 FeO^T 和 Al_2O_3 含量具有明显的负相关性，而 MnO 表现为与 Al_2O_3 含量的正相关性，TiO_2 和 MgO 含量变化几乎可以不计。

牛苦头 M1、M4 矿段辉石可分为 3 种亚型，其具体分析测试结果见表 5-2，其中Ⅰ型辉石具有较高的 SiO_2 和 CaO 含量，其中 SiO_2 含量（质量分数）为 48.11%～52.75%，CaO 含量为 18.70%～22.44%。FeO^T 含量变化相对较大（10.09%～25.50%），MgO 和 MnO 含量相对较低（0.62%～11.53%）。根据 Meinert 等（2005）的锰钙辉石（Jo)-钙铁辉石（Hd)-透辉石（Di）端元成分计算，Ⅰ型辉石（$Di_{5\sim65}Hd_{32\sim80}Jo_{3\sim15}$）主要由钙铁辉石组成，透辉石和锰钙辉石含量较少。

相对于Ⅰ型辉石，Ⅱ型辉石具有相对稳定的 SiO_2 和 CaO 组成（48.64%～50.09%），

表 5-2 牛苦头 M1 和 M4 矿段辉石电子探针分析结果

样品号	矿物世代	主要成分/%											
		SiO_2	TiO_2	Al_2O_3	$C_{r2}O_3$	FeO	MnO	MgO	CaO	总量	Jo	Di	Hd
NKB080	Px1	49.57	0.04	0.32	0.04	24.16	2.91	0.89	22.03	99.96	10.22	5.50	84.28
NKB022	Px1	48.32	0	0.17	0	25.50	2.41	2.41	22.10	100.92	7.64	13.44	78.93
NKB19	Px1	49.74	0	0.09	0.12	23.15	3.34	3.34	21.66	101.43	10.42	18.34	71.24
NKB17	Px1	48.99	0	0.41	0.03	24.61	2.74	2.74	22.01	101.53	8.64	15.21	76.15
NKB57	Px1	49.61	0	0.24	0.02	23.40	4.44	4.44	21.67	103.81	12.65	22.27	65.08
NZB274	Px1	49.46	0	0.18	0.03	25.46	1.80	0.83	22.15	99.92	6.31	5.11	88.58
KUK003	Px1	52.75	0.07	0	0	10.09	0.99	11.53	23.93	99.35	3.16	64.93	31.91
KUB241	Px1	48.11	0.01	0.51	0	23.30	4.13	0.62	21.24	97.92	14.59	3.86	81.56
NZB272	Px1	48.80	0	0.75	0.04	24.30	3.10	3.75	18.70	99.44	9.20	19.60	71.20
KUB211-1-1	Px1	49.10	0.02	0.23	0	22.53	3.26	1.31	22.08	98.53	11.67	8.23	80.10
KUB211-2-1	Px1	50.51	0	0.08	0	23.00	3.03	1.31	22.44	100.38	10.74	8.17	81.10
KUK009-1-1	Px2	49.98	0	0.19	0.03	21.90	6.45	0.48	21.49	100.53	22.17	2.90	74.93
KUK009-2-1	Px2	49.64	0.04	0.21	0	21.40	6.99	0.84	21.53	100.66	23.54	5.00	71.47
NKB-24	Px2	49.77	0	0.01	0.01	14.29	14.33	0.06	21.27	99.73	23.79	41.87	34.35
KUB-24	Px2	48.64	0.07	0.09	0.04	20.32	6.92	1.53	21.61	99.21	23.31	9.07	67.62
NKB025	Px2	50.09	0	0.25	0	16.40	9.24	9.24	21.56	106.79	22.38	39.39	38.22
NZB-144	Px2	49.00	0	0.61	0	18.07	9.32	1.13	20.79	98.92	31.85	6.77	61.38
NZB-128.1	Px3	48.32	0	0.36	0.06	11.52	18.06	0.68	18.29	97.29	58.77	3.92	37.32
NZB-128.2	Px3	49.13	0	0.32	0.03	12.02	16.47	0.39	21.16	99.52	56.61	2.35	41.04
NZB-128.3	Px3	48.64	0.01	0.09	0.10	14.90	13.72	0.61	21.02	99.09	46.43	3.63	49.95
NZB-131	Px3	49.08	0.03	0.61	0.03	9.28	19.44	0.71	20.25	99.42	64.98	4.19	30.82
NZB-132	Px3	49.24	0	0.20	0	15.75	12.60	0.72	21.32	99.82	42.72	4.29	52.99

注：Jo 为锰钙辉石，Di 为透辉石，Hd 为钙铁辉石。

变化较大的 FeO^T（14.9%~21.90%）含量，交代的 MgO 含量（0.06%~9.24%）和 Al_2O_3 含量（0.01%~0.61%）。另外，与Ⅰ型辉石不同的是，Ⅱ型辉石具有较高的 MnO 含量（6.45%~14.33%）。Ⅱ型辉石主要成分为钙铁辉石，其三元组分分子式为（$Di_{6\sim14}Hd_{67\sim89}Jo_{4\sim19}$，见图5-10），仅含有少量的透辉石和锰钙辉石。

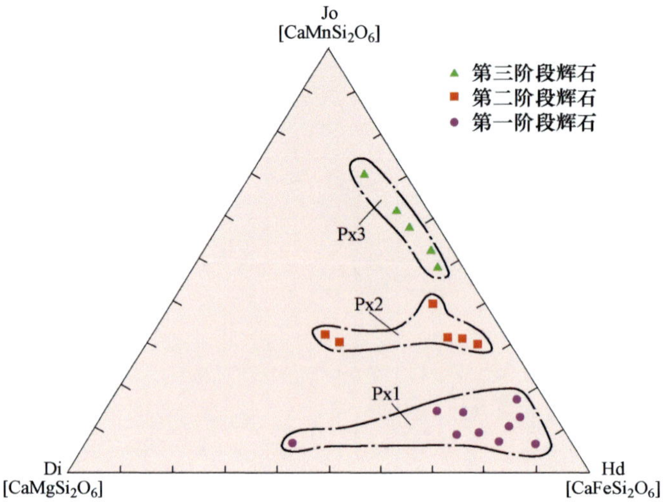

图 5-10　牛苦头矿区辉石成分三角图解

Ⅲ型辉石成分也主要由 SiO_2（48.32%~49.24%），FeO^T（9.28%~15.75%），CaO（18.29%~21.32%）和 MnO（12.60%~19.44%）组成。根据计算结果，Ⅲ型辉石成分主要为锰钙辉石和钙铁辉石，仅仅有少量的透辉石成分。

5.2.1.2　晚期矽卡岩中的石榴子石和辉石

电子探针分析显示（王新雨 等，2024），相对于早期矽卡岩中的石榴子石，晚期矽卡岩（M1 矿段西南侧、四角羊矿段）中的石榴子石晶体核部属于钙铁-钙铝榴石系列（王新雨 等，2024），边部属于钙铁-钙铝榴石系列，但比早期石榴子石整体偏向钙铁辉石端元，成分中也含有少量锰铝榴石或镁铝榴石（见图 5-11）。

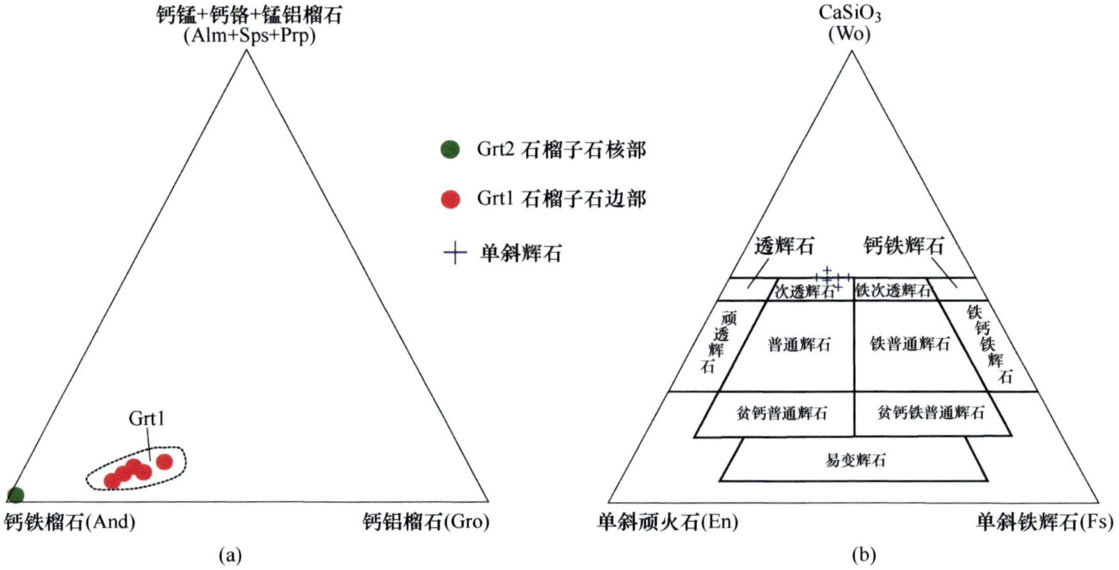

图 5-11　牛苦头晚期矽卡岩中石榴子石（a）和辉石（b）成分三角图解

（底图据 Wang et al.，2023）

晚期石榴子石整体化学式为$Ca_{2.94\sim2.76}Cr_{0.14\sim0.06}Fe^{2+}_{0.25\sim0.06}Fe^{3+}_{1.92\sim127}Al_{0.57\sim0.02}Ti_{0.03\sim0.05}Si_{3.01\sim2.97}O_{12}$。

晚期矽卡岩中的辉石成分与早期辉石类似，也属于次透辉石，其化学式为$Na_{0.03\sim0.07}Ca_{1.00\sim0.96}Mg_{0.61\sim0.49}Fe^{2+}_{0.47\sim0.34}Fe^{3+}_{0.02\sim0}Al_{0.06\sim0.01}Si_{1.99\sim1.96}O_6$。

5.2.2 磁铁矿

牛苦头铅锌矿床中的磁铁矿多呈层状、透镜状产出，早、晚两期矽卡岩赋存状态有所不同，早期矽卡岩为石榴子石辉石矽卡岩中的磁铁矿，其交代石榴子石和辉石，多呈自形柱状，粒径一般为1~2 mm，呈块状构造；晚期矽卡岩为黑柱石（辉石）矽卡岩中的磁铁矿，粒径一般小于1 mm，表明磁铁矿与黑柱石关系密切，其主要呈浸染状构造。

从磁铁矿成因类型判别图解可见（见图5-12（a)(b)），两期磁铁矿显示出一致的过渡趋势，TiO_2-Al_2O_3-MgO判别图指示牛苦头矿区早、晚期磁铁矿均表现为沉积变质-接触交代磁铁矿成因类型。另外，在（Ca+Al+Mn)-(Ti+V）成因分类图解中，牛苦头矿区的磁铁矿均指示为矽卡岩成因（见图5-12（c））。由此说明，早、晚期磁铁矿均与矽卡岩、接触交代成因有关。

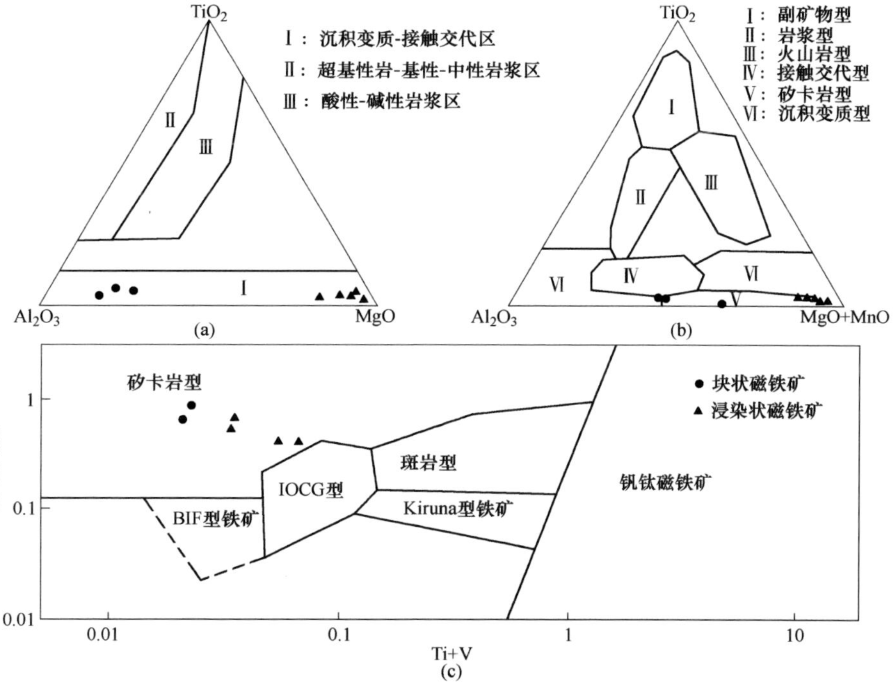

图5-12 牛苦头矿床磁铁矿成因判别图解

（底图据张爱奎，2012）

（a）TiO_2-Al_2O_3-MgO三角判别图解；（b）TiO_2-Al_2O_3-(MgO+MnO）三角判别图解；

（c）（Ca+Al+Mn)-(Ti+V）判别图解

5.2.3 黑柱石

早期矽卡岩中3种类型黑柱石（Ilv1＝Ⅰ型黑柱石、Ilv2＝Ⅱ型黑柱石、Ilv3＝Ⅲ型黑柱石)的地球化学成分具有明显差异（见表5-3)。3类黑柱石的主要成分包括SiO_2

表 5-3　牛苦头 M1 和 M4 矿段黑柱石电子探针分析结果

样品号	矿物世代	主要成分/%							总量/%	锰质黑柱石占比/%	Fe^{3+}	Fe^{2+}	Fe_2O_3/%
		SiO_2	TiO_2	Al_2O_3	FeO	MnO	MgO	CaO					
KUB226. 1	Ilv1	30. 84	0. 00	0. 46	46. 88	3. 61	0. 20	13. 24	95. 23	10. 87	0. 78	1. 85	13. 94
KUB226. 2	Ilv1	29. 53	0. 00	0. 76	46. 74	3. 40	0. 25	12. 73	93. 41	11. 04	0. 88	1. 81	15. 27
KUB226. 3	Ilv1	30. 84	0. 00	0. 46	46. 88	3. 61	0. 20	13. 24	95. 23	10. 87	0. 78	1. 85	13. 94
KUB214. 8	Ilv1	30. 75	0. 04	0. 42	47. 54	3. 63	0. 02	13. 68	96. 07	10. 07	0. 80	1. 85	14. 40
KUB214. 9	Ilv1	30. 23	0. 17	0. 37	48. 94	1. 78	0. 13	14. 01	95. 62	5. 63	0. 83	1. 92	14. 76
KUB214. 10	Ilv1	30. 28	—	0. 15	48. 45	3. 76	0. 21	13. 73	96. 58	11. 57	0. 91	1. 79	16. 36
NKB051b	Ilv2	30. 44	—	1. 03	45. 39	5. 70	0. 10	13. 59	96. 24	16. 32	0. 83	1. 70	14. 86
NKB092	Ilv2	30. 23	—	0. 06	46. 45	5. 77	0. 08	13. 65	96. 24	16. 56	0. 91	1. 70	16. 22
NZB004. 1	Ilv2	30. 50	0. 07	0. 26	45. 77	5. 57	0. 34	13. 72	96. 23	17. 14	0. 86	1. 69	15. 48
NZB004. 2	Ilv2	30. 12	0. 01	0. 18	46. 64	4. 65	0. 39	13. 68	95. 67	14. 99	0. 90	1. 73	15. 95
KUB239	Ilv2	29. 45	0. 06	0. 51	46. 23	4. 82	0. 33	13. 24	94. 64	15. 51	0. 93	1. 70	16. 41
NZB133	Ilv3	30. 05	0. 08	0. 83	44. 92	7. 20	0. 16	13. 55	96. 79	21. 06	0. 92	1. 58	16. 49
KUB217	Ilv3	30. 19	0. 12	0. 06	41. 82	9. 95	0. 15	13. 07	95. 36	28. 63	0. 90	1. 46	15. 99
NZB-135	Ilv3	29. 95	—	1. 28	38. 58	13. 27	0. 28	12. 97	96. 32	38. 89	0. 93	1. 22	16. 64

(29.45%~30.84%), CaO(12.73%~14.10%), FeO(38.58%~48.45%), Mn (1.78%~13.27%) 及少量的 MgO (0.02%~0.39%) 和 Al_2O_3(0.06%~1.28%)。从Ⅰ型黑柱石至Ⅲ型黑柱石, MnO 含量逐渐升高, 而 FeO 含量逐渐降低。根据锰质黑柱石和普通黑柱石端元成分的计算, Ⅲ型黑柱石表现为最高的锰质黑柱石含量 (占比为 21%~38%), 其次是Ⅱ型黑柱石和Ⅰ型黑柱石 (含量依次为 14.99%~17.14%, 5.63%~11.57%)。这些结果说明黑柱石与普通黑柱石之间存在一个连续的固溶体演化序列过程。

5.2.4 角闪石和绿帘石

经电子探针分析测试 (Wang et al., 2023), 角闪石中的 SiO_2 含量为 48.54%~55.53%, TiO_2 为 0~0.03%, Al_2O_3为 0.10%~0.98%, FeO^T 为 15.49%~33.23%, MnO 为 0.78%~4.03%, MgO 为 8.36%~21.70%, CaO 为 0.68%~14.53%。

由角闪石分类图解可知 (见图 5-13), 牛苦头矿区角闪石类矿物主要成分属于阳起石与镁角闪石类, 少量为铁阳起石。与一般闪石类矿物不同, 其 MnO 含量略有偏高。

电子探针结果显示绿帘石的主要成分是 SiO_2(37.37%~37.75%)、Al_2O_3 (21.67%~24.39%)、CaO (23.96%~24.34%) 及 FeO^T (9.49%~13.40%)。

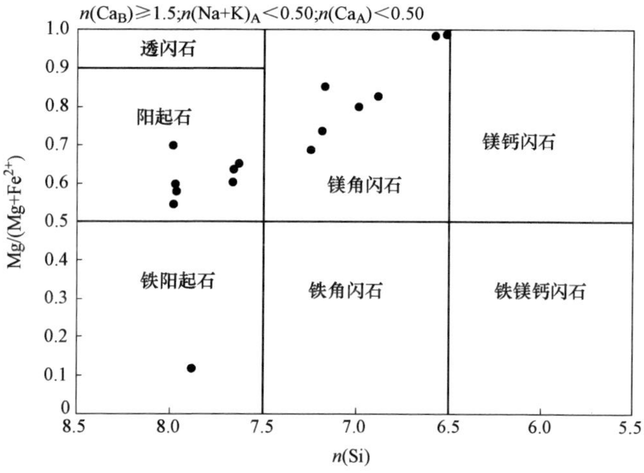

图 5-13 牛苦头矿区角闪石 $Mg/(Mg+Fe^{2+})$-Si 分类图解
(据 Wang et al., 2023)

5.2.5 早期矽卡岩对成矿的指示

不同矽卡岩矿物及矿物组合形成于一定的物理化学条件下, 通过研究矽卡岩矿物的化学成分、结构构造、矿物组合及交代关系, 可以反演矽卡岩形成过程中物理化学条件(氧化还原条件、酸碱度) 的变化。

矽卡岩中共生辉石和石榴子石的成分能够有效地反映矽卡岩形成时的氧逸度和酸碱度条件, 研究表明在钙铁-钙铝榴石系列中, 钙铁榴石形成于偏碱性-低酸度、氧化-弱氧化环境中, 而钙铝榴石则形成于中-酸性、弱氧化-弱还原的环境中, 电子探针结果 (见表 5-1) 显示早期矽卡岩整体为钙铁-钙铝榴石系列, 其中 Grt1 型石榴子石发育核边结构, 由核部的钙铁榴石成分到边部的钙铁铝榴石转变, Grt2 型石榴子石结晶略晚于 Grt1 型石榴子石, 且矿物成分与 Grt1 型石榴子石类似, 但更偏向钙铝榴石端元的地质事实也支持流体这种氧化还原条件的转变过程, 而部分 Grt1 型石榴子石发育的核部与边部之间条带状过渡带则反映这种转变过程可能是振荡式的。

退变质阶段是早期矽卡岩的主要成矿阶段, 其共生矿物组合主要为锰阳起石+少量绿帘石, 尤其是含 Fe^{3+}绿帘石的产出表明此阶段流体由氧化物阶段的弱还原-弱氧化的环境转换为高氧逸度环境, 而流体中氧逸度的升高对绿帘石的形成具有重要作用, 同时, 此阶段的角闪石主要为锰阳起石（含 Mn），也可能暗示高氧逸度条件下流体中 Fe 离子主要以 Fe^{3+}价态存在，不利于含 Fe^{2+}的阳起石的形成。退变质阶段后期，随着温度进一步降低及绿帘石、镁角闪石等含 OH^-矿物的大量形成，流体中的 H^+被大量消耗，导致流体逐渐趋于碱性。同时，由于含 Fe^{3+}的绿帘石的结晶降低了流体的氧逸度使之逐渐转变为还原条件，高氧逸度条件下以正价态存在的 S 被还原为 S^{2-}价态，为以黄铜矿、黄铁矿为主的金属硫化物的形成创造了有利条件，这与显微镜下见到的金属硫化物经常紧随绿帘石、锰阳起石等之后产出的地质事实一致。

5.2.6　晚期矽卡岩矿物对成矿的指示

晚期石榴子石与早期石榴子石成分类似，也属钙铁-钙铝榴石系列，但整体比早期石榴子石更偏向钙铁榴石端元，表明晚期石榴子石形成于氧逸度更高的环境。同时，晚期石榴子石广泛发育核边结构，其由核部纯钙铁榴石到边部的钙铁铝榴石，同样也反映流体由初始的低酸度、弱氧化条件向中-酸性、氧化环境逐步转变。然而，与早期石榴子石核部到边部呈现条带状过渡带不同的是，晚期石榴子石由核部到边部呈现截然的变化，反映晚期石榴子石的氧化还原转变过程可能表现为突变式而非振荡式。在共生矿物组合上，与早期矽卡岩进变质阶段石榴子石→次透辉石组合不同的是，晚期矽卡岩进变质阶段表现为石榴子石→钾长石→次透辉石组合，其中钾长石的大量产出表明晚期矽卡岩流体富含 K^+离子，而研究表明流体中 K、Na 卤化物的增加能明显加快钙铁-钙铝系列石榴子石的结晶速率，并使钙铝榴石-钙铁榴石固溶体矿物出现光性异常，成为非均质体，显微镜下晚期石榴子石多表现出核部均质全消光→边部一级灰异常消光的光性特征。由此，笔者推测晚期矽卡岩流体中 K^+含量的逐步累积可能是造成晚期进变质阶段流体氧化还原环境突变的一个重要因素。

5.3　矿物微量元素地球化学特征

5.3.1　测试方法及测试结果

将选定的样品磨制成探针片，首先对探针片在偏光显微镜下进行观察，并详细记录探针片主要矿物特征，查明样品矿物的组成、结构构造及共生关系。然后对探针片表面喷碳，实验仪器型号为 JEOL JXA-8100，实验条件为加速电压 15 kV，电流 5 nA。

原位微区微量元素分析在中国地质科学院国家地质实验测试中心进行，激光探针片磨制厚度为 100 μm。所用仪器为 Neptune 型激光多接收等离子体质谱（LA-MC-ICPMS），采用美国 New Wave UP 213 nm 激光剥蚀系统进样。ICP-MS 为 Thermo Element Ⅱ。绝大多数微量元素分析的准确度优于 10%，Be、P、Ni、Zn、Ga 和 Yb 的准确度优于 20%。

5.3.2　稀土元素对早期矽卡岩成矿过程指示

5.3.2.1　早期矽卡岩中石榴子石的微量元素特征

石榴子石微量元素见表 5-4。Ⅰ型石榴子石中等程度的 REE 含量（3.22×10^{-6} ~ 155.53×10^{-6}），表现出较高的轻重稀土分离程度，LREE/HREE＝0.69~152.48，正 Eu 异

表 5-4 牛苦头 M1 和 M4 矿段石榴子石、辉石及黑柱石 LA-ICP-MS 微量元素分析结果

样品号	矿物世代	微量元素															
		×10⁻⁶															
		Sc	V	Cr	Co	Zn	Cu	Rb	Sr	Cs	Ba	La	Ce	Pr	Nd	Sm	Eu
KUB213. 1	Grt1	1. 09	—	4. 71	0. 34	4. 25	—	—	0. 16	0. 01	0. 18	0. 44	1. 36	0. 13	0. 29	—	0. 93
KUB213. 2	Grt1	0. 93	—	2. 34	0. 43	2. 37	0. 22	0. 05	0. 09	—	—	1. 31	6. 39	0. 83	4. 05	0. 32	0. 87
KUB213. 3	Grt1	1. 03	0. 09	3. 65	0. 35	4. 06	—	—	—	0. 09	0. 30	1. 05	5. 22	0. 64	1. 93	0. 33	0. 53
KUB213. 4	Grt1	0. 91	—	3. 88	0. 28	2. 56	4. 29	—	—	0. 02	0. 38	1. 11	5. 68	0. 72	2. 12	0. 34	0. 85
KUB213. 5	Grt1	0. 71	—	1. 62	0. 34	4. 64	0. 21	—	0. 03	0. 12	—	1. 66	7. 04	0. 89	3. 87	0. 31	0. 62
KUB214. 1	Grt1	8. 47	155. 58	45. 81	0. 43	19. 47	—	1. 48	253. 90	1. 19	2. 58	20. 20	37. 32	4. 60	17. 65	4. 12	33. 62
KUB214. 2	Grt1	5. 85	117. 44	50. 12	0. 11	6. 57	0. 01	2. 20	144. 55	0. 14	8. 61	18. 19	34. 36	4. 08	12. 91	3. 84	11. 76
KUB214. 3	Grt1	0. 94	17. 30	11. 51	0. 08	49. 55	—	0. 17	0. 95	0. 35	—	4. 56	13. 31	1. 57	5. 90	0. 43	0. 79
KUB214. 4	Grt1	4. 10	76. 92	47. 30	0. 38	39. 35	—	0. 72	1. 81	2. 17	—	0. 51	2. 01	0. 41	2. 88	0. 91	0. 58
NKB67B. 1	Grt2	3. 55	18. 36	13. 59	0. 21	1. 55	—	0. 20	0. 09	0. 17	0. 17	2. 40	6. 07	0. 62	2. 23	0. 41	0. 33
NKB67B. 2	Grt2	2. 60	72. 44	31. 89	0. 17	7. 41	—	0. 58	0. 29	0. 93	1. 16	2. 54	9. 18	1. 72	8. 76	2. 44	0. 87
NKB67B. 3	Grt2	0. 80	0. 98	3. 07	—	1. 42	0. 14	—	0. 19	0. 02	—	0. 23	0. 48	0. 21	1. 77	0. 97	0. 48
NKB67B. 4	Grt2	0. 76	0. 50	4. 83	0. 21	2. 15	—	—	0. 02	—	—	0. 15	0. 43	0. 22	1. 86	1. 62	0. 70
NZB272. 1	Px1	1. 75	1. 85	24. 64	0. 36	97. 40	2. 04	0. 03	3. 77	0. 17	0. 86	0. 12	0. 12	0. 04	0. 24	0. 22	0. 06
NZB272. 2	Px1	1. 51	4. 21	26. 07	0. 23	127. 62	0. 57	0. 05	4. 96	0. 28	1. 32	0. 74	0. 62	0. 16	0. 55	0. 13	0. 14
KUB241	Px1	5. 85	14. 50	89. 18	4. 03	206. 87	0. 13	1. 38	2. 87	0. 32	0. 90	0. 12	0. 28	0. 03	0. 17	0. 04	—
KUK003	Px1	1. 91	5. 35	9. 29	3. 49	181. 12	—	0. 46	1. 82	0. 05	0. 42	0. 07	0. 06	0. 02	0. 03	—	—
NKB24	Px2	4. 29	270. 42	19. 18	9. 72	198. 49	1. 55	1. 13	23. 45	2. 66	0. 87	0. 60	1. 14	0. 19	0. 76	0. 23	0. 19
KUB24	Px2	5. 37	249. 57	27. 39	10. 46	87. 03	0. 63	0. 66	20. 76	1. 40	0. 79	0. 65	0. 90	0. 10	0. 77	0. 17	0. 09
NKB025	Px2	1. 76	1. 46	4. 04	2. 01	189. 34	—	0. 71	20. 71	3. 04	0. 18	0. 29	0. 19	0. 01	0. 13	—	0. 02
NZB144	Px2	1. 55	1. 09	3. 99	4. 48	133. 67	0. 95	0. 07	3. 72	1. 00	0. 03	0. 11	0. 03	0. 01	0. 03	—	—
KUB214. 8	Ilv1	1. 09	0. 30	3. 26	0. 08	137. 50	0. 86	0. 17	0. 54	—	0. 38	4. 56	1. 47	0. 37	1. 14	0. 15	0. 46

续表 5-4

样品号	矿物世代	微量元素 ×10^-6															
		Sc	V	Cr	Co	Zn	Cu	Rb	Sr	Cs	Ba	La	Ce	Pr	Nd	Sm	Eu
KUB214.9	Ilv1	0.69	0.39	25.58	0.14	148.02	—	0.00	0.43	0.05	0.21	2.64	0.90	0.15	0.41	0.09	0.88
KUB214.10	Ilv1	0.95	9.68	101.22	0.19	105.80	2.12	0.04	1.37	—	0.44	3.83	3.63	1.05	6.16	1.35	8.70
KUB226.1	Ilv1	0.79	9.63	20.18	0.27	109.04	—	0.29	0.30	0.17	—	2.54	3.90	1.43	8.68	2.53	7.98
KUB226.2	Ilv1	0.75	1.20	19.47	0.27	207.20	1.14	—	0.67	0.09	0.08	3.14	3.22	0.68	2.83	0.22	0.66
NZB004.1	Ilv2	0.88	1.71	4.92	0.08	162.21	0.20	0.19	1.79	0.04	0.22	5.60	2.44	0.77	3.87	0.66	0.90
NZB004.2	Ilv2	1.09	0.59	7.09	0.05	167.04	—	0.03	0.58	0.01	—	3.21	1.01	0.31	1.87	0.47	0.53
KUB239	Ilv2	0.54	0.87	3.55	1.26	210.29	1.73	0.04	0.06	0.09	0.20	0.02	0.09	0.05	0.07	0.13	0.18
NZB133	Ilv3	0.90	7.06	5.33	1.35	193.07	—	—	0.23	0.06	—	0.47	0.75	0.29	2.54	1.28	0.27
NZB135	Ilv3	1.59	2.34	6.82	1.83	205.17	1.23	0.00	0.23	0.05	0.33	0.03	0.07	0.05	0.39	0.26	0.24
KUB213.1	Grt1	0.06	0.01	—	—	—	—	—	—	0.01	—	0.02	0.02	—	0.00	—	0.39
KUB213.2	Grt1	0.13	—	0.08	0.01	—	—	—	—	0.04	—	0.01	0.47	0.02	—	—	1.41
KUB213.3	Grt1	0.20	—	—	—	—	—	—	0.01	—	—	0.02	0.03	—	0.04	0.05	0.89
KUB213.4	Grt1	0.06	—	—	—	—	0.01	—	—	0.04	—	0.01	0.26	—	0.10	0.02	1.08
KUB213.5	Grt1	0.41	—	—	0.02	—	—	—	—	0.06	—	0.02	—	—	0.13	—	1.35
KUB214.1	Grt1	6.69	1.01	10.23	3.24	9.15	0.92	5.97	0.81	118.97	0.56	3.53	27.92	24.61	9.28	5.81	9.99
KUB214.2	Grt1	3.52	0.56	5.25	1.19	3.08	0.48	3.10	0.21	40.90	0.42	0.04	8.41	0.05	3.19	4.61	4.73
KUB214.3	Grt1	0.85	0.06	0.34	0.04	0.16	0.07	0.68	0.22	3.02	0.31	0.07	15.94	0.42	0.48	8.15	2.42
KUB214.4	Grt1	1.83	0.25	2.49	0.68	2.31	0.40	2.38	0.28	23.46	0.88	0.28	27.53	4.06	0.55	3.07	1.15
NKB67B.1	Grt2	0.91	0.05	0.49	0.21	0.36	0.11	0.26	0.03	5.82	1.33	0.02	76.69	0.26	0.35	4.73	1.02
NKB67B.2	Grt2	1.72	0.30	1.74	0.35	1.28	0.19	1.21	0.34	11.96	1.62	0.48	68.56	3.09	2.20	12.83	2.08
NKB67B.3	Grt2	3.24	0.35	2.05	0.51	1.50	0.12	1.57	0.08	32.34	—	—	0.87	0.19	0.05	—	0.08

续表 5-4

样品号	矿物世代	微量元素 ×10^{-6}															
		Sc	V	Cr	Co	Zn	Cu	Rb	Sr	Cs	Ba	La	Ce	Pr	Nd	Sm	Eu
NKB67B. 4	Grt2	1. 99	0. 29	1. 79	0. 30	0. 65	0. 14	0. 28	0. 12	21. 00	—	—	—	—	0. 07	—	0. 11
NZB272. 1	Px1	0. 36	0. 05	0. 71	0. 20	0. 76	0. 14	0. 72	0. 11	9. 79	0. 03	—	—	0. 01	0. 88	0. 01	0. 03
NZB272. 2	Px1	0. 35	0. 03	0. 32	0. 11	0. 31	0. 03	0. 16	0. 01	4. 81	—	—	0. 23	0. 05	1. 56	0. 05	0. 20
KUB241	Px1	0. 19	0. 01	0. 05	0. 06	0. 13	0. 04	0. 43	0. 10	1. 07	0. 17	0. 01	3. 37	0. 04	7. 10	0. 75	0. 11
KUK002	Px1	—	0. 00	0. 09	—	—	0. 01	0. 33	0. 06	0. 33	0. 19	—	3. 41	0. 01	3. 12	0. 17	0. 08
NKB24	Px2	0. 48	0. 04	0. 49	0. 05	0. 31	0. 02	0. 62	0. 33	2. 66	0. 37	—	3. 56	0. 01	13. 40	0. 04	0. 07
KUB24	Px2	0. 32	0. 03	0. 22	0. 10	0. 11	0. 02	0. 54	0. 20	1. 72	0. 20	0. 02	3. 48	—	1. 21	0. 02	0. 04
NKB025	Px2	0. 08	0. 01	0. 09	0. 02	0. 09	0. 05	0. 17	0. 04	1. 67	0. 04	—	0. 84	0. 10	35. 42	0. 02	0. 03
NZB144	Px2	0. 09	—	0. 06	0. 02	0. 02	0. 01	0. 25	0. 01	0. 83	0. 11	—	0. 46	0. 01	17. 35	—	—
KUB214. 1	Ilv1	0. 38	0. 10	0. 30	0. 04	0. 18	0. 01	0. 10	0. 01	2. 80	—	—	0. 26	0. 01	0. 49	—	0. 04
KUB214. 2	Ilv1	0. 03	0. 01	0. 08	0. 01	0. 02	—	—	0. 01	0. 26	—	0. 01	0. 09	—	0. 38	0. 02	0. 22
KUB214. 3	Ilv1	2. 47	0. 44	3. 01	0. 66	1. 81	0. 15	0. 77	0. 07	38. 55	—	—	0. 05	—	2. 35	0. 11	0. 67
KUB226. 1	Ilv1	4. 66	0. 85	5. 22	1. 11	3. 15	0. 29	1. 69	0. 25	58. 49	—	—	0. 39	0. 03	1. 55	0. 14	1. 06
KUB226. 2	Ilv1	0. 60	0. 09	0. 42	0. 19	0. 78	0. 06	0. 50	0. 10	12. 95	0. 05	—	2. 17	0. 02	43. 24	0. 16	0. 08
NZB004. 1	Ilv2	1. 30	0. 11	0. 87	0. 23	0. 76	0. 05	0. 74	0. 05	12. 21	—	—	0. 05	0. 01	1. 91	0. 01	0. 27
NZB004. 2	Ilv2	0. 97	0. 08	1. 06	0. 20	0. 42	0. 07	0. 38	0. 02	11. 51	—	—	—	0. 00	3. 84	0. 04	0. 02
KUB239	Ilv2	0. 16	0. 01	—	—	—	—	—	—	0. 10	0. 09	0. 03	—	0. 09	0. 06	—	0. 02
NZB133	Ilv3	0. 99	0. 18	0. 75	0. 16	0. 37	0. 02	0. 35	0. 01	9. 21	0. 04	0. 37	3. 17	2. 24	0. 03	0. 24	0. 38
NZB135	Ilv3	0. 56	0. 19	1. 01	0. 45	1. 93	0. 14	1. 69	0. 42	20. 97	—	0. 03	1. 05	0. 05	0. 03	0. 01	0. 01

注：表中的“—”代表低于设备检测下限值。

常较明显且变化较大（1.38～19.58），Ce 也表现出正异常（0.95～1.56）。稀土元素球粒陨石标准化配分曲线显示，Ⅰ型石榴子石 LREE 具有“右倾”配分形式，而 HREE 分配形式则较为平坦。

Ⅱ型石榴子石 REE 含量（10.55×10^{-6}～32.63×10^{-6}）较低，轻重稀土分离程度也相对较高（LREE/HREE =0.44×10^{-6}～5.00×10^{-6}），正 Eu 异常较明显且变化不大（δEu = 0.83～1.67），Ce 异常变化较大（0.54～1.22）。稀土元素球粒陨石标准化配分曲线显示，Ⅱ型石榴子石表现为相对“右倾”的 LREE 配分形式，而 HREE 分配形式则较为平坦。

5.3.2.2　早期矽卡岩中辉石的微量元素特征

辉石微量元素结果见表 5-4。Ⅰ型辉石 REE 总量为 3.65×10^{-6}～5.45×10^{-6}，轻重稀土分离程度较高（LREE/HREE =0.26～1.76），有变化较大的正 Eu 异常（δEu = 0.44～1.74）和几乎正的 Ce 异常（δEu = 0.44～1.99）。稀土元素球粒陨石标准化配分曲线显示，Ⅰ型辉石具有相对平坦的 LREE 配分形式及相对左倾的 HREE 配分形式。整体上Ⅰ型辉石稀土配分曲线相对平坦。

Ⅱ型辉石 ΣREE 含量（ΣREE = 0.65×10^{-6}～1.65×10^{-6}）相对较低，具有中等的轻重稀土分离程度（LREE/HREE =0.38～1.18），表现为明显的正 Eu 异常（1.10～1.48）及变化相对较大的 Ce 异常（0.22～1.12）。

5.3.2.3　早期矽卡岩中黑柱石的微量元素特征

黑柱石微量元素结果见表 5-4。黑柱石在矽卡岩型矿床中较不常见，但在牛苦头矿区 M1 和 M4 矿段出现了大量的黑柱石，其在空间上与铅锌矿体关系密切。理想分子式为 $Ca(Fe^{2+})_2Fe^{3+}(Si_2O_7)O(OH)$，在一定条件下，$Fe^{2+}$ 易被 Mg^{2+} 和 Mn^{2+} 置换，从而形成镁黑柱石和锰黑柱石两种亚型。相对于石榴子石、辉石等典型矽卡岩矿物，黑柱石的矿物学及成因研究较为薄弱。

黑柱石常以浸染状、脉状或集合体形式出现在碳酸盐岩或矽卡岩中（Misra，2000），也有少部分出现在中-基性镁铁质岩石中（王移生，1994）。黑柱石的形成主要受气化蚀变作用与热液交代作用的共同影响（Graser et al.，2008）。多数情况下，黑柱石被认为是退化蚀变矿物。然而，也有研究称黑柱石形成于进变质阶段，并且大量地出现在石榴子石-橄榄石-硅灰石-黑柱石-钙铁辉石矿物组合中（Rogulina et al.，2008）。因此，黑柱石在矽卡岩中常以以下形式产出：（1）呈放射状晶体或网脉状出现在辉石集合体的缝隙中；（2）呈集合体或网脉状出现在含硅灰石的矽卡岩交代大理岩的前锋中；（3）被辉石集合体包裹的石英-方解石细脉内。

Ⅰ型黑柱石 ΣREE 含量为 5.22×10^{-6}～44.29×10^{-6}，具有较低的轻/重稀土值（LREE/HREE）为 1.57～32.45，具有明显的正 Eu 异常（δEu = 5.61～53.19）和几乎正的 Ce 异常（δCe=0.28～0.54），稀土元素球粒陨石标准化配分曲线显示 Ilv1 表现为相对平坦的 LREE 和 HREE 曲线。

Ⅱ型黑柱石 ΣREE 含量为 0.71×10^{-6}～18.34×10^{-6}），具有中等程度的轻/重稀土值（LREE/HREE=2.31～3.47），具有明显的正 Eu 异常（δEu = 2.41～3.70）及几乎正的 Ce 异常（δCe = 0.25～0.76）。稀土球粒陨石标准化配分曲线显示 Ilv2 表现为较陡的右倾的 LREE 曲线及较为平坦的 HREE 曲线。

Ⅲ型黑柱石 ΣREE 含量为 7.44×10^{-6}～8.43×10^{-6}），具有相对较低的轻/重稀土值

(LREE/HREE=0.16~1.97)，具有明显的正 Eu 异常（δEu =0.73~1.95）及几乎负的 Ce 异常（δCe = 0.46~0.50）。稀土球粒陨石标准化配分曲线显示 Ilv2 表现为相对右倾的 LREE 曲线及较为平坦的 HREE 曲线。

5.3.2.4 早期矽卡岩黑柱石成分类型与成因机制

A 牛苦头矿区黑柱石的成分类型

除牛苦头矿床外，目前祁漫塔格地区尕林格矽卡岩型铁多金属矿床也有黑柱石研究的报道（Yuet al., 2017）。由图 5-14 可见，牛苦头矿区的黑柱石为锰质黑柱石-含锰黑柱石，而尕林格矿区的黑柱石属于普通黑柱石。

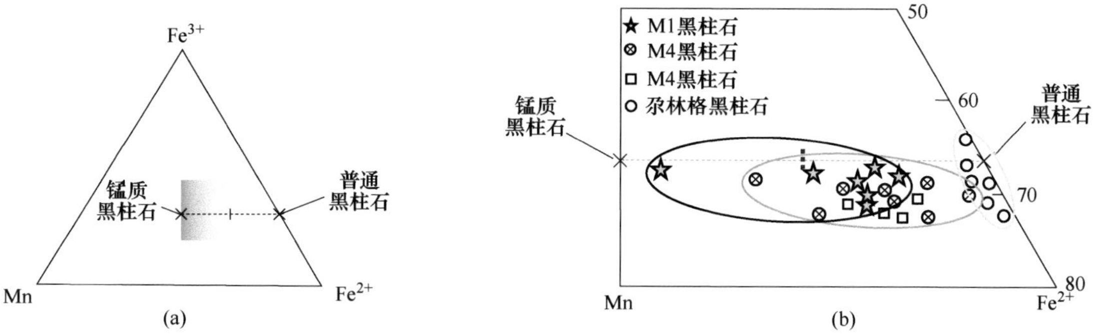

图 5-14 不同成分的黑柱石 Fe^{2+}-Mn-Fe^{3+} 离子组分图解（a）
及祁漫塔格地区黑柱石 Fe^{2+}-Mn-Fe^{3+} 离子组分图解（b）
（M1 及部分 M4 黑柱石数据来自本研究，尕林格黑柱石数据引自 Yu et al., 2017；于森，2017；李加多 等，2019a）

与国内外矽卡岩型 Fe、Au、PbZn、WSn 矿床中的黑柱石对比发现，牛苦头铅锌矿床中黑柱石的成分与其他矽卡岩型铅锌矿床中黑柱石成分基本一致，而与矽卡岩型 Fe、Au、WSn 矿床中的黑柱石明显不同。包括牛苦头在内的矽卡岩型铅锌矿中的黑柱石表现为较低的 FeO^T 含量、低 $FeO^T/(FeO^T+Mn)$ 值和低 Fe^{2+} 的特征（见图 5-15（a）（b）），显示其退变质阶段为相对还原的环境；其 TiO_2 和 Al_2O_3 含量较低，与矽卡岩型 Au、Fe 矿床基本一致，且二者明显低于矽卡岩型 WSn 矿（见图 5-15（c））。黑柱石这种成分差异可能与不同类型矿床的成矿岩体地球化学成分有关。在 Mn-Mg-Fe 三角图解中，世界范围内的含黑柱石矽卡岩矿床投图呈现明显的分区（见图 5-16（a）（b））。矽卡岩型 Pb、Zn 矿床中的黑柱石比矽卡岩型铁矿中的黑柱石含有更高的 Mn、较低的 Fe^{3+}/Fe^{2+} 值，这可能与结晶时的温度和氧逸度有关（通常 PbZn 矿的沉淀温度要远低于 Fe（磁铁）矿，且氧逸度也是明显低）。综上所述，本研究与前人研究结果一致（赵一鸣 等，1983；Bonev et al., 2005），暗示锰质黑柱石具有铅锌矿成矿专属性。

B 牛苦头矿区黑柱石的成因机制

牛苦头矿区产出有黑柱石的 4 种矿物组合分别代表了两个成矿阶段：退变质氧化物阶段和石英-硫化物阶段。矿物组合 1（黑柱石（Ilv1）+钙铁榴石（Grt1）+钙铁辉石（Px1））中的黑柱石由矽卡岩矿物（Grt1 和 Px1）退化蚀变而成；矿物组合 2（黑柱石（Ilv2）+（锰）钙铁辉石（Px2）组合）中的黑柱石由（锰）钙铁辉石（Px2）退变蚀变而成，磁铁矿在退变质氧化物阶段由黑柱石进一步裂解而形成；矿物组合 3（黑柱石

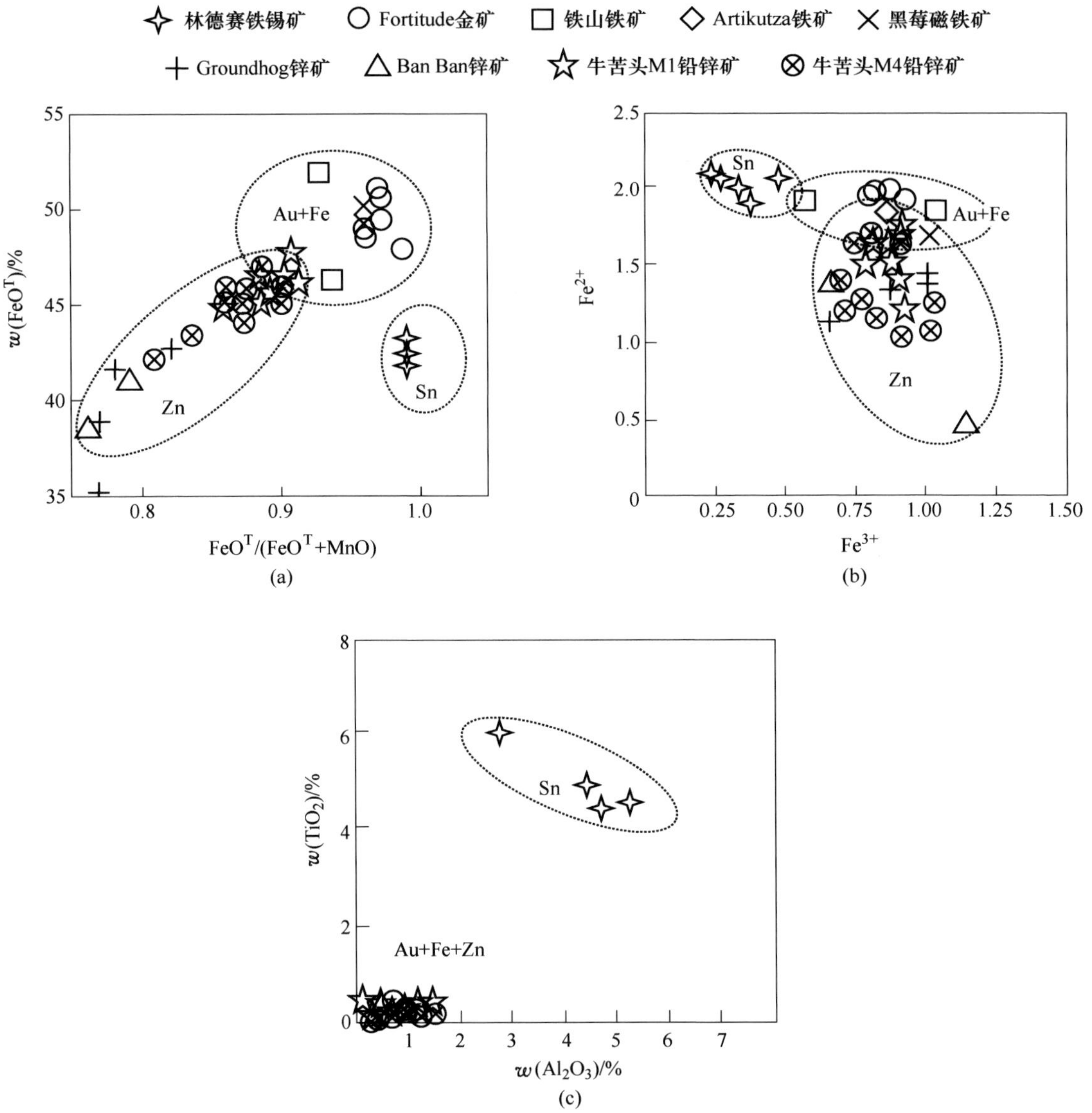

图 5-15　黑柱石成分含量协变图解

(a) FeO-$FeO^T/(FeO^T+MnO)$ 含量图解；(b) Fe^{2+}-Fe^{3+} 含量图解；

(c) TiO_2-Al_2O_3 含量协变图解

（牛苦头黑柱石数据来自本研究，其余数据来自 Yu et al.，2017）

(Ilv3) + 锰钙辉石（Px3）+铁（锰）阳起石组合）代表了两个阶段，Ilv3 形成于锰钙辉石的退化蚀变，Ilv3 又进一步退化蚀变形成铁（锰阳起石）；矿物组合 4（黑柱石+方解石+石英+磁铁矿+硫化物（黄铁矿、磁黄铁矿及其他硫化物）组合）相当于石英-硫化物阶段，黑柱石分解形成磁铁矿和方解石，成矿物质（Po 和其他硫化物 Sp、Gn）在黑柱石颗粒间富集。

矿物组合 1、2、3 代表了退变质阶段，石榴子石、锰铁辉石、阳起石退变质蚀变形

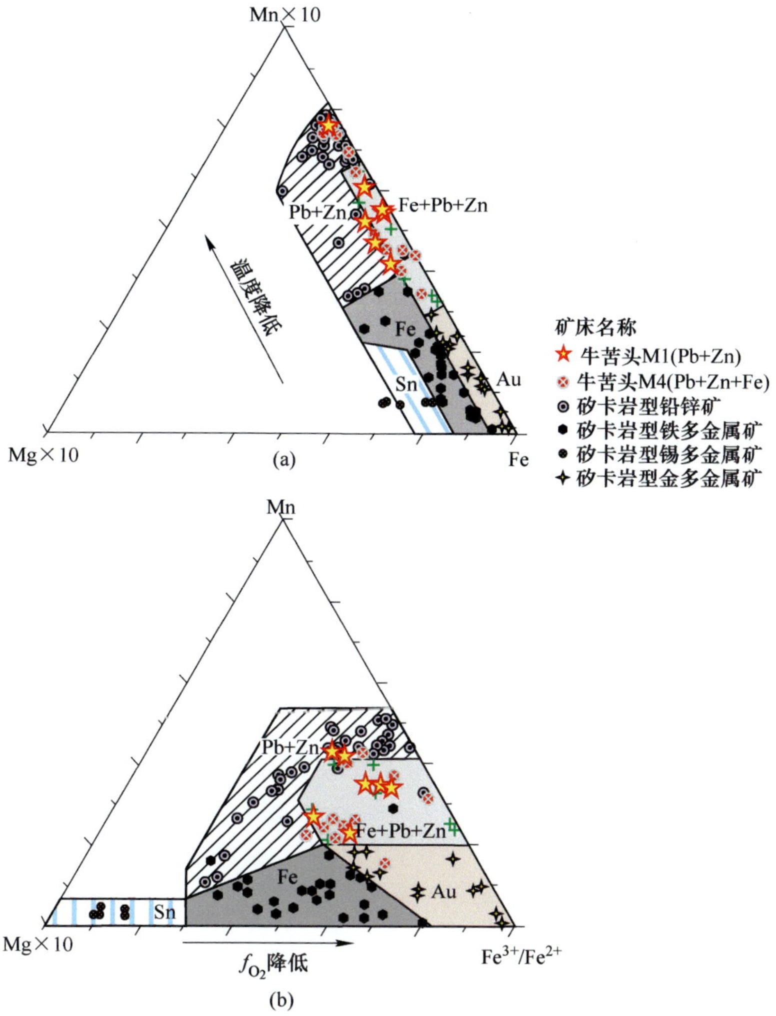

图 5-16 不同类型矽卡岩矿床中黑柱石的化学成分三元图解

（a） Mn-Mg-Fe 三元图解；（b） Mg-Mn-Fe^{3+}/Fe^{2+} 三元图解

（图中阴影代表了不同类型矽卡岩矿床的黑柱石化学分区，底图据 Yu et al.， 2017）

成 3 个世代的黑柱石。矿物组合 4 代表石英-硫化物阶段，黑柱石分解形成方解石和磁铁矿。

在矽卡岩矿床中，黑柱石普遍形成于中低温和较高氧逸度的环境。首先，形成黑柱石的最高温度（<450 ℃）受控于反应式（5-1）：

$$6CaFe^{2+}(Fe^{2+}Fe^{3+})(Si_2O_7)O(OH)(\text{黑柱石}) + 1/2O_2 =\!=\!=$$

$$6CaFe^{2+}Si_2O_6(\text{钙铁辉石}) + 4Fe^{2+}Fe_2^{3+}O_4 + 3H_2O \tag{5-1}$$

由于在相对还原的条件下磁铁矿中的 Fe^{3+} 可被还原生成 Fe^{2+}，因此在较低氧逸度条件下该反应向左进行。

其次，黑柱石在接近磁铁矿-赤铁矿（MH）缓冲区或更高氧逸度条件下的平衡受限于反应式（5-2）：

$$9CaFe^{2+}(Fe^{2+}Fe^{3+})(Si_2O_7)O(OH)(\text{黑柱石}) + 3/4O_2 =\!=\!=$$

$$3Ca_3Fe_2^{3+}Si_3O_{12}(\text{钙铁榴石}) + SiO_2 + 7Fe^{2+}Fe_2^{3+}O_4 + 9/2H_2O \qquad (5\text{-}2)$$

同样由于在相对还原条件下，钙铁榴石和磁铁矿中的大部分 Fe^{3+} 被还原形成 Fe^{2+}，因此在较高的流体压力下，该反应趋于向左进行。

另外，赵一鸣等人（1983）的研究表明，黑柱石易在相对较低的 pH 值条件下形成。Graser 和 Markl（2008）在 Ilimaussaq 铁矿床研究中发现，在黑柱石+绿帘石+钠长石+钙铁榴石±葡萄石组合中，黑柱石的初始形成温度约为 450 ℃（f_{O_2}略高于 HM 缓冲区），之后受流体冷却或天水注入影响，少量黑柱石形成于 300 ~350 ℃（葡萄石形成的温度范围），此外在 200~250 ℃（钠长石形成的温度范围）也有少量黑柱石沉淀。综上所述，黑柱石可在较宽的温度区间（250~450 ℃）和较高的f_{O_2}条件下结晶沉淀。

$$6CaFe^{2+}(Fe^{2+}Fe^{3+})(Si_2O_7)O(OH)(\text{黑柱石}) + 12SiO_2 =\!=\!=$$

$$3Ca_2Fe_{2+}5[Si_8O_{22}](OH)_2(\text{阳起石}) + Fe^{2+}Fe_2^{3+}O_4 + O_2 \qquad (5\text{-}3)$$

$$2CaFe^{2+}(Fe^{2+},Fe^{3+})(Si_2O_7)O(OH) + 2CO_2 + 1/2O_2 =\!=\!=$$

$$2Fe^{2+}Fe_2^{3+}O_4 + 2CaCO_3 + 4SiO_2 + H_2O \qquad (5\text{-}4)$$

牛苦头矿区矿物组合 1 和矿物组合 2、矿物组合 3 的黑柱石（1 世代、2 世代及 3 世代黑柱石）分别形成于石榴子石和锰钙辉石、阳起石的分解，其分解反应式为式（5-1）~式（5-3）；矿物组合 4 中的磁铁矿代表了黑柱石的分解，分解反应式为式（5-4），反应温度为 270~350 ℃，f_{O_2}较低（低于-4. 5 个对数单位），与阶段Ⅰ和阶段Ⅱ差异明显（见图 5-17）。与退变质阶段期间形成的黑柱石不同的是，石英-硫化物阶段的黑柱石分解反应明显受流体中 CO_2 活度 X_{CO_2}的影响：当 X_{CO_2}值从 0. 005 增加到 0. 05 时，反应温度需从 270 ℃升高至 350 ℃，同时f_{O_2}（位于 HM 缓冲区之下）也需要升高-5. 2 个对数单位。综上可以基本确定，形成牛苦头黑柱石的温度条件为 270~470 ℃，氧逸度范围f_{O_2}在 10^{-30} ~ 10^{-19}之间。

从黑柱石的稀土元素球粒陨石标准化配分曲线来看，牛苦头矿区退变质阶段的黑柱石与早期进变质阶段石榴子石、辉石稀土配分曲线基本一致，如Ⅰ型黑柱石与Ⅰ型石榴子石、Ⅰ型辉石稀土元素球粒陨石标准化配分曲线基本一致，具体表现为 δEu 异常、δCe 异常、富集 LREE、亏损 HREE，轻重稀土分异明显，表现出明显的“右倾”特征，反映了黑柱石中微量元素对石榴子石和辉石具有一定的“继承性”，进一步佐证了黑柱石是由早期钙铁榴石、（锰）钙铁辉石退变质而成。由此推测，牛苦头矿区黑柱石的富锰特征很有可能源自进变质阶段的（钙铁榴石、锰钙铁辉石）矽卡岩化蚀变。

另据王移生（1994）的研究，在高温高压条件下，硼的存在会使黑柱石变得不稳定，并转化为磁铁矿和硼钠钙石。而牛苦头矿区中黑柱石的硼含量很低（4.42×10^{-6} ~ 21.76×10^{-6}），说明成矿作用过程中硼的参与较少。这或许是牛苦头矿区黑柱石大量保存的主要原因之一。

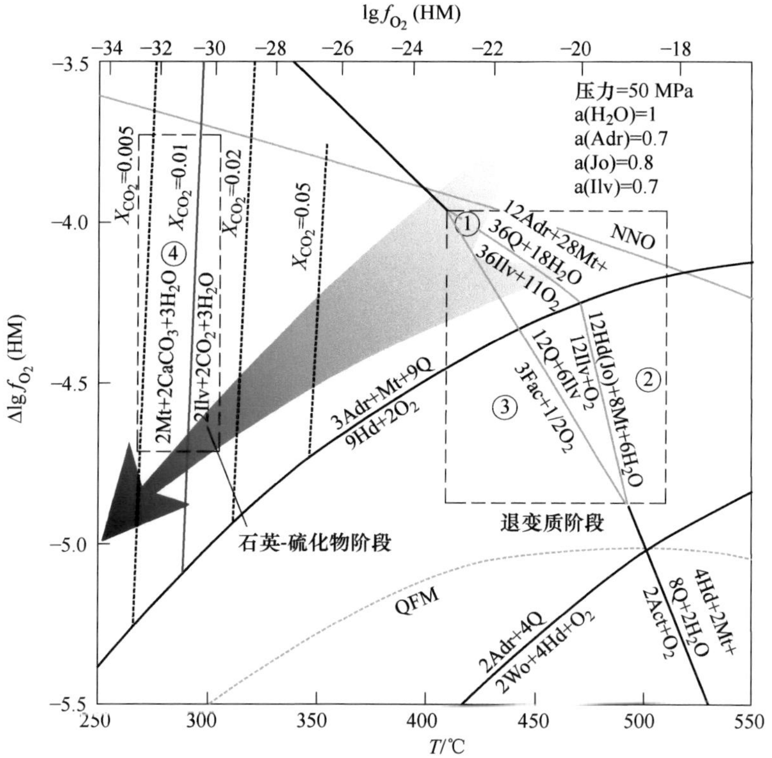

图 5-17 Ca-Fe-Si-O-H-C 体系中 T-$\lg f_{O_2}$ 相图

(据 Delgado and Soler 修改，2010)

(①~④分别代表了 4 种矿物组合，石榴子石和钙铁辉石分解形成黑柱石的反应限制了阶段Ⅰ黑柱石的稳定上限；锰钙铁辉石 Jo（钙铁辉石被蚀变交代的产物）分解形成黑柱石则限制了阶段Ⅰ黑柱石的稳定上限和阶段Ⅱ黑柱石的稳定上限。图中箭头为矽卡岩演化的温度和 f_{O_2} 变化推测轨迹)

Adr—钙铁榴石；Hd—钙铁辉石；Jo—锰钙辉石；Ilv—黑柱石；Mt—磁铁矿；Act—阳起石；Wo—硅灰石；Q—石英

C 黑柱石与蚀变分带的关系

矽卡岩矿床中黑柱石矽卡岩的常见蚀变分带，从成矿岩体内到外可依次为磁铁矿带、黑柱石带、辉石带 3 个带（Burt，1982）。对其形成原因主要存在两种解释：一是内带对外带的逐渐交代，即最内侧的石榴子石-磁铁矿带最晚形成（Bonev et al.，2005）；二是认为 3 个分带分别由 3 个不同阶段连续侵位形成，即内侧的磁铁矿带形成于最初阶段（Bartholomé et al.，1970；Corsini et al.，1980；Capitani et al.，2003）。

牛苦头铅锌矿床矽卡岩也呈现出明显的分带，由内向外依次为石榴子石-磁铁矿带（内带）—黑柱石矽卡岩带（中带）—锰钙辉石矽卡岩带（外带）（见图 5-18），其中铅锌矿体主要赋存于锰钙辉石及锰钙铁辉石中，即黑柱石带的边部，而石榴子石-磁铁矿带中铅锌矿规模较小、品位较低。牛苦头矿区上述 3 个矽卡岩带相互过渡，之间并没有清晰的接触关系，与保加利亚 Rhodope 矽卡岩型铅锌矿床（Bonev et al.，2005）非常类似，应为内带对外带逐渐交代形成。

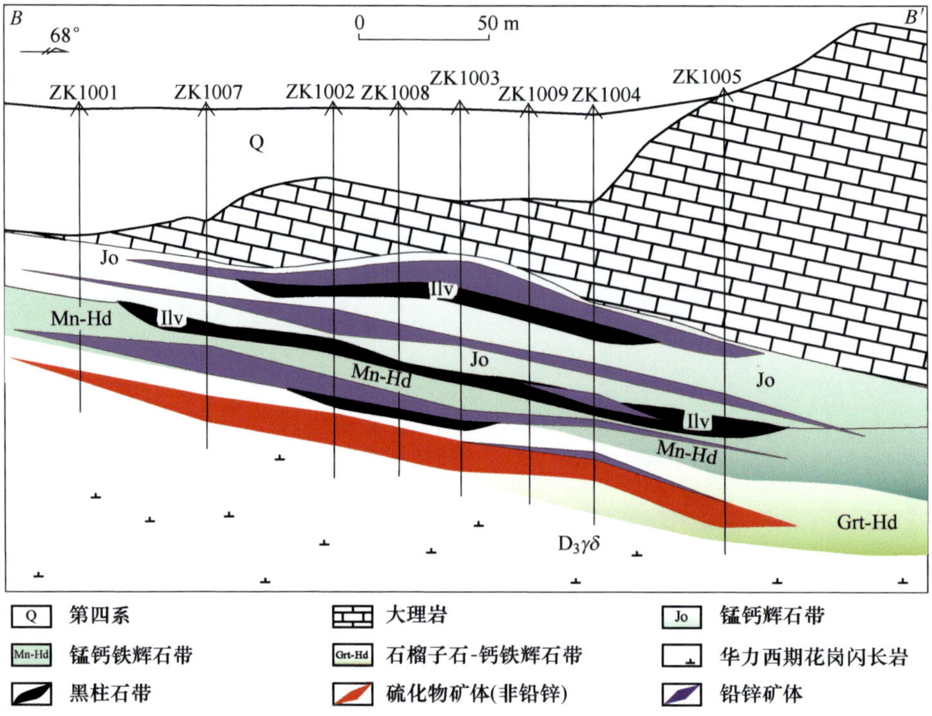

图 5-18　牛苦头 M1 矿段黑柱石蚀变分带

牛苦头矿床的矽卡岩分带机制可解释为：钙铁榴石-钙铁辉石带（Grt1+Px1，矽卡岩内带）最早形成，而后由于热液作用被不断交代，形成钙铝榴石-锰钙铁辉石带（Grt2+Px2，矽卡岩中带）；岩浆热液进一步交代大理岩，形成最外侧的锰钙辉石带（Px3，矽卡岩外带）。退变质氧化物阶段，早期的矽卡岩退变质形成磁铁矿、黑柱石和阳起石等退变质氧化物。

从进变质阶段末期至退变质氧化物阶段，伴随成矿环境的变化，即从进变质阶段末期（Px3）的"还原（Fe^{2+}、Mn^{2+}）"环境向退变质蚀变阶段更偏氧化（先是 $Fe^{2+}+Mn^{2+}+Fe^{3+}$，后是 Fe^{3+}）环境的转变。进入退变质阶段以后，流体环境越发趋于还原，富锰矽卡岩矿物（锰黑柱石和锰阳起石）在矽卡岩外带富集。在石英-硫化物阶段，成矿热液在内带卸载沉淀形成磁铁矿和磁黄铁矿、黄铜矿，在外带则卸载沉淀形成铅锌矿体。

5.3.2.5　早期矽卡岩形成的地球物理化学条件

A　流体性质特征

矽卡岩矿床成矿作用过程中，矿物对流体成分的变化十分敏感。所以，矽卡岩矿物能够记录完整的热液演化过程。

进变质阶段的Ⅰ型石榴子石表现出明显的成分变化，核部具有富钙铁榴石，发育明显环带，这表明了其具有进变质阶段较高温度特点（Dietvorst，1982）。另外，Ⅰ型石榴子石表现出 HREE 亏损及不稳定的负 Eu 异常（见图 5-19）。Ⅰ型辉石也表现出类似特征。这些特征与高温流体和硅酸盐溶体分离出的 REE 特征几乎一致（相对富集 LREE，亏损 HREE 和变化较大的负 Eu 异常），这些均暗示进变质阶段 1 世代的成矿流体源于岩浆热液（Flynn et al.，1978；Park et al.，2017）。这种观点也被Ⅰ型石榴子石核边成分的复杂性所验证，应为成矿流体环境变化的结果。

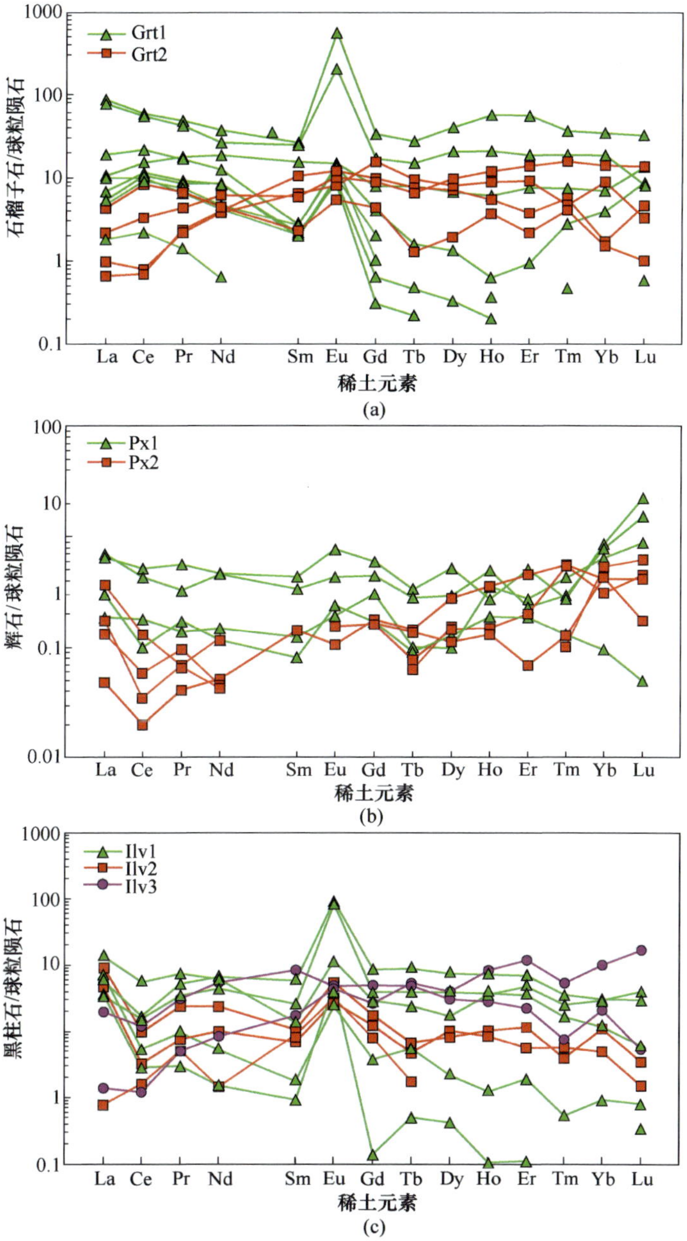

图 5-19 牛苦头矿区 M1 和 M4 矿段石榴子石（a）、辉石（b）及黑柱石（c）稀土元素球粒陨石标准化配分曲线

（标准化值据 Sun et al.，1989）

在岩浆-热液流体中，Y 和 REE 及 Y 和 Ho 具有相似的地球化学特性，它们一般表现为明显的正相关特性。1 世代的Ⅰ型石榴子石/辉石 Y-REE 和 Y-Ho 元素组合表现为明显的线性相关性，这暗示着流体环境较为稳定，变化不大，1 世代流体环境应以岩浆热液来源为主。

然而，牛苦头 2 世代的Ⅱ型石榴子石/辉石的 Y 和 REE 表现出不太明显的相关性，这种现象可能为受围岩地层性质或流体成分变化导致（Gaspar et al.，2008；Wood，2003）。

另外，Ⅱ型石榴子石/辉石 Y 和 Ho 的分离性也表明该阶段矽卡岩矿物形成于较为复杂的热液系统（Bau et al.，1996；Anders et al.，1989）。同时，该阶段的不稳定成分可能由于这些矿物组合/分带主要位于接触交代带的上部，受到了围岩地层或多期接触交代的影响。

3 世代的Ⅲ型锰钙辉石（Px3），具有较低的 ΣREE、Y、Ho 及 HFSE 含量，这种特性可能受流体成分和流体速率的影响。

综上，1 世代的Ⅰ型石榴子石和辉石源于岩浆热液，而 2 世代的Ⅱ型石榴子石/辉石可能受到流体系统中围岩地层及流体成分变化的影响。3 世代的Ⅲ型辉石可能形成于一种更加复杂的环境，该环境中流体成分及流体速率变化较大。

B　氧逸度

进变质阶段：一般来说，在热液系统中，Eu^{3+}/Eu^{2+} 氧化还原电位主要取决于流体地球化学性质和氧化还原条件控制，而不取决于酸碱度和压力（Bau，1991）。因此，石榴子石中 Eu 异常的变化可以深入判断流体的氧化还原条件（Xiao et al.，2018；Bau，1991；Van Westernen et al.，2000；Smith et al.，2004；Park et al.，2017；Gaspar et al.，2008）。

在相似的离子半径和电荷平衡的基础上，U 只有通过在棱形十二面体的位置上取代 Ca^{2+}，才能进入矽卡岩矿物中（Smith et al.，2004；Gaspar et al.，2008），减小热液系统的 f_{O_2} 可以降低 U 的溶解度，从而促使 U 进入矽卡岩矿物晶体内部，U^{4+} 比 U^{6+} 更容易通过置换进入矽卡岩矿物内部（Smith et al.，2004）。因此，矽卡岩矿物不同环带中的 U 浓度，可以指示矽卡岩矿物形成期间流体的相对氧逸度 f_{O_2}。

从 1 世代至 3 世代，石榴子石、辉石的 δEu 和 U 含量不断降低，暗示了成矿流体的氧逸度在降低。特别地，氧化的环境有利于磁铁矿的形成。1 世代氧逸度最高，该阶段的石榴子石常被磁铁矿交代。

退变质阶段：3 种类型黑柱石由内向外依次分布于矽卡岩的钙铁榴石-钙铁辉石矽卡岩带（内带）、钙铝榴石-锰钙铁辉石矽卡岩带（中带）、锰钙辉石-黑柱石矽卡岩带（外带）。分别对应于退变质氧化物阶段的 3 个世代。

从Ⅰ型黑柱石至Ⅲ型黑柱石，δEu 含量和 U 含量也不断降低（见图 5-16 和图 5-17），暗示了成矿的氧逸度在降低。伴随氧逸度的降低，成矿流体环境越来越还原，最终有利于 Pb、Zn 的溶解和沉淀。

另外，根据以往研究（Yu et al.，2017），以及本研究数据成果，绘制了 Ca-Fe-Si-O-H-C 系统 T-lg f_{O_2} 相图（见图 5-17），结果显示，Ⅰ型黑柱石形成温度范围为 400～470 ℃，lg f_{O_2} 变化范围为−23.8～−19.0。推断的Ⅱ型、Ⅲ型黑柱石形成温度范围分别为 410～440 ℃和 340～400 ℃，相应地，lg f_{O_2} 值变化范围为−23.0～−19.5 和 −27.0～−23.5。大体上，从 1 世代至 3 世代，温度和 f_{O_2} 是逐渐降低的，这与据微量元素推断的变化规律基本一致。

C　酸碱度（pH 值）

进变质阶段，在热液系统中，除流体性质外，温度、阳离子数及流体密度也影响着 pH 值的大小。所以，根据流体成分来判断 pH 值似乎不大合适（Dziggel et al.，2009）。庆幸的是，稀土元素和一些稳定痕量元素在岩浆热液系统中几乎不受影响，部分元素和这些元素总量与 pH 值密切相关（Inguaggiato，2015）。Bau（1991）通过研究表明，具有轻稀土亏损和重稀土富集及负或无 Eu 异常的矿物常常暗示较为中性的 pH 值环境；表现出轻稀土富集、重稀土亏损的矿物常常形成于中酸性环境，该类型矿物的 Eu 常常呈现出正异常，受复杂的络合剂（F、Cl 和 B）控制。牛苦头 1 世代Ⅰ型石榴子石/辉石常常具有轻稀土富集、重稀土亏损，多数具有正 Eu 异常，暗示一种中酸性形成环境。相比之下，2 世代Ⅱ型石榴子石/辉石表现出重稀土富集和轻稀土亏损的特征，具有负或无 Eu 异常，表明 2 世代矽卡岩矿物主要形成于几乎中性的环境。根据 Inguaggiato（2015）对热液流体的调查，pH 值可以较强地控制稀土和 Ce 异常，与两者呈现明显的负相关性。此外，理论和热动力学实验表明，热液系统中的 pH 值可以明显地影响稀土和 Nd 含量，且与之呈现明显负相关（Bau，1991；Michard，1989）。如图 5-20 所示，自 1 世代至 2 世代石榴子石和辉石的稀土、Nd、δCe 逐渐升高，暗示 pH 值逐渐降低。

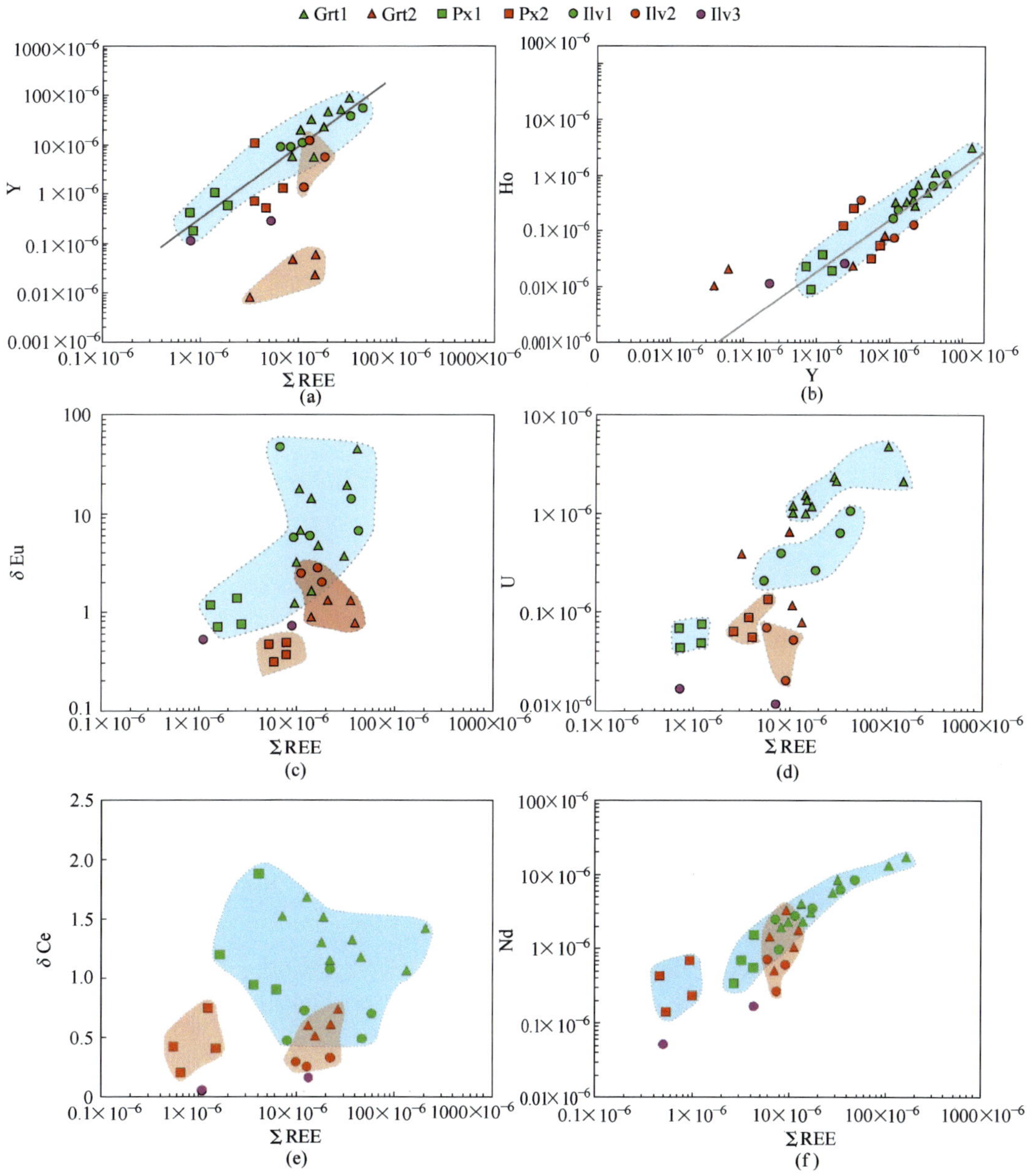

图 5-20 Y -ΣREE（a）、Ho-Y（b）、δEu-ΣREE（c）、U-ΣREE（d）、δCe-ΣREE（e）及 δCe-ΣREE（f）协变图解

退化变质阶段，Ⅰ型黑柱石至Ⅲ型黑柱石的轻稀土富集、重稀土亏损、正的 Eu 异常→重稀土富集、轻稀土亏损、Eu 异常不明显→具有相对变化较大的 LREE/HREE 值和 δEu（见图 5-19），稀土、Nd、δCe 逐渐升高，暗示退变质阶段 1 世代至 3 世代黑柱石形成的流体环境的 pH 值逐渐降低。

5.3.2.6　早期矽卡岩成矿流体的演化特征

牛苦头矿床矿物组合及地球化学特征能够反映热液流体的演化过程。在封闭系统中较低程度的水岩反应下，热液演化主要以扩散交代作用为主。而在开放系统下，演化方式主要以渗滤交代为主（Park et al.，2017）。矽卡岩矿物的微量和稀土元素能反应成矿流体的演化过程和性质（Peng et al.，2015；Xiao et al.，2018）。

牛苦头矿区 1 世代Ⅰ型石榴子石和辉石表现为低的大离子亲石元素和高的高场强元素及较高的 Y-Ho 含量（见图 5-20），表明Ⅰ型石榴子石和辉石可能形成于相对稳定和封闭的环境，经历了较低程度的水岩反应。另外，Ⅰ型石榴子石和辉石均具有良好的晶型，暗示了较低的热液迁移速率和较慢的矿物生长速度。结合 Y-HREE 及 Y-Ho 的线性比值，这种地球化学特征演化的成矿流体属于岩浆热液流体。根据以上信息，笔者认为 1 世代的Ⅰ型石榴子石和辉石主要属于扩散交代作用。

2 世代的Ⅱ型石榴子石和辉石及 3 世代的辉石具有较差的晶型，轻稀土亏损和重稀土富集，以及变化较大的负 Eu 异常，这暗示着成矿作用过程中可能有外界流体的加入。Y-HREE 及 Y-Ho 的球粒陨石标准化值偏离了线性分布特征，暗示这两个阶段都形成于复杂的岩浆热液系统，并发生了较高程度的水岩反应。

此外，Ⅱ型石榴子石和辉石晶型发育较不完全，并且该段矽卡岩带广泛发育导矿构造，结合地球化学特征，笔者认为该阶段的交代方式以渗滤作用为主，并有外界流体的加入。

5.3.2.7　早期矽卡岩微量元素特征对成矿的指示意义

牛苦头 M1 和 M4 铅锌矿段的辉石组成包括 22%～65%的锰钙辉石和 31%～74%（占比）的钙铁辉石，少量的透辉石，其锰含量（质量分数）高达 6.92%～19.44%，反映了富锰矿物学特征。另外，牛苦头铅锌矿床 M1 和 M4 矿段的黑柱石中 MnO 含量（质量分数）为 1.78%～13.27%，远远高于普通黑柱石。因此，笔者认为牛苦头矽卡岩属于锰质矽卡岩。大量研究表明，祁漫塔格地区存在两期矽卡岩建造，分别是钙质和锰质矽卡岩建造，钙质矽卡岩建造常常形成铁多金属矿床，而锰质矽卡岩常常形成铅锌（银）多金属矿床（丰成友 等，2011b；赵一鸣 等，1990，2013；Li et al.，2011；马圣钞 等，2013；于淼 等，2016）。世界上多数矽卡岩矿床具有此特征。

在石榴子石和辉石三元组分图解中（见图 5-21），牛苦头石榴子石和辉石成分落入特定区域，与祁漫塔格地区典型铅锌矽卡型矿床（如维宝和四角羊铅锌矿床）范围基本一致，而与区域典型铁、铜多金属矿床范围相悖。这些特征均说明牛苦头矽卡岩型多金属矿床具有铅锌成矿的潜力。

根据野外地质特征、矿物地球化学及流体包裹体温压数据，牛苦头典型铅锌矿的Ⅰ型石榴子石、辉石、黑柱石矿物组合主要形成于矽卡岩的最下部（相当于矽卡岩内带），具有较高的氧逸度 f_{O_2} 和温度，较低的 pH 值。矽卡岩带成分以钙铁榴石、钙铁辉石为主，包含少量的黑柱石，矿化以磁铁矿、磁黄铁矿和黄铜矿化为主。

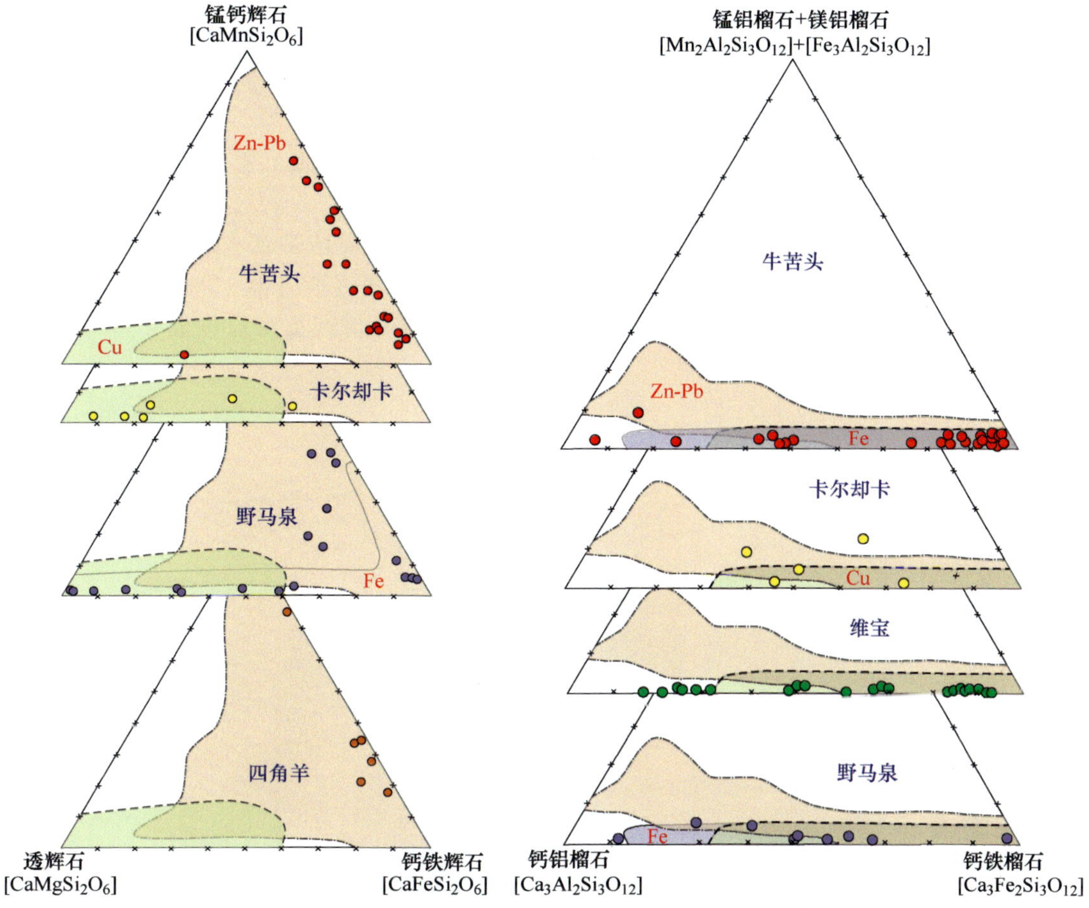

图 5-21 牛苦头矿区 M1 和 M4 矿段辉石（a）及石榴子石（b）三元组分图解

Ⅱ型石榴子石、辉石、黑柱石矿物组合主要形成于矽卡岩带的中部，具有适中的氧逸度f_{O_2}和温度，相对高的 pH 值，矽卡岩矿物以钙铝榴石、锰钙铁辉石为主，矿化类型主要为磁黄铁矿化、闪锌矿化和方铅矿化。

Ⅲ型锰钙辉石和锰质黑柱石形成于矽卡岩的最外端，相当于矽卡岩的前锋位置，矽卡岩矿物以锰钙辉石和锰质黑柱石为主，矿化主要为闪锌矿化和方铅矿化。

根据地球化学特征分析，Ⅰ型石榴子石、辉石、黑柱石矿物组合表现出低的大离子亲石元素和高的高场强元素及 Y-Ho 含量，Y-REE 和 Y-Ho 演化具有明显的线性关系。与此同时，该阶段矿物晶型较好，形成温度较高，氧逸度较高，表明该阶段矿物组合的形成方式以封闭系统条件下的扩散接触交代作用为主，其形成于成矿岩体附近。

2 世代的石榴子石和辉石及 3 世代的黑柱石，则表现出了轻稀土亏损和重稀土富集及变化较大的负 Eu 异常，同时与Ⅰ型石榴子石、辉石、黑柱石矿物组合不同的是，其矿物 Y-REE 和Y-Ho 元素对偏离了球粒陨石线性曲线，表现出较大范围的成分变化，且其结晶也较差，这些证据均指示 2 世代的石榴子石和辉石及 3 世代的黑柱石组合的接触交代方式可能以开放的系统下的渗滤交代为主，这种演化方式以矽卡岩中部和上部广泛发育的陡倾导矿构造为特征。

牛苦头铅锌矿床 M1 和 M4 矿段矽卡岩表现出明显的蚀变分带，自成矿岩体向外依次是Ⅰ型石榴子石、辉石、黑柱石矽卡岩（内带）—Ⅱ型石榴子石、辉石、黑柱石矽卡岩带（中带）—Ⅲ型辉石、黑柱石带（外带）—大理岩带。其中，铁、硫、铜矿化主要形成于Ⅰ型石榴子石、辉石、黑柱石矽卡岩带，而铅、锌、硫矿化主要形成于Ⅱ型石榴子石、辉石、黑柱石和Ⅲ型辉石、黑柱石带。

通过分析空间关系和矿物组合的地质特征可知，进变质阶段牛苦头矿区成矿流体演化过程可以解释为岩浆热液流体从深部至浅部，氧逸度和温度逐渐降低，而 pH 值和锰含量逐渐升高（见图 5-22）。退变质氧化物阶段 3 世代黑柱石分带特征和流体演化过程与进变质阶段类似。

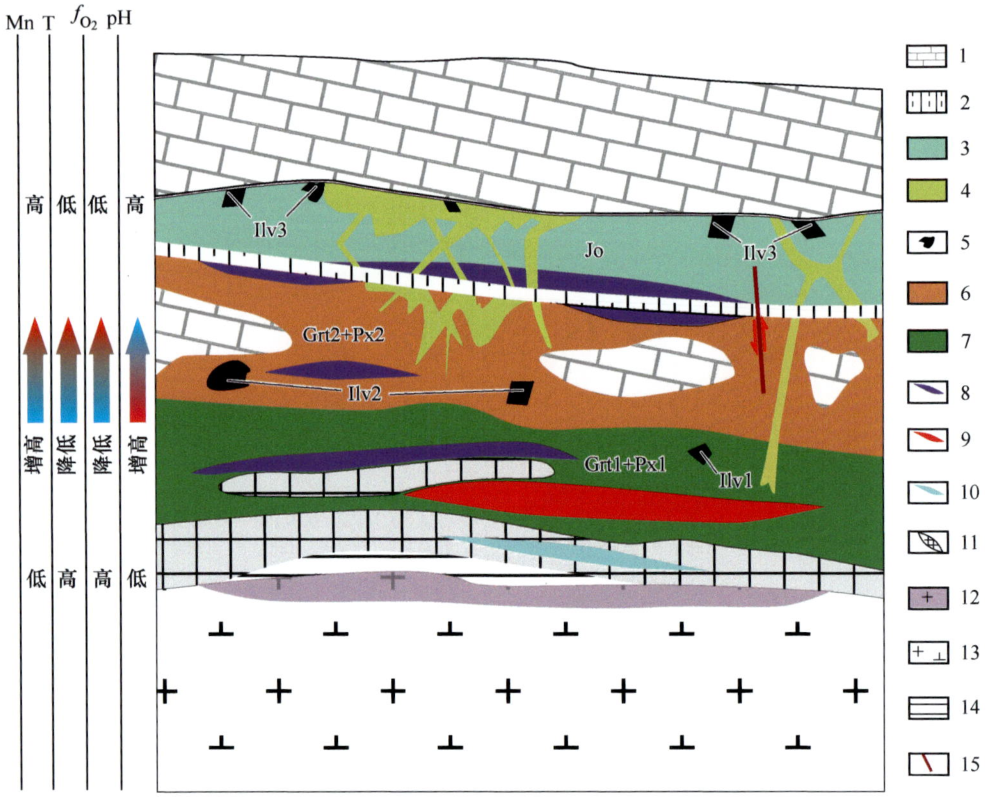

图 5-22　牛苦头矿区矽卡岩蚀变分带及成矿流体演化过程示意图

1—大理岩；2—粉砂岩；3—Ⅲ型黑柱石、辉石（锰钙辉石）矽卡岩带（外带）；4—绿帘石、绿泥石矽卡岩；5—黑柱石；6—Ⅱ型石榴子石、辉石矽卡岩带（中带）；7—Ⅰ型石榴子石、辉石矽卡岩带（内带）；8—铅锌矿体；9—铁矿体；10—铜矿体；11—磁黄铁矿矿体；12—强蚀变中细粒二长花岗岩；13—花岗闪长岩岩体；14—角岩带；15—断裂

在流体运移过程中，磁铁矿、黄铜矿、黄铁矿、毒砂等高温矿物形成于矽卡岩最底部。这种环境为封闭系统，最有利于铁质的富集和沉淀，这种情况下以接触交代为主。这样，渗透性会逐渐降低，最终阻塞流体通道（Kolb，2008）。同时，围岩压力会越来越大，形成一些导矿断裂，使封闭系统变为开放，最终促进了 2 世代和 3 世代矿物形成，这

种情况下以渗滤交代为主。

在 2 世代，流体环境从中酸性、氧化环境向相对中性、还原环境转变。随后，Fe^{2+}和Mn^{2+}沉淀形成锰钙铁辉石。同时，随着 pH 值逐渐升高，Al^{3+}沉淀形成钙铝榴石。随着岩浆演化作用的进行，流体变得更还原和中性，温度逐渐变低，成矿流体环境变得更加还原和中性，最终导致锰的富集，进一步导致了 3 世代富锰矽卡岩矿物的形成。一般地讲，成矿流体的还原环境有利于铅锌的沉淀及富锰矽卡岩矿物的形成，这也是空间上牛苦头铅锌矿体总是与富锰矽卡岩矿物密切相关的原因。

5.3.3 稀土元素对晚期矽卡岩成矿过程的示踪

晚期矽卡岩在进变质阶段形成高温无水的矽卡岩矿物组合为石榴子石-钾长石-次透辉石，尤其以成矿岩体中钾化为特征，且与早期矽卡岩进变质阶段矿物组合（石榴子石-次透辉石）不同，反映出两期流体具有不同性质。

5.3.3.1 晚期矽卡岩中石榴子石的微量元素特征

晚期矽卡岩中石榴子石的稀土元素含量总体高于早期矽卡岩，其中晚期矽卡岩中石榴子石的核部和边部的地球化学特征也有很大差异（见图 5-23），核部石榴子石的稀土元素含量范围为$63\times10^{-6}\sim322\times10^{-6}$，边部石榴子石的稀土元素含量较低，其范围为$14\times10^{-6}\sim96\times10^{-6}$（见表 5-5）。晚期石榴子石核部的稀土元素球粒陨石标准化配分模式显示出平缓的右倾特征，具体表现为轻稀土和重稀土均较为富集，轻稀土分异较为明显，重稀土分异不明显，轻重稀土分异程度一般，而晚期石榴子石边部的稀土元素球粒陨石标准化配分模式显示出轻稀土较亏损，重稀土较富集的特征，其轻稀土分异较为明显、重稀土无明显分异。核部石榴子石表现出明显的正 Eu 异常（$\delta Eu=8.54\sim13.77$），弱的负 Ce 异常（$\delta Ce=0.87\sim0.95$），边部石榴子石表现出弱的正 Eu 异常或负 Eu 异常（$\delta Eu=0.77\sim1.18$），弱的负 Ce 异常和正 Ce 异常（$\delta Ce=0.84\sim1.15$）。这表明，晚期石榴子石的核部形成于较为氧化的环境，随后流体地球化学条件发生突变，形成弱氧化的边部。

随着流体温度的逐步降低和水解作用的逐渐增强，晚期矽卡岩退变质阶段形成了黑柱石、绿帘石和透闪石。

5.3.3.2 晚期矽卡岩中辉石的微量元素特征

根据野外产状和地球化学特征，晚期矽卡岩中的辉石可分为两种类型，早阶段为钙铁辉石，晚阶段为透辉石和次透辉石。钙铁辉石的稀土元素含量较低，REE 曲线整体较为平坦，轻重稀土分异不明显（见图 5-23），但多数表现出正 Eu 异常（$\delta Eu=1.02\sim2.51$）（见表 5-6），而透辉石的稀土元素含量略微升高，表现出轻稀土亏损，重稀土富集的特征，轻重稀土具有一定的分异，并且，透辉石相对早阶段的钙铁辉石，表现出明显的负 Eu 异常（$\delta Eu=0.19\sim0.32$），这一方面表明成矿流体环境由氧化环境向还原环境转变，另一方面，可能与进变质阶段后期连续的岩浆热液流体交代有关。

5.3.3.3 晚期矽卡岩中黑柱石的微量元素特征

晚期矽卡岩中条带状黑柱石一般交代早期的石榴子石、辉石，其稀土元素表现为轻稀土富集、重稀土较平直（见图 5-23），较强的负 Eu 异常（$\delta Eu=3.2\sim57.0$）（见表 5-7），反映该阶段黑柱石形成于氧化环境中。而脉状黑柱石的稀土元素整体表现为轻稀土亏损，重稀土富集的左倾趋势，另外，其稀土元素球粒陨石标准化配分曲线显示为弱的负 Eu 异常或正异常（δEu=0.94~1.18），表明其形成于弱酸性、弱氧化环境。整体上，退变质过程中黑柱石地球化学成分的变化指示退变质阶段成矿流体由酸性、氧化环境向弱酸性、弱氧化环境转变。

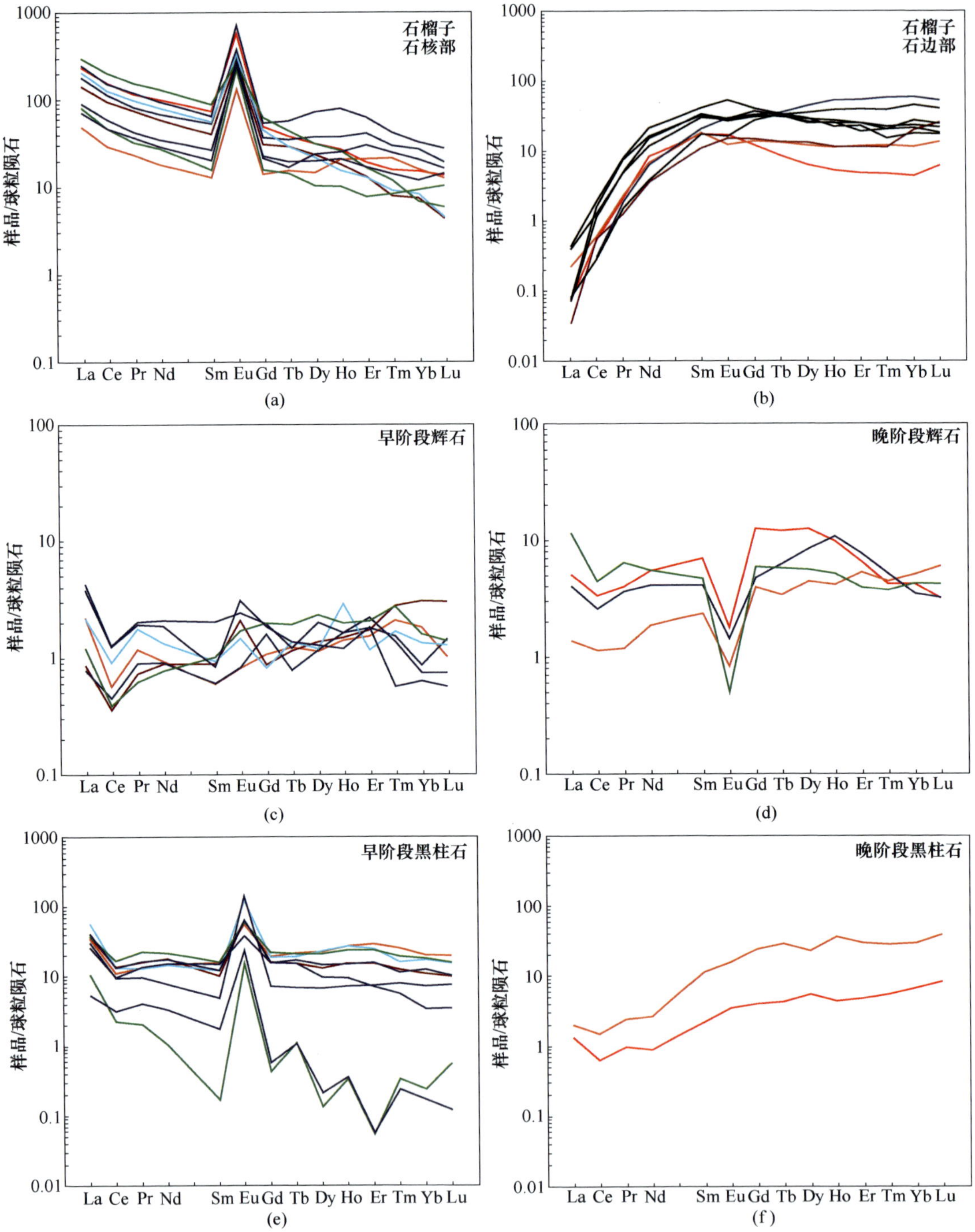

图 5-23　牛苦头矿区石榴子石（a）（b）、辉石（c）（d）、黑柱石（e）（f）稀土标准化值配分曲线
（球粒陨石标准化值据 Sun et al.，1989）

表 5-5 牛苦头矿区晚期矽卡岩中石榴子石的稀土元素测试结果及相关参数

样品号	位置	稀土元素及参数 ×10^{-6}																		其他参数			
		La	Ce	Pr	Nd	Sm	Eu	Gd	Tb	Dy	Ho	Er	Tm	Yb	Lu	Y	ΣREE	LREE	HREE	LREE/HREE	$(La/Yb)_N$	δEu	δCe
NKB065.1	核部	55	93.4	10.9	45.6	11.1	32.7	9.9	1.4	7.8	1.5	3.1	0.4	2.5	0.3	48.3	275	248	27	9.21	15.53	9.52	0.94
NKB065.2	核部	11	17.5	2.2	8.3	1.9	7.5	2.8	0.6	3.7	1.1	3.4	0.5	2.7	0.3	35.1	64	49	15	3.23	3.03	9.76	0.87
NKB065.3	核部	33	57.3	6.9	26.9	6.1	16.4	6.2	1.1	5.8	1.0	2.1	0.2	1.2	0.1	28.3	164	147	18	8.25	18.97	8.15	0.93
NKB065.4	核部	42	67.7	7.6	31.3	7.9	21.5	7.5	1.3	9.4	2.1	6.7	0.7	4.5	0.5	75.8	210	178	33	5.42	6.64	8.54	0.93
NKB065.5	核部	48	76.2	9.2	36.6	8.4	18.7	9.1	1.1	5.4	0.9	2.1	0.2	1.4	0.1	34.3	218	197	20	9.74	24.77	6.52	0.89
NKB065.6	核部	58	90.7	11.3	43.4	9.8	40.2	10.9	2.1	18.0	4.4	10.1	1.1	5.4	0.7	181.4	306	254	53	4.81	7.73	11.87	0.87
NKB065.7	核部	19	27.9	3.1	12.6	2.4	12.6	3.2	0.5	2.6	0.6	1.3	0.2	1.5	0.3	17.7	87	77	10	7.61	8.65	14.03	0.91
NKB065.8	核部	69	122	14.4	60.6	13.3	15.3	12.6	1.6	7.9	1.5	2.7	0.3	1.1	0.1	46.4	323	295	28	10.62	43.37	3.61	0.95
NKB065.9	核部	21	35.3	4.0	16.1	4.0	14.0	4.6	0.7	4.9	1.2	2.7	0.4	2.0	0.4	43.4	111	94	17	5.60	7.55	10.04	0.94
NKB065.10	核部	17	28.1	3.4	13.4	3.0	16.3	4.3	0.6	6.0	1.4	4.9	0.6	3.5	0.4	48.6	103	81	22	3.74	3.46	13.77	0.91
N1729-25.1	边部	0.41	2.71	1.1	12.7	9.7	7.1	19.1	4.0	30.3	6.7	20.7	2.6	15.3	2.1	400.0	134	34	101	0.33	0.02	1.59	0.97
N1729-25.2	边部	0.20	2.50	1.2	12.8	6.3	4.5	11.0	2.0	13.0	2.9	7.2	0.9	4.9	0.7	142.3	70	27	42	0.65	0.03	1.67	1.24

表 5-6 牛苦头矿区晚期矽卡岩中辉石稀土元素测试结果及相关参数

样品号	矿物类别	稀土元素及参数 ×10^{-6}																		其他参数			
		La	Ce	Pr	Nd	Sm	Eu	Gd	Tb	Dy	Ho	Er	Tm	Yb	Lu	Y	ΣREE	LREE	HREE	LREE/HREE	$(La/Yb)_N$	δEu	δCe
NKB057. 1	早阶段 Px	0. 08	0. 10	0. 03	0. 33	0. 13	0. 05	0. 18	0. 05	0. 37	0. 05	0. 16	0. 01	0. 05	0. 01	3. 8	1. 6	0. 7	0. 9	0. 8	1. 2	0. 9	0. 5
NKB057. 2	早阶段 Px	0. 52	0. 35	0. 11	0. 43	0. 09	0. 05	0. 22	0. 05	0. 29	0. 08	0. 25	0. 05	0. 31	0. 03	6. 1	2. 8	1. 5	1. 3	1. 2	1. 2	1. 0	0. 4
NKB057. 3	早阶段 Px	0. 20	0. 22	0. 07	0. 41	0. 13	0. 12	0. 18	0. 04	0. 34	0. 08	0. 28	0. 07	0. 52	0. 08	5. 9	2. 7	1. 2	1. 6	0. 7	0. 3	2. 4	0. 4
NKB057. 4	早阶段 Px	0. 18	0. 27	0. 08	0. 42	0. 09	0. 05	0. 32	0. 03	0. 29	0. 09	0. 30	0. 04	0. 15	0. 04	4. 8	2. 4	1. 1	1. 3	0. 9	0. 9	0. 8	0. 5
NKB057. 5	早阶段 Px	0. 51	0. 56	0. 17	0. 62	0. 14	0. 08	0. 17	0. 05	0. 30	0. 16	0. 19	0. 04	0. 22	0. 03	4. 7	3. 3	2. 1	1. 2	1. 8	1. 6	1. 7	0. 5
NKB057. 6	早阶段 Px	1. 00	0. 76	0. 19	0. 97	0. 31	0. 14	0. 40	0. 04	0. 51	0. 09	0. 36	0. 03	0. 13	0. 02	6. 0	5. 0	3. 4	1. 6	2. 1	5. 8	1. 2	0. 4
NKB057. 7	早阶段 Px	0. 28	0. 24	0. 06	0. 36	0. 15	0. 10	0. 40	0. 07	0. 58	0. 11	0. 34	0. 07	0. 27	0. 03	7. 2	3. 1	1. 2	1. 9	0. 6	0. 8	1. 2	0. 4
NKB057. 8	早阶段 Px	1. 00	0. 79	0. 24	1. 54	0. 23	1. 13	0. 59	0. 10	0. 69	0. 13	0. 56	0. 06	0. 25	0. 02	12. 3	7. 3	4. 9	2. 4	2. 1	2. 9	9. 4	0. 4
NKB057. 9	早阶段 Px	0. 89	0. 76	0. 18	0. 86	0. 13	0. 18	0. 38	0. 05	0. 32	0. 07	0. 30	0. 01	0. 11	0. 01	5. 6	4. 2	3. 0	1. 3	2. 4	6. 0	2. 5	0. 5
NKB057. 10	早阶段 Px	0. 33	0. 38	0. 10	0. 56	0. 31	0. 09	0. 38	0. 08	0. 16	0. 10	0. 26	0. 03	0. 24	0. 03	4. 9	3. 1	1. 8	1. 3	1. 4	1. 0	0. 8	0. 5
1723-1. 1	晚阶段 Px	1. 22	2. 05	0. 38	2. 55	1. 07	0. 10	2. 58	0. 45	3. 22	0. 56	1. 08	0. 11	0. 72	0. 08	27. 0	16. 2	7. 4	8. 8	0. 8	1. 2	0. 2	0. 7
1723-1. 2	晚阶段 Px	0. 33	0. 70	0. 11	0. 88	0. 36	0. 05	0. 81	0. 13	1. 14	0. 24	0. 88	0. 11	0. 87	0. 15	12. 6	6. 8	2. 4	4. 3	0. 6	0. 3	0. 3	0. 9
1726-6. 1	晚阶段 Px	0. 96	1. 59	0. 35	1. 94	0. 63	0. 08	0. 99	0. 23	2. 17	0. 62	1. 27	0. 13	0. 60	0. 08	29. 4	11. 6	5. 5	6. 1	0. 9	1. 2	0. 3	0. 7
1726-6. 2	晚阶段 Px	2. 76	2. 73	0. 61	2. 58	0. 73	0. 03	1. 22	0. 22	1. 44	0. 29	0. 66	0. 10	0. 73	0. 11	15. 2	14. 2	9. 4	4. 8	2. 0	2. 7	0. 1	0. 5

表 5-7 牛苦头矿区晚期矽卡岩中黑柱石的稀土元素测试结果及相关参数

样品号	矿物类别	稀土元素及参数 ×10^{-6}																		其他参数			
		La	Ce	Pr	Nd	Sm	Eu	Gd	Tb	Dy	Ho	Er	Tm	Yb	Lu	Y	ΣREE	LREE	HREE	LREE/HREE	$(La/Yb)_N$	δEu	δCe
NZB092. 1	早阶段 Ilv	8. 1	6. 8	1. 3	6. 8	2. 4	3. 2	3. 9	0. 8	5. 7	1. 5	4. 7	0. 6	3. 4	0. 5	82. 0	49. 7	28. 6	21. 2	1. 4	1. 7	3. 2	0. 5
NZB092. 2	早阶段 Ilv	8. 7	8. 4	1. 5	8. 3	1. 5	3. 7	3. 3	0. 6	3. 3	0. 9	2. 5	0. 3	1. 9	0. 3	53. 2	45. 2	32. 2	13. 0	2. 5	3. 4	5. 1	0. 6
NZB092. 3	早阶段 Ilv	12. 2	6. 9	1. 6	8. 3	2. 5	1. 1	4. 7	0. 8	5. 6	1. 3	3. 7	0. 5	2. 9	0. 4	66. 4	52. 5	32. 6	19. 9	1. 6	3. 0	0. 9	0. 4
NZB092. 4	早阶段 Ilv	13. 6	8. 0	1. 2	6. 8	1. 9	7. 2	3. 9	0. 7	5. 8	1. 5	4. 1	0. 4	2. 9	0. 4	76. 1	58. 3	38. 8	19. 6	2. 0	3. 4	8. 2	0. 5
NZB092. 5	早阶段 Ilv	7. 1	5. 8	0. 9	3. 6	0. 7	8. 2	1. 5	0. 3	1. 7	0. 4	1. 2	0. 2	1. 2	0. 2	22. 5	33. 0	26. 4	6. 7	4. 0	4. 2	23. 9	0. 6
NZB092. 6	早阶段 Ilv	2. 5	1. 4	0. 2	0. 5	0. 0	0. 9	0. 1	0. 0	0. 0	0. 0	0. 0	0. 0	0. 0	0. 0	1. 5	5. 7	5. 5	0. 3	21. 4	44. 4	57. 1	0. 5
NZB092. 7	早阶段 Ilv	8. 7	10. 1	2. 1	10. 0	2. 5	3. 5	4. 5	0. 8	5. 3	1. 3	3. 9	0. 5	3. 0	0. 4	64. 1	56. 6	36. 9	19. 7	1. 9	2. 1	3. 2	0. 6
NZB092. 8	早阶段 Ilv	9. 5	8. 2	1. 6	8. 1	1. 8	3. 7	3. 2	0. 6	3. 7	0. 8	2. 6	0. 3	2. 1	0. 3	51. 9	46. 6	33. 0	13. 6	2. 4	3. 2	4. 7	0. 5
NZB092. 9	早阶段 Ilv	6. 1	5. 9	1. 3	7. 1	2. 3	2. 2	3. 2	0. 6	2. 5	0. 5	1. 2	0. 1	0. 6	0. 1	24. 3	33. 6	24. 9	8. 8	2. 8	7. 5	2. 5	0. 5
N1725-3. 1	晚阶段 Ilv	0. 3	0. 4	0. 1	0. 4	0. 3	0. 2	0. 8	0. 2	1. 4	0. 3	0. 8	0. 1	1. 2	0. 2	10. 8	6. 8	1. 8	5. 0	0. 4	0. 2	1. 2	0. 6
N1725-3. 2	晚阶段 Ilv	0. 5	0. 9	0. 2	1. 3	1. 8	0. 9	5. 1	1. 1	5. 9	2. 1	5. 0	0. 7	5. 2	1. 0	79. 1	31. 8	5. 6	26. 1	0. 2	0. 1	0. 9	0. 7

5.3.3.4　晚期矽卡岩形成的物理化学条件

A　流体性质

矽卡岩矿床在成矿过程中，其中的矿物对流体成分的变化十分敏感。所以，矽卡岩中的矿物成分能够记录完整的热液演化过程。

进变质阶段，石榴子石核部表现出明显的成分变化，核部富钙铁榴石，发育明显环带，这表明进变质阶段成矿环境具有较高的温度。另外，核部石榴子石表现出重稀土亏损及较为明显的负 Eu 异常（见图 5-24（a））。这些特征与高温流体和硅酸盐溶体分离出的

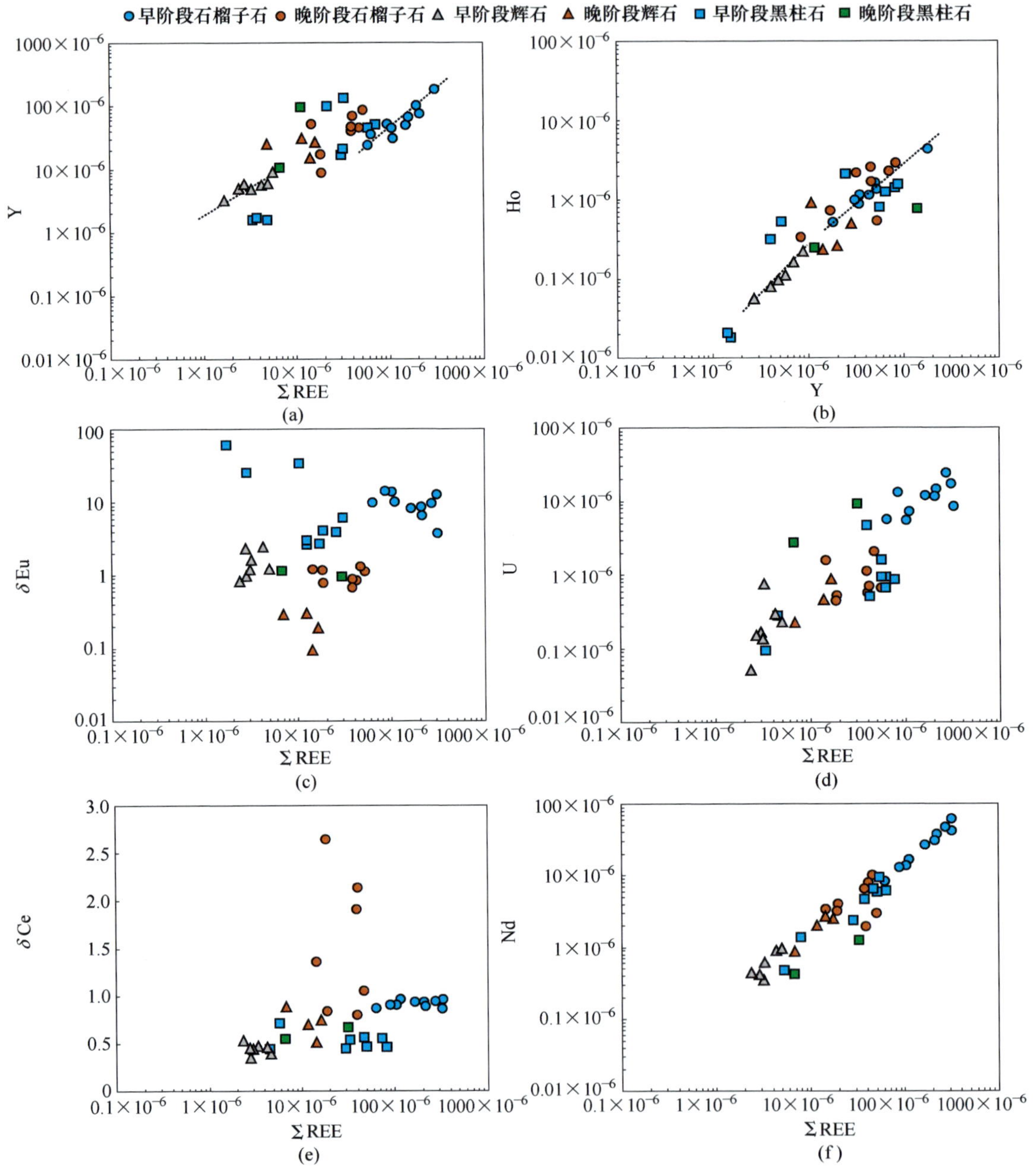

图 5-24　牛苦头矿区矽卡岩矿物 Y -ΣREE（a）、Ho-Y（b）、δEu-ΣREE（c）、U-ΣREE（d）、δCe-ΣREE（e）及 Nd-ΣREE（f）微量元素协变图解

稀土元素特征几乎一致（相对富集轻稀土，亏损重稀土和变化较大的负 Eu 异常），这些均暗示进变质阶段早期石榴子石的成矿流体源于岩浆热液。

在岩浆-热液型流体中，Y 和稀土元素（REE）及 Y 和 Ho 具有相似的地球化学特性，它们一般表现出明显的正相关。晚期矽卡岩早阶段石榴子石和辉石 Y-REE 和 Y-Ho 元素组合表现为明显的线性相关（见图 5-24（a）（b）），这暗示着流体环境较为稳定，变化不大，进变质阶段早期流体环境应以岩浆热液来源为主。

然而，晚期矽卡岩晚阶段边部石榴子石和辉石的 Y 和 REE 表现出不太明显的相关性，这种现象可能为受围岩地层性质或流体成分变化所致。这种观点也被石榴子石核边成分的复杂性所验证，应为成矿流体环境变化的结果。另外，晚期石榴子石、辉石中 Y 和 Ho 的分离性也表明该阶段矽卡岩矿物形成于较为复杂的热液系统。

退变质阶段黑柱石 Y-REE 及 Y-Ho 也表现为更不明显的相关性（见图 5-24（a）（b）），这种不稳定成分也暗示退变质阶段流体可能受到围岩地层、地下水、大气降水等成分的影响，这表明退变质阶段形成于相对开放的环境。

B 氧逸度

一般来说，在热液系统中，Eu^{3+}/Eu^{2+}氧化还原电位主要取决于流体地球化学性质和氧化还原条件，而不取决于酸碱度和压力。因此，石榴子石中 Eu 异常的变化可以深入判断流体的氧化还原条件。

在相似的离子半径和电荷平衡的基础上，U 只有通过在棱形十二面体的位置上取代 Ca^{2+}，才能进入矽卡岩矿物中，减小热液系统的 f_{O_2} 可降低 U 溶解度，从而促使 U 进入矽卡岩矿物晶体内部，U^{4+} 比 U^{6+} 更容易通过置换进入矽卡岩矿物内部。因此，矽卡岩矿物不同环带中的 U 浓度，可以指示矽卡岩矿物形成期间流体的相对氧逸度 f_{O_2}。

石榴子石、辉石从早阶段至晚阶段的 δEu 和 U 含量不断降低（见图 5-24（c）），暗示成矿流体的氧逸度在降低。

而退变质阶段黑柱石从早期至晚期，δEu 含量和 U 含量也不断降低（见图 5-24（d）（f）），暗示成矿的氧逸度在降低。伴随氧逸度的降低，成矿流体环境越来越还原，最终有利于铅、锌的溶解和沉淀。特别地，氧化的环境有利于磁铁矿的形成。早期黑柱石正 Eu 异常明显（δEu＝2.48～57.09），氧逸度高，因此该阶段的黑柱石常被磁铁矿交代（见图 5-24（c）（d））。

C 酸碱度（pH 值）

在热液系统中，稀土元素和一些稳定痕量元素在岩浆热液系统中几乎不受影响，部分元素和这些元素总量与 pH 值密切相关。前人通过研究表明，具有轻稀土亏损和重稀土富集以及负或无 Eu 异常的矿物常常暗示较为酸碱度呈中性的环境；而表现出轻稀土富集、重稀土亏损的矿物常常形成于中酸性环境，该类型矿物的 Eu 常常呈现出正异常，受复杂的络合剂（F、Cl 和 B）控制。

牛苦头矿区印支期矽卡岩进变质阶段，早期石榴子石、辉石常常轻稀土富集、重稀土亏损，多数具有正 Eu 异常，暗示为中酸性的形成环境。相比之下，晚期石榴子石、辉石表现出重稀土富集和轻稀土亏损的特征，具有负或无 Eu 异常，表明该阶段矽卡岩矿物主要形成于几乎中性的环境。

理论和热动力学实验表明，热液系统中的 pH 值可以明显地影响稀土元素和 Nd 含量，两者呈现为明显的负相关。如图 5-25 所示，从早阶段至晚阶段石榴子石和辉石的稀土元素、Nd 含量逐渐降低，暗示 pH 值逐渐升高。

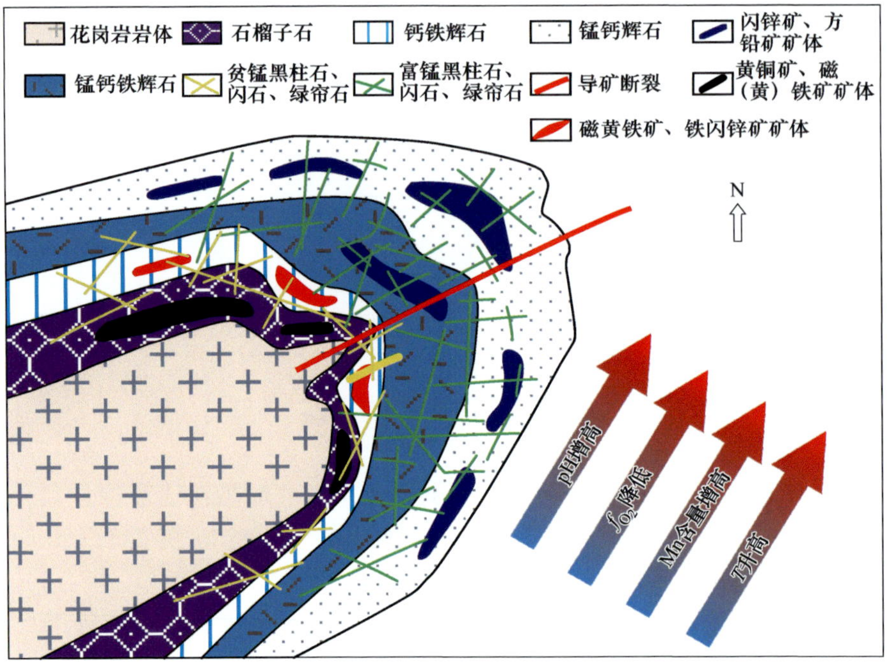

图 5-25　牛苦头矿区矽卡岩蚀变分带及成矿流体演化过程示意图

而在印支期矽卡岩退变质阶段，黑柱石从早阶段至晚阶段，稀土元素表现出由轻稀土富集、重稀土亏损、正 Eu 异常向重稀土富集、轻稀土亏损、负 Eu 异常的转变（见图 5-25），稀土元素、Nd 含量逐渐降低，暗示退变质阶段黑柱石由早期至晚期形成流体环境的 pH 值逐渐升高。

5.3.3.5　*成矿流体演化与成矿*

根据野外地质特征及矿物地球化学特征，牛苦头矿床自成矿岩体向外，形成石榴子石矽卡岩带（矿化以磁黄铁矿化、磁铁矿化和黄铜矿化为主）、钙铁辉石矽卡岩带（矿化类型主要为磁黄铁矿和铁闪锌矿化，少量为方铅矿化）、锰钙铁辉石及锰钙矽卡岩带（矿化主要为闪锌矿化和方铅矿化）。石榴子石矽卡岩带具有较高的氧逸度 f_{O_2} 和温度，中酸性条件，而向外，具有适中的氧逸度 f_{O_2} 和温度，相对高的 pH 值，流体为从酸性到中性的环境。

根据上述分析，早阶段石榴子石和辉石组合表现为低的大离子亲石元素和高的高场强元素及 Y-Ho 含量，Y-REE 和 Y-Ho 演化具有明显的线性关系。与此同时，该阶段矿物晶型较好，形成温度较高，氧逸度较高，表明该阶段矿物组合的形成方式以封闭系统条件下的扩散接触交代作用为主，其形成于成矿岩体附近。

而晚阶段的石榴子石和辉石及退变质阶段的黑柱石，其矿物的 Y-REE 和 Y-Ho 元素对偏离了线性曲线，表现为较大范围的成分变化，另外，其结晶也较差，这些证据均指示该时期的接触交代方式可能以开放系统下的渗滤交代为主，这种开放系统也被露天采场中广泛发育的 NE 向导矿构造所证实。

通过空间关系和矿物组合特征，进变质矽卡岩阶段牛苦头矿区成矿流体的演化过程可以解释为：岩浆热液流体沿 NE 向导矿构造从西南至东北运移，氧逸度和温度逐渐降低，而 pH 值和锰含量逐渐升高（见图 5-25）。退变质氧化物阶段从黑柱石早阶段至晚阶段，矿物分带和流体演化特征也是如此。

在流体运移过程中，磁铁矿、黄铜矿、毒砂等高温矿物在早期较为封闭的系统环境下，通过接触交代作用，在露天采场西南侧近岩体的位置进行富集和沉淀。随着交代作用的进行，渗透性会逐渐降低，最终阻塞流体通道。同时，围岩压力会越来越大，致使 NE 向导矿断裂形成，使封闭系统变得开放，交代方式以渗滤为主，导致晚阶段石榴子石、辉石及退变质阶段黑柱石形成。

在渗滤交代作用下，温度降低，流体环境从中酸性、氧化环境下向相对中性、还原环境转变。随后，Fe^{2+}和 Mn^{2+}沉淀，部分钙铁辉石由于锰质的富集形成锰钙铁辉石。随着岩浆演化作用的进行，流体变得更还原和中性，温度逐渐变低，成矿流体环境变得更加还原和中性，最终导致锰的富集，进一步形成富锰矽卡岩矿物（锰铁辉石和锰质黑柱石）。同时（见图 5-25），这种还原环境也有利于铅锌的沉淀。因此，牛苦头矿区铅锌矿体与富锰质矽卡岩一般形成于矽卡岩带外侧。

5.3.4 两期矽卡岩成矿过程

整体上，结合早、晚两期矽卡岩各阶段代表性矿物的矿物学特征和稀土元素地球化学特征可以看出，在早、晚两期矽卡岩各自的主成矿阶段均经历了由氧化环境向还原环境转变的过程，氧化还原环境的转变为金属硫化物的形成创造了良好的条件。早期矽卡岩成矿环境经历了由进变质阶段的中酸性、氧化条件→氧化物阶段的酸性-中性、弱氧化环境→退变质阶段的弱酸性、弱还原环境的变化过程；而晚期矽卡岩成矿环境经历了由进变质阶段的中酸性、氧化环境→退变质阶段的弱酸性、弱氧化的变化过程，显示两者在具体的成矿环境演化过程中还是有较明显区别。

5.4 成矿流体地球化学

流体包裹体是矿物在形成过程中捕获的成矿介质，是原始成矿流体的直接代表，不同成矿阶段形成的矿物中的流体包裹体完整地记录了成矿流体的演化过程，因此研究流体包裹体是研究成矿机制的重要手段。由于晚期矽卡岩发现较晚，加上时间和条件的限制，本书仅仅针对早期矽卡岩中的流体包裹体进行研究。

5.4.1 样品和分析方法

进行流体包裹体系统测温的样品包括：早期矽卡岩进变质阶段的石榴子石、辉石，退变质阶段的阳起石，石英-硫化物阶段的石英及碳酸盐阶段的方解石。

流体包裹体显微测温分析主要在北京矿产地质研究院有限责任公司实验室完成，所用仪器为 LinkamTHMSG600 型冷热台，温度控制范围为-196～600 ℃，在-120～-70 ℃温度区间的测定精度为±0.5 ℃，-70～100 ℃区间精度为±2 ℃，100～500 ℃区间精度为

±0.5 ℃。利用美国 FLUID Inc. 公司提供的人工合成流体包裹体样品对冷热台进行温度标定。测试过程中，升（降）温速率为 0.5~10 ℃/min，相变点附近速率降为 0.1~0.5 ℃/min。其中石榴子石中的包裹体（部分均一温度大于 600 ℃）首先在 LinkamTHMSG600 型冷热台测定冷冻均一温度，再于 ISTECHS1500 型高温热台上测定高温均一温度，在 100~1000 ℃区间精度为常温至 500 ℃温度范围内升温速率控制在 10~20 ℃/min 以内，500 ℃以上升温速率降为 0.5~10 ℃/min，以便准确观察相态变化。

5.4.2　流体包裹体岩相学特征

对牛苦头矿区早期矽卡岩各种类型的矿石矿物标本（共 38 件样品）中的包裹体进行了详细的镜下观察。挑选各类矽卡岩及铅锌矿石（共 8 件样品）进行了包裹体的均一温度、冷冻盐度测试，共测得均一温度数据 100 余个，实验受仪器影响，获得冰点数据较少，因此以下对关于盐度等内容不做过多解读。

根据流体包裹体在常温下的相态及均一过程的变化特征，牛苦头矿区各矿段矽卡岩及铅锌矿石中，可观测流体包裹体的矿物包括石榴子石、透辉石、绿帘石、阳起石、石英、方解石、萤石。测温实验对象主要为石榴子石、透辉石、阳起石、石英和方解石中的包裹体，基本涵盖了成矿的 3 个阶段，获得了大量的分析测试数据，能够较好地总结该区成矿流体的演化特征。

M1、M2、M4 矿段属于同样的矿床成因类型，因此各矿区的包裹体具有相同或相似的特征，因 M2 矿段样品采集较少，主要对 M1 和 M4 矿段的流体包裹体开展研究工作，镜下可以观察到包裹体类型可分为两大类，一类为纯液相包裹体，一类为气液包裹体。气液包裹体形状不一，呈长条形、方形、椭圆形及不规则形状（见图 5-26）。其中，气、液两相包裹体又可以分为富气相包裹体和富液相包裹体，富气相包裹体气液比大于 80%，大小为 4~6 μm，包裹体颜色较深，这类包裹体总体来看占比较少，富液相包裹体气液比一般小于 20%，大小为 2~15 μm，主要为 4~6 μm，由于包裹体较小，对冰点温度的观察制造了很大困难。

结合一般矽卡岩型矿床成矿阶段的划分和研究区的实际情况，按照寄主矿物的不同，分别从成矿作用的先后顺序阐述成矿流体的变化规律。

（1）进变质阶段。该阶段观察对象主要为石榴子石、透辉石中的包裹体，包裹体数量相对较少，晶型较好且环带明显的石榴子石中的包裹体含量更少，晶型不好的相对多一些，透辉石中包裹体数量较石榴子石稍多，包裹体类型基本为气、液两相包裹体。其中，石榴子石（见图 5-26（a）（b））中的包裹体一般显示为长条形，2~6 μm，气液比一般小于 20%。与石榴子石中的包裹体不同的是，透辉石中的包裹体（见图 5-26（c））大多呈方形，少数呈不规则形状，大小为 2~6 μm。

（2）退变质氧化物阶段。该阶段的观察对象主要为阳起石中的包裹体（见图 5-26（d）（e））。包裹体数量较多，透明度较好，沿解理分布较多，形态多样，有不规则椭圆形、三角形、长条形、不规则形等。包裹体类型以富液相包裹体为主。

（3）石英-硫化物阶段。该阶段的观察对象主要为石英和方解石中的包裹体。石英（见图 5-26（f）（g））和方解石（见图 5-26（h）（i））中的包裹体分布广泛，包裹体形

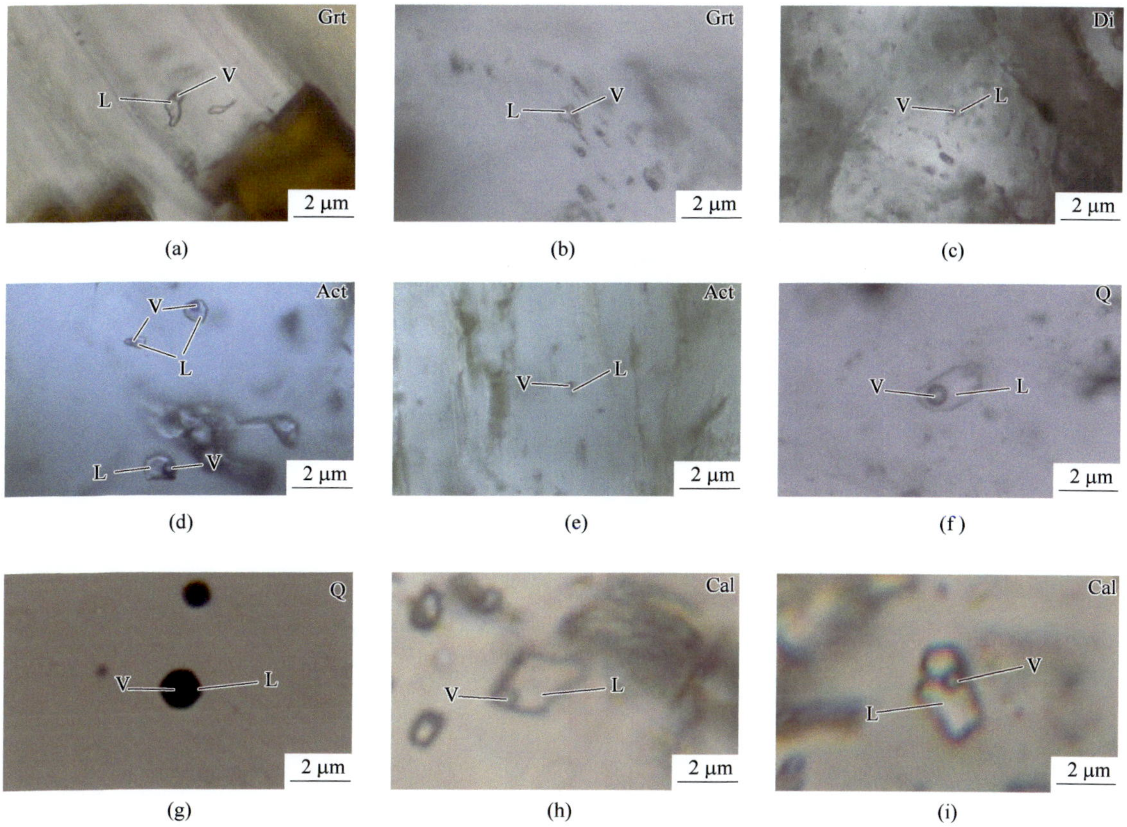

图 5-26　牛苦头矿区流体包裹体岩相学特征

(a)(b)石榴子石中的气液包裹体；(c)透辉石中的气液包裹体；(d)(e)阳起石中的气液包裹体；
(f)石英中的富液相包裹体；(g)石英中的富气相包裹体；(h)(i)方解石中的气液包裹体
L—液相包裹体；V—气相包裹体

态多样。石英中可见纯液相包裹体、富气相包裹体和富液相包裹体，同一视域下气液比差距很大，反应流体可能经历了沸腾作用，包裹体以不规则椭圆形、长方形居多，大小差异较大，2～15 μm 不等。方解石中包裹体主要沿解理分布，类型为纯液相包裹体和富液相包裹体，包裹体以长方形、三角形居多，大小多为 4～8 μm。

5.4.3 流体包裹体均一温度、盐度测试

对牛苦头矿区 M1 和 M4 矿段早期矽卡岩不同寄主矿物进行流体包裹体均一温度、盐度测试。由于实验冷热台的最高温度为 600 ℃，石榴子石中部分流体包裹体加热至 600 ℃仍未均一，未获得均一温度值，故成图时取其温度为 600 ℃。结合温度、盐度直方图及表 5-8，各矿带、矿物空间、时间分布和演化存在规律性，并与矿化组合相对应。

表 5-8　牛苦头矿区流体包裹体均一温度测试结果

矿　段	矿　物	包裹体类型	均一温度范围/℃	测试个数	均一温度平均/℃
M1 和 M4	石榴子石	气液包裹体	384.5~600.0	18	478
	透辉石	气液包裹体	308.5~550.0	12	435
	阳起石	气液包裹体	345.2~457.8	8	394
	石英	气液包裹体	133.2~421.5	34	343
	方解石	气液包裹体	257.1~450.0	14	360
M2	石榴子石	气液包裹体	462.0~530.7	13	514

研究显示，M1 和 M4 矿段可归为一个成矿子系统，因此统计数据过程中将其作为一个整体，M2 矿段主要发育矽卡岩阶段和硫化物阶段，本次工作只获得了石榴子石中包裹体的均一温度。从表 5-8 中可以看到 M1、M4 和 M2 矿段的石榴子石中包裹体的均一温度范围具有一定的重叠性，但 M2 矿段的石榴子石中包裹体的均一温度平均值要高于 M1、M4 矿段，这有可能是测试个数较少的缘故。

按不同寄主矿物统计流体包裹体的均一温度特征（见图 5-27）。石榴子石的温度最高，获得的数据均大于 350 ℃，分布范围为 384.5~600 ℃，主要集中于 400~600 ℃，通过少量的冰点温度数据得到盐度 $NaCl_{eqv}$10.24%~23.18%（质量分数），显示中高盐度的特征。

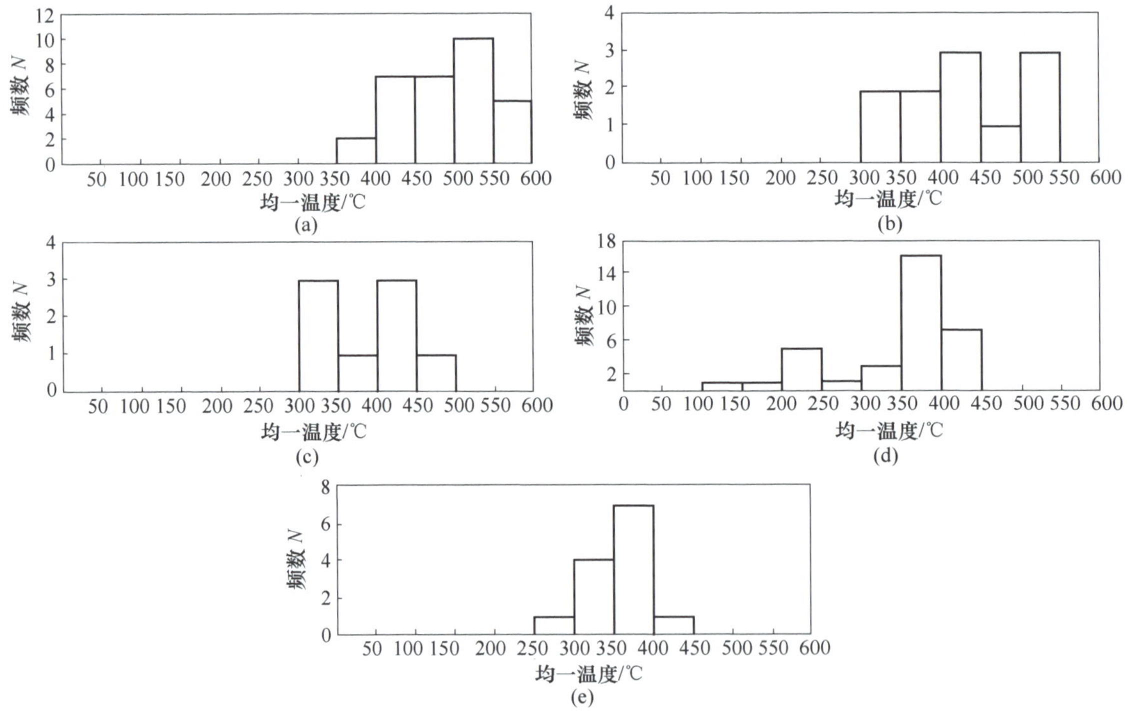

图 5-27　牛苦头矿区流体包裹体的均一温度特征

(a) 石榴子石；(b) 辉石；(c) 阳起石；(d) 石英；(e) 方解石

辉石中包裹体的均一温度数据分布和石榴子石相似，稍低于石榴子石，均一温度范围为 308.5~550.0 ℃，集中在 400~550 ℃。

阳起石中包裹体的均一温度集中于 300~450 ℃，阳起石形成于退变质氧化物阶段，这个阶段成矿过程中开始有大气降水加入，引起温度的下降。

石英中流体包裹体的均一温度为 133.2~421.5 ℃，其高温段（300~420 ℃）与石榴子石的低温段对应，低温段（200~300 ℃）代表硫化物阶段。研究显示，石英从矽卡岩阶段晚期开始沉淀，延续至硫化物阶段。虽未获得准确的冰点温度数据，但根据对测温过程中的观察，认为其盐度较低，表明大气降水已大量进入成矿体系，成矿流体被稀释，导致硫化物大量沉淀。

方解石中流体包裹体的特点与石英相似，成矿温度为 257.1~400.0 ℃，集中于 300~400 ℃，方解石主要形成于硫化物阶段，部分形成于退变质氧化物阶段。

5.4.4 成矿温度和成矿压力测算

早期矽卡岩进变质阶段，石榴子石捕获压力区间为 78~65 MPa，对应静岩压力深度为 3.127 km，退变质阶段中绿帘石捕获压力区间较大，本次主要采用绿帘石中沸腾包裹体群对应的捕获区间，为 32~26 MPa，对应静水压力深度为 3.1~2.6 km，反映出早期矽卡岩成矿过程中的成矿深度变化不大。

5.4.5 成矿流体演化

牛苦头铅锌矿床华力西期成矿期经历了从早阶段到晚阶段温度降低的过程。进变质阶段流体包裹体的均一温度范围为 384~600 ℃，盐度为中高盐度，退变质氧化物阶段流体包裹体的均一温度范围为 346~458 ℃，硫化物阶段流体包裹体均一温度范围为 133~422 ℃。

成矿流体来源于岩浆热液和大气降水（地下水），早阶段以岩浆热液为主，晚阶段加入了大量的大气降水。矽卡岩阶段的成矿流体基本保留了岩浆热液的特征，退变质氧化物阶段发生大规模渗滤交代作用，成矿流体经历了沸腾阶段。渗滤交代作用进一步沟通了岩浆体系与地下水体系，大量地下水进入成矿系统，引起温度、盐度的迅速降低，这是成矿物质大量沉淀的主要机制。

5.5 两期矽卡岩的演化机制

5.5.1 华力西期矽卡岩的演化机制

华力西期成矿演化经历了由新鲜二长花岗岩→矽卡岩化（蚀变）二长花岗岩→内矽卡岩的演化过程（呈现出明显的分带特征），最终与地层接触交代形成外矽卡岩。

5.5.1.1 *矽卡岩化（蚀变）花岗岩*

主要表现为原岩经历了一定的蚀变和矽卡岩化，蚀变和矽卡岩化主要包括硅化、绿帘石化、绿泥石化、辉石和石榴子石。

5.5.1.2 *内矽卡岩*

内矽卡岩指产于侵入体接触带靠岩体一侧的矽卡岩。通常原岩为岩浆岩。

牛苦头矿区内矽卡岩原岩主要为二长花岗岩、斜长花岗岩、流纹斑岩。

5.5.1.3　外矽卡岩

牛苦头矿区的矽卡岩较复杂，按照矽卡岩原岩类型可分为灰岩-大理岩类、泥-灰岩类、碎屑岩类（粉砂岩、泥岩、凝灰岩）、火山岩-闪长岩类。

（1）灰岩-大理岩类。灰岩呈灰黑色，微晶结构，块状构造，局部发育有化石。大理岩呈灰白色、白色、粉白色，粒状变晶结构，镜下基本所有方解石都发育重结晶作用。灰岩-大理岩的过渡主要表现为灰黑色灰岩经热液形成纯白大理岩，接触带不均匀，既保留灰岩的部分也保留有大理岩的部分。镜下可以清晰看到灰岩中方解石的微晶结构及大理岩中方解石的重结晶部分。同时，大理岩与灰岩也发育了矽卡岩化，大理岩的矽卡岩化也即是大理岩与热液发生接触交代反应，形成一系列热液蚀变和矽卡岩矿物。

局部标本可以看到大理岩矽卡岩化残留有大理岩原岩，如牛苦头矿区 N1011-3 标本矽卡岩化石榴子石矽卡岩中的网脉状石榴子石和辉石，可以清晰看到原岩中大理岩的残留。牛苦头矿区也存在灰岩直接矽卡岩化的情况，主要表现为灰岩中方解石的矽卡岩化，灰岩常常蚀变成灰褐色，矽卡岩矿物以进变质矽卡岩矿物石榴子石和辉石为主。

（2）泥-灰岩类。原岩主要为泥质灰岩、泥岩、碳质泥灰岩等，发生一定程度的角岩化和矽卡岩化，矽卡岩化主要包括辉石化和帘石化。

（3）碎屑岩类（粉砂岩、泥岩、凝灰岩）。牛苦头矿区碎屑岩包括粉砂岩、泥岩、凝灰岩，这些碎屑岩发生了一定程度的角岩化和矽卡岩化。碎屑岩的变质作用以角岩化为主，也可见少量矽卡岩化。

（4）火山岩-闪长岩类。牛苦头矿区火山岩-闪长岩类包括安山玢岩、安山岩、安山玄武岩、英安玢岩、英安斑岩等，发生了一定程度的矽卡岩化（主要包括石榴子石化和辉石化）。

5.5.1.4　华力西期内矽卡岩与外矽卡岩分带特征

综上分析认为，牛苦头矿区的矽卡岩化经历了完整的新鲜岩体→蚀变岩体→内矽卡岩化的演化过程。根据演化过程，矽卡岩、岩浆岩具有明显分带特征，牛苦头矿区矽卡岩演化过程示意图如图 5-28 所示，可以清晰地看到，牛苦头不同矿段的围岩岩性、成矿岩体岩性、演化特征都具有一定的差异性，这也最终造成了矽卡岩的差异性。例如，有的岩体演化呈现出二长花岗岩→矽卡岩化花岗岩→内矽卡岩→外矽卡岩→矽卡岩化角岩→角岩→矽卡岩→大理岩的分带特征，而有的矿段（区域）呈现出二长花岗岩→矽卡岩化次生石英岩→外矽卡岩→矽卡岩化灰岩、碎屑岩→新鲜围岩的特征，更有区域呈现出二长花岗岩→矽卡岩化斑岩→角岩（青磐岩）化（闪长岩、大理岩）的特征。

5.5.2　印支期矽卡岩的演化机制

印支期岩浆岩经历了辉长岩→闪长岩→石英闪长斑岩→黑云母花岗闪长岩→斑状花岗岩的演化过程，随着酸性的增强，岩体中的成矿元素也越来越富集。一方面，成矿岩体本身发生自蚀变作用；另一方面，成矿岩体及含矿热液交代早期矽卡岩、地层、早期岩浆岩，形成晚期的矽卡岩化与矿化。

牛苦头矿区印支期岩体分布集中，多分布在 M1 露天采场西南侧地表和钻孔，岩体类型多样，包括黑云母辉长岩、闪长岩、石英闪长斑岩、黑云母花岗闪长岩、斑状花岗岩。

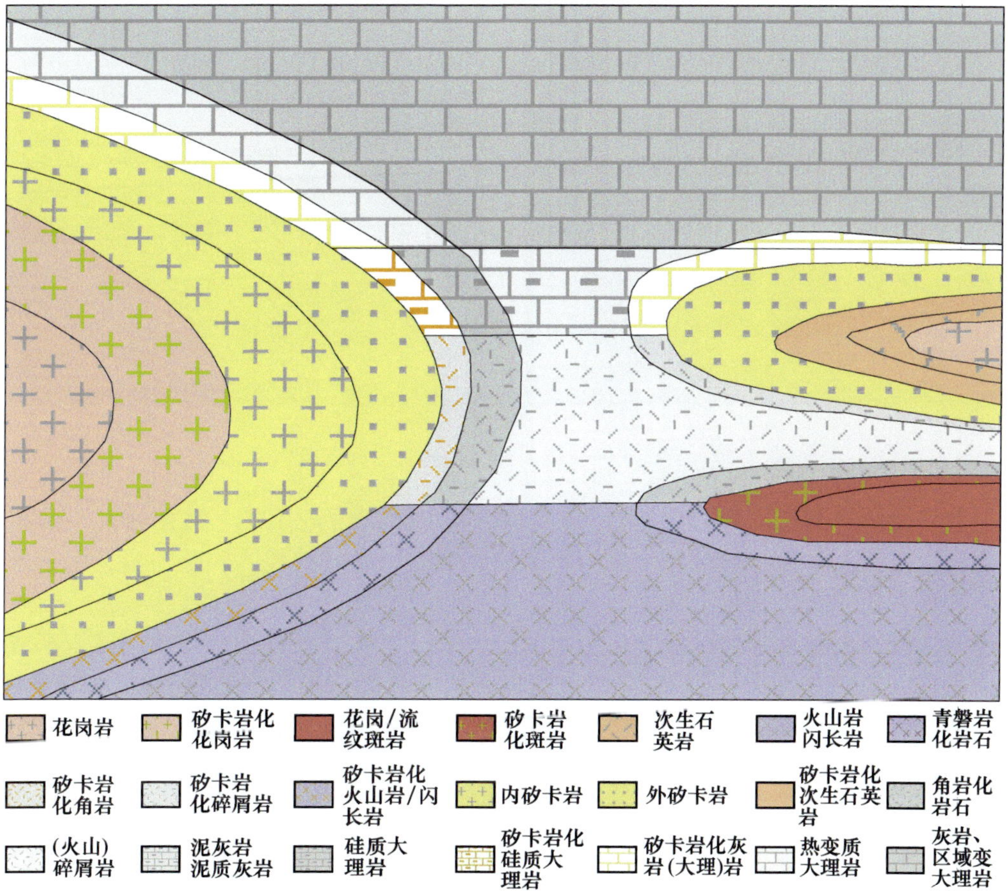

图 5-28 牛苦头矿区华力西期矽卡岩化演化过程示意图

5.5.2.1 内矽卡岩

M1 露天采场西南侧出露有黑云母辉长岩和斑状花岗岩两种岩体，主体为斑状花岗岩。斑状花岗岩中有黑云母辉长岩捕虏体，且接触界线明显。由于其出露于地表，岩体与围岩接触部位受第四系覆盖。

斑状花岗岩中的斑晶为长石和黑云母，胶结物主要为石英和小颗粒长石。长石和黑云母斑晶表面轻微糙化，部分发育绢云母化、绿帘石化蚀变，胶结物颗粒细小，多呈他形充填于斑晶之间。斑状矽卡岩局部发育矽卡岩化。

5.5.2.2 外矽卡岩

M1-ZK0411 钻孔在 45.58 m 开始见岩体，至 97.76 m 结束。岩体主体岩性为闪长玢岩，闪长玢岩中有斑状花岗岩侵入，两者接触界线明显，这有说明闪长玢岩的时代早于斑状花岗岩。并且受到斑状花岗岩侵入作用的影响，闪长玢岩中发育网脉状矽卡岩化蚀变和硫化物脉（见图 5-29）。

外矽卡岩分为两种，一种是以晚期岩脉侵入早期岩体中，早期岩体作为围岩发生矽卡岩化；另一种是晚期岩脉演化形成含矿热液，与地层接触交代，形成矽卡岩化。

图 5-29　斑状花岗岩侵入到闪长玢岩引起的黄铁矿化

早期岩体作为围岩发育的矽卡岩化，以 M1 矿段西南侧 ZK0411 钻孔为例，钻孔中发现有两种岩体，主体为闪长玢岩，其间有斑状花岗岩以脉岩状侵入闪长玢岩，引起闪长玢岩发生透辉石化、绿帘石化、绿泥石化等矽卡岩化（见图 5-29）。

晚期脉岩与大理岩地层接触交代形成的矽卡岩化，主要表现为围绕晚期脉岩形成的带状矽卡岩化（见图 5-30）。矽卡岩化靠近晚期脉岩为高温矽卡岩矿物组合，如石榴子石矽卡岩和辉石、石榴子石矽卡岩；远离晚期脉岩，为一套中低温矽卡岩矿物组合，如黑柱石矽卡岩、锰钙辉石矽卡岩、绿帘石矽卡岩等。

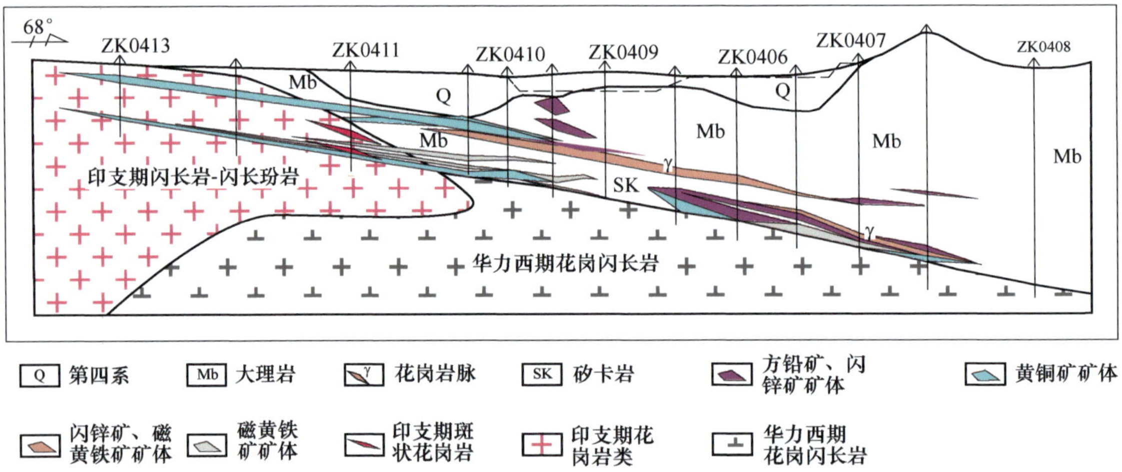

图 5-30　M1 矿段 04 勘探线剖面图

6　成矿结构面及成矿构造

6.1　成矿结构面

牛苦头矿区成矿结构面主要体现在角岩与大理岩之间、泥质碎屑岩与大理岩之间（见图6-1），其中角岩地层起到了较好的隔挡作用，致使角岩与角岩之间的大理岩矽卡岩化强，矿体厚大连续（见图6-2）。

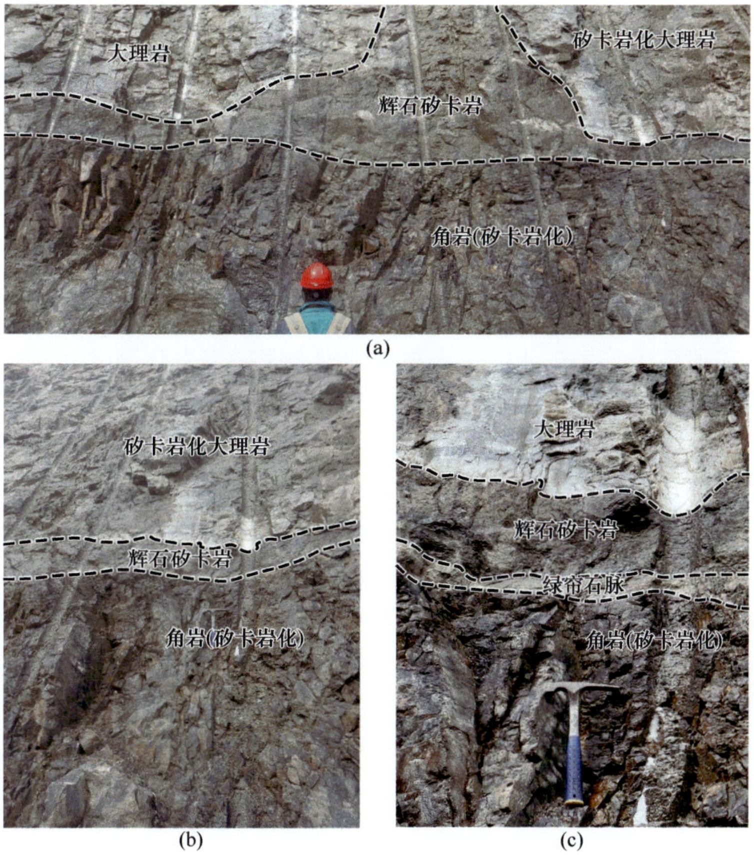

图6-1　牛苦头矿区露天采场西壁碎裂岩化（a）、矽卡岩化角岩与大理岩之间形成的层状矽卡岩化（b）（c）

牛苦头矿区露天采场西壁成矿结构面表现为角岩（碎裂岩化）与大理岩接触界面（见图6-1），接触面附近发育层状矽卡岩，角岩中由于节理、裂隙发育，裂隙中也发育矽卡岩化，局部成矿结构面由于角岩裂隙过于发育而隔挡效果较差，导致矽卡岩化也相对较弱。

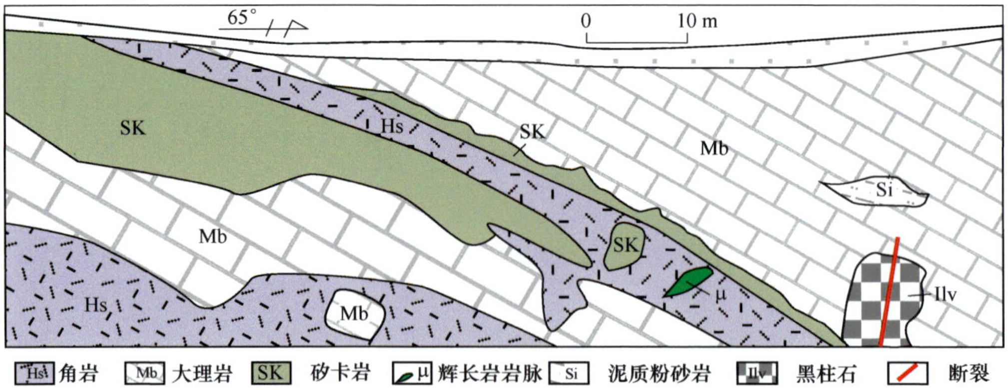

图 6-2　牛苦头矿区露天采场西南壁角岩与角岩格挡层之间的矽卡岩化

M1 矿段作为牛苦头-四角羊地区铅锌矿化矽卡岩化强度最大的块段，其规模较大的铅锌矿化和矽卡岩成因一直是个难以解释的科学问题，除了成矿岩体与地层的控矿因素外，成矿结构面应该起到了重要的影响。通过 M1 露天采场的野外调查及关键地质现象的编录等发现，大规模矽卡岩化、铅锌矿化与矿区频繁出现的大理岩（灰岩）与角岩互层有较大关系。牛苦头矿区矿体规模最大、矽卡岩及品位最高的位置出现在角岩与角岩之间的隔挡空间，含矿岩浆热液在此空间运移，由于上、下底板的隔挡，矿液富集沉淀，形成了富厚的矿体（层）。另外，在隔挡层（角岩）顶板与大理岩接触位置，也发生了一定程度的矽卡岩化，在构造发育处，矽卡岩矿层加厚，局部向上切穿地层（见图 6-2）。

牛苦头 M1 矿段露天采场东北壁角岩与大理岩之间矽卡岩化最强（见图 6-3），发育团块状磁黄铁矿化，矽卡岩主要为黑柱石、辉石矽卡岩，角岩也发育一定程度的矽卡岩化和磁黄铁矿化。其余块状磁黄铁矿矿体发育在角岩之上的大理岩地层中，受 NE 向陡倾构造控制，矿体边部均发育脉状、薄层状矽卡岩，包裹磁黄铁矿矿体。

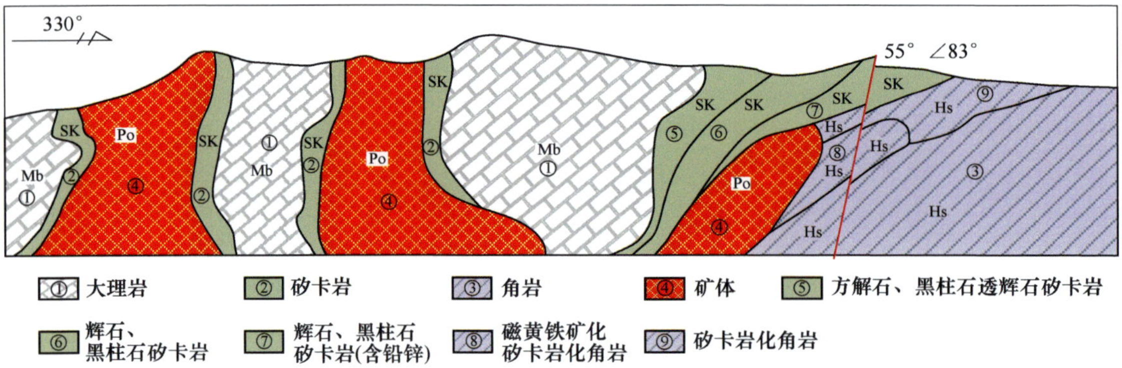

图 6-3　牛苦头矿区露天采场东北壁角岩与大理岩之间的矽卡岩、矿化

在四角羊矿区露天采场中也出现了此类现象，即角岩之间的厚层大理岩中，成矿效果最好，主要表现为角岩之间的大理岩发生石榴子石、辉石矽卡岩化及块状、团块状磁黄铁矿化、磁铁矿化（见图 6-4）。

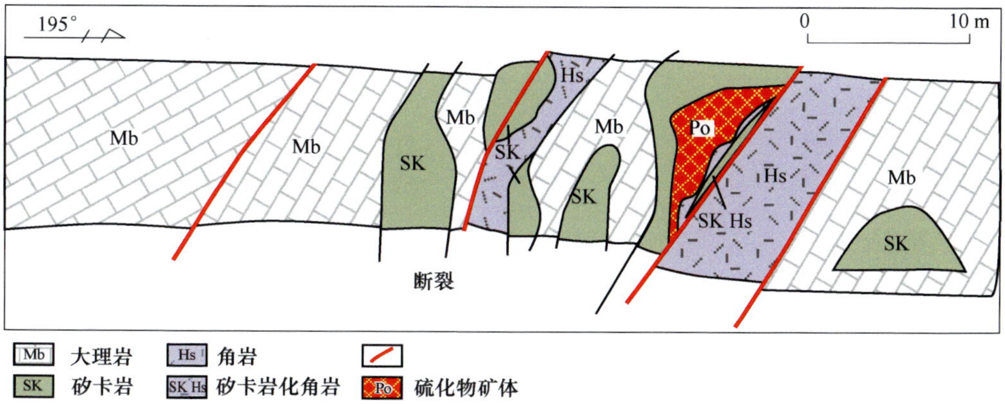

图 6-4 四角羊矿区露天采场东壁地质素描图

6.2 成 矿 构 造

通过露天采坑编图及调研发现，NE 向构造为导矿构造，其走向为 10°~65°，倾角为 73°~87°。断裂中常发育方解石脉、矽卡岩脉（浆），断裂两侧矽卡岩及矿化强度大（见图 6-5），可以看出蚀变和矿化与 NE 向构造关系密切，综合判断，认为该组 NE 向构造为牛苦头矿区的导矿构造。

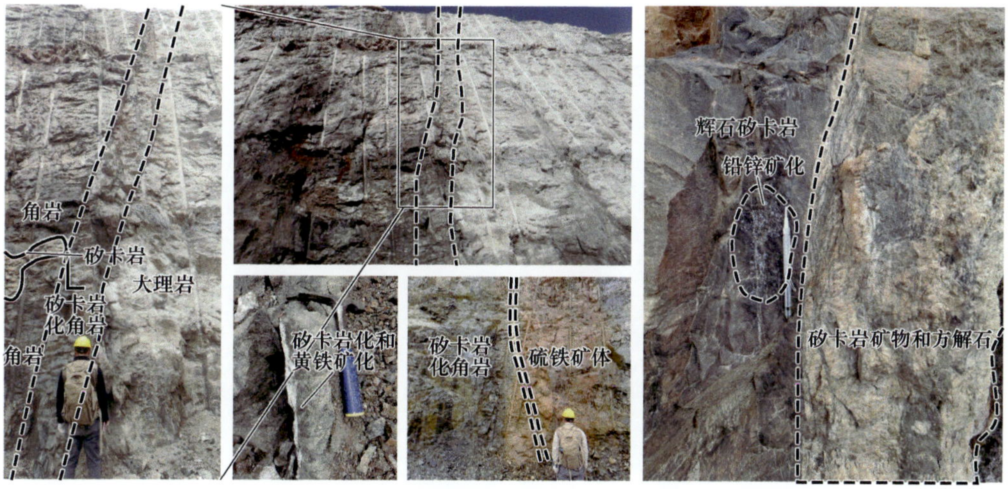

图 6-5 牛苦头 M1 矿段露天采场中 NE 向构造与成矿情况

6.2.1 矿区构造格架

根据地表调研和钻孔资料分析（共搜集 M1 和 M4 等矿段钻孔资料 370 个），以及钻孔科研编录等，分析断裂产状和断裂性质，投影上图，厘定 NE 向构造和 NWW 向构造共计 12 条（见图 6-6），且多为隐伏断裂。

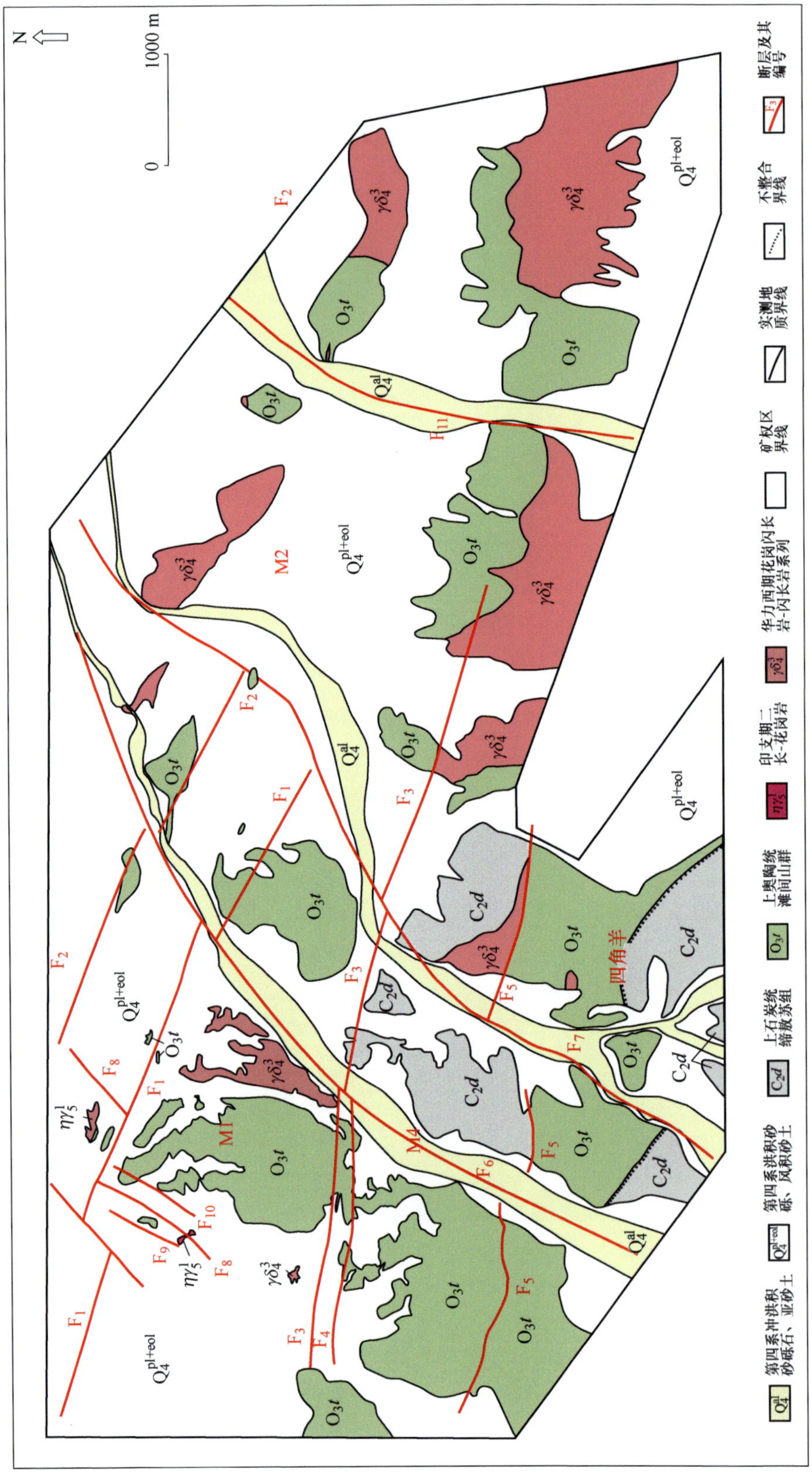

图6-6　牛苦头-四角羊矿区构造格架

6.2.2 矿区断裂性质

6.2.2.1 F1 断裂

本次野外研究工作不仅查明了 M1 矿段成（导）构造为 NE 向断裂，也查明了 NWW 向断裂的两侧地层的差异性，即 NWW 向断裂北侧为上奥陶统滩间山群（包含条带状灰岩、大理岩、硅质岩、粉砂质凝灰岩等），NWW 向断裂南侧为上石炭统缔敖苏组碳酸盐岩地层（含有二叠—三叠纪蜓类化石及角岩夹层，见图 2-2），综合分析，下石炭统缔敖苏组碳酸盐岩地层中铅、锌丰度较高，常常含有角岩隔挡层，更有利于矽卡岩型铅锌成矿。

野外研究发现 NWW 向 F1 断裂具有一定的右旋性质（见图 6-7），对矿体有一定的错动，推断在牛苦头 M1 矿段东北延伸方向找矿时应偏向东南侧更有利。

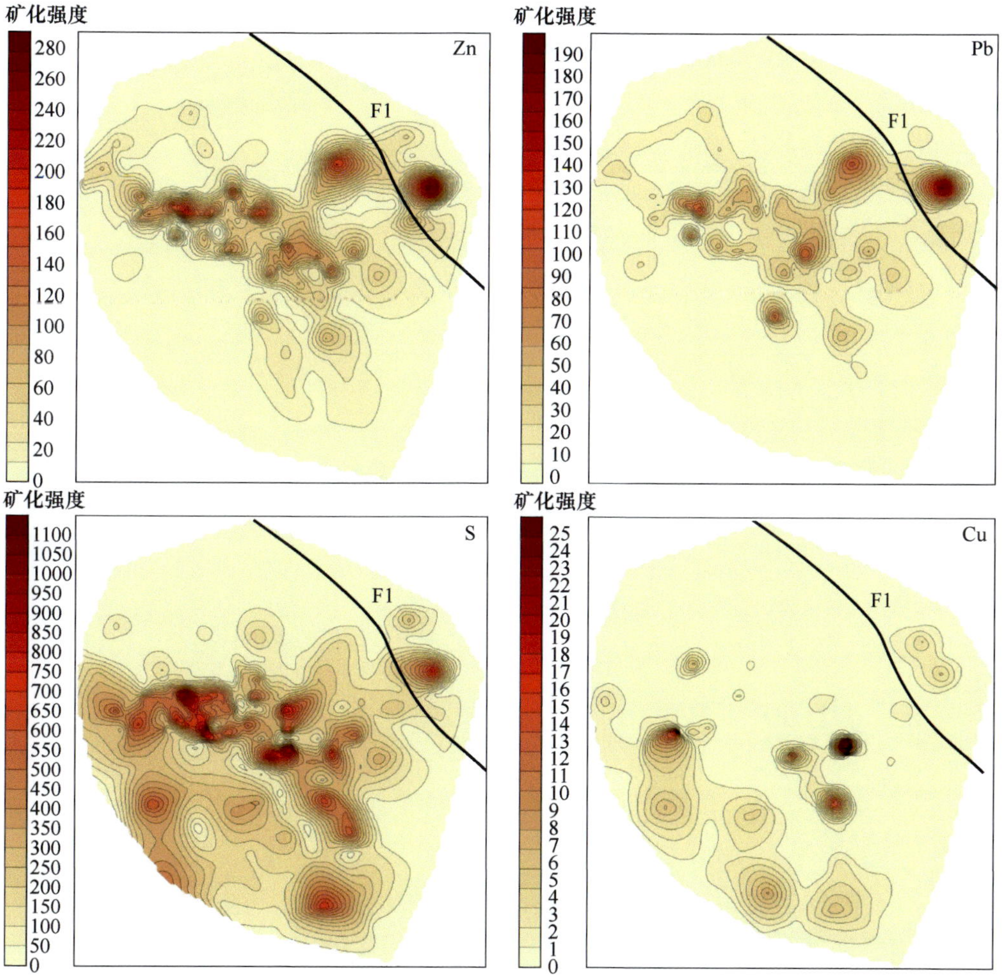

图 6-7 牛苦头矿区 F1 断裂右旋性质对矿体错动的影响

F1 断裂位于 M1 矿段露天采场东北部，为地质路线剖面实测，倾向 NE，正断层，倾角为 65°~75°，为成矿后断层，具体表现为断裂北部地层下沉，导致矿体和标志层的下移，这也导致矿区北东侧局部探矿由于矿体下陷，而未能如期探测到（见图 6-8 和图

6-9）。同时，F1 断裂又具有右旋性质，对露天采场东北侧的矿体具有一定的错动作用。

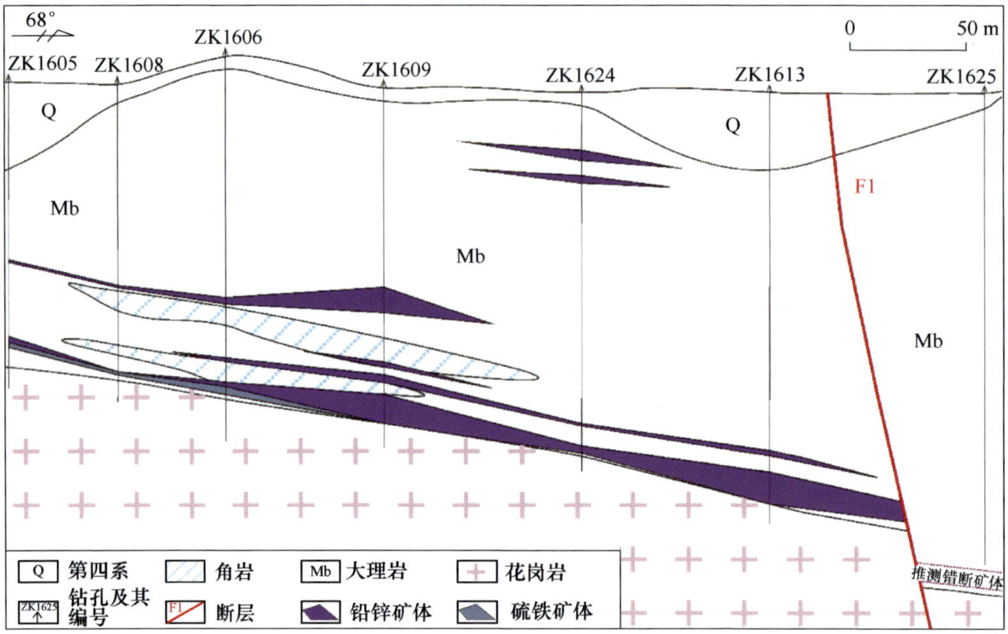

图 6-8　F1 断裂在 16 勘探线的体现

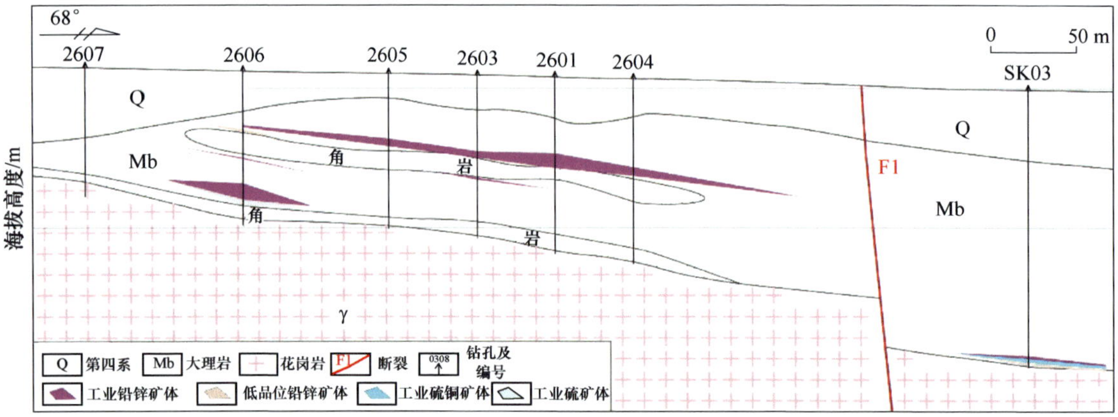

图 6-9　F1 断裂在 26 勘探线的体现

6.2.2.2　F2 断裂

F2 断裂位于 M1 矿段东北侧、M2 矿段北侧，地表未出露，为隐伏断裂（见图 6-10），但是在钻孔有所揭露。

F2 断裂在航磁异常中也体现明显（见图 6-10），航磁异常上主要沿 M2 磁异常带及 M5 磁异常带呈 NWW 向展布。通过 M2 磁异常带 00 线钻孔剖面实测，F2 断裂总体倾向 NE，倾角为 45°~52°不等。F2 断裂主要表现为一套压扭性、逆冲性质的高角度逆冲断层。根据 M2 磁异常区 00 线钻孔编录，从南南西至北北东方向断裂逐渐变深，变化范围分别为 99 ~ 115 m（ZK0005）、289.64 ~ 293.6 m（ZK0009）、333.5 ~ 345.2 m（ZK0004）、

366.79~389.77 m（ZK0008）、400.7 ~ 432.59 m（ZK0006）和 519.31 ~ 538.53 m（ZK0007），断层宽度为 5~30 m。这些断层主要表现为压扭性构造角砾岩、构造断层泥，暗示断层为逆冲性质。

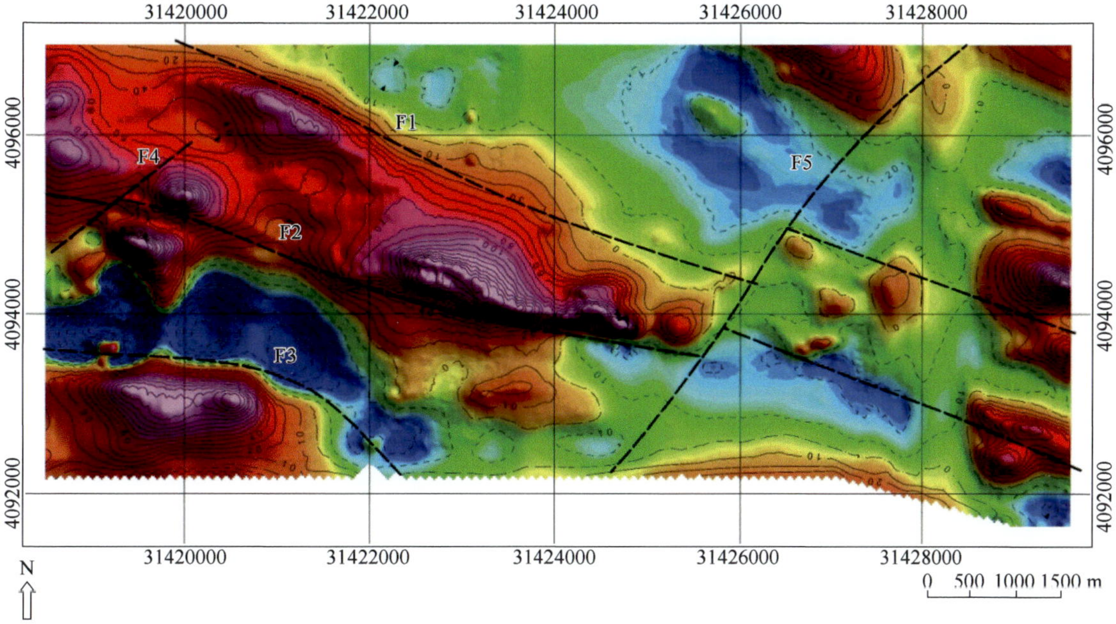

图 6-10 航磁推测地质构造及其编号

同时，F2 断裂向北西西方向的延续也是通过钻孔来控制，例如自 ZK0009 向北北西向方向，F2 断裂在 ZK0802（175.2~180.9 m）、ZK2401（98~113 m 处）浅部都有体现。这也表明 F2 断裂面经过 ZK0802、ZK2401 钻孔向 24 线以西延伸。

6.2.2.3 F3 和 F4 断裂

M4 矿段 F3 和 F4 断裂总体呈 NWW 向（见图 6-11），在地表显示为两条近 EW 向沟谷断层之间的地层，产状为 100°∠35°，F4 以北、F3 以南的地层产状突变陡倾，这在 M4 磁异常区横剖面断层中清晰可见（见图 6-12）。

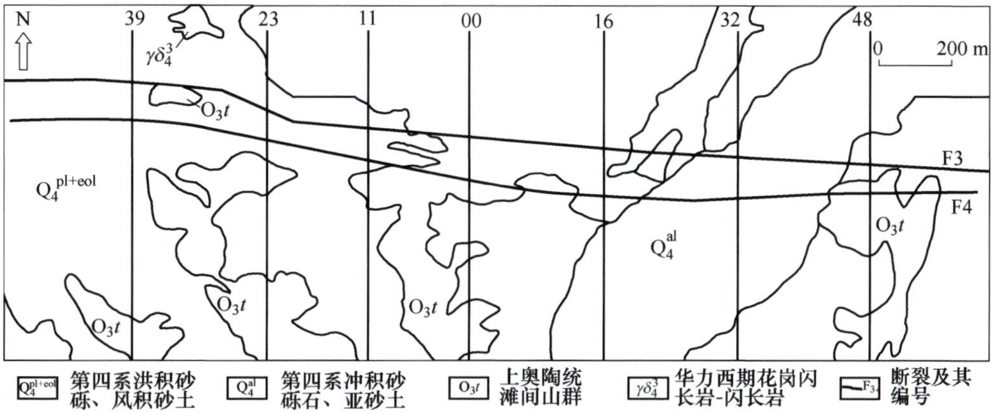

图 6-11 M4 矿段工程布置图及 F3 和 F4 位置

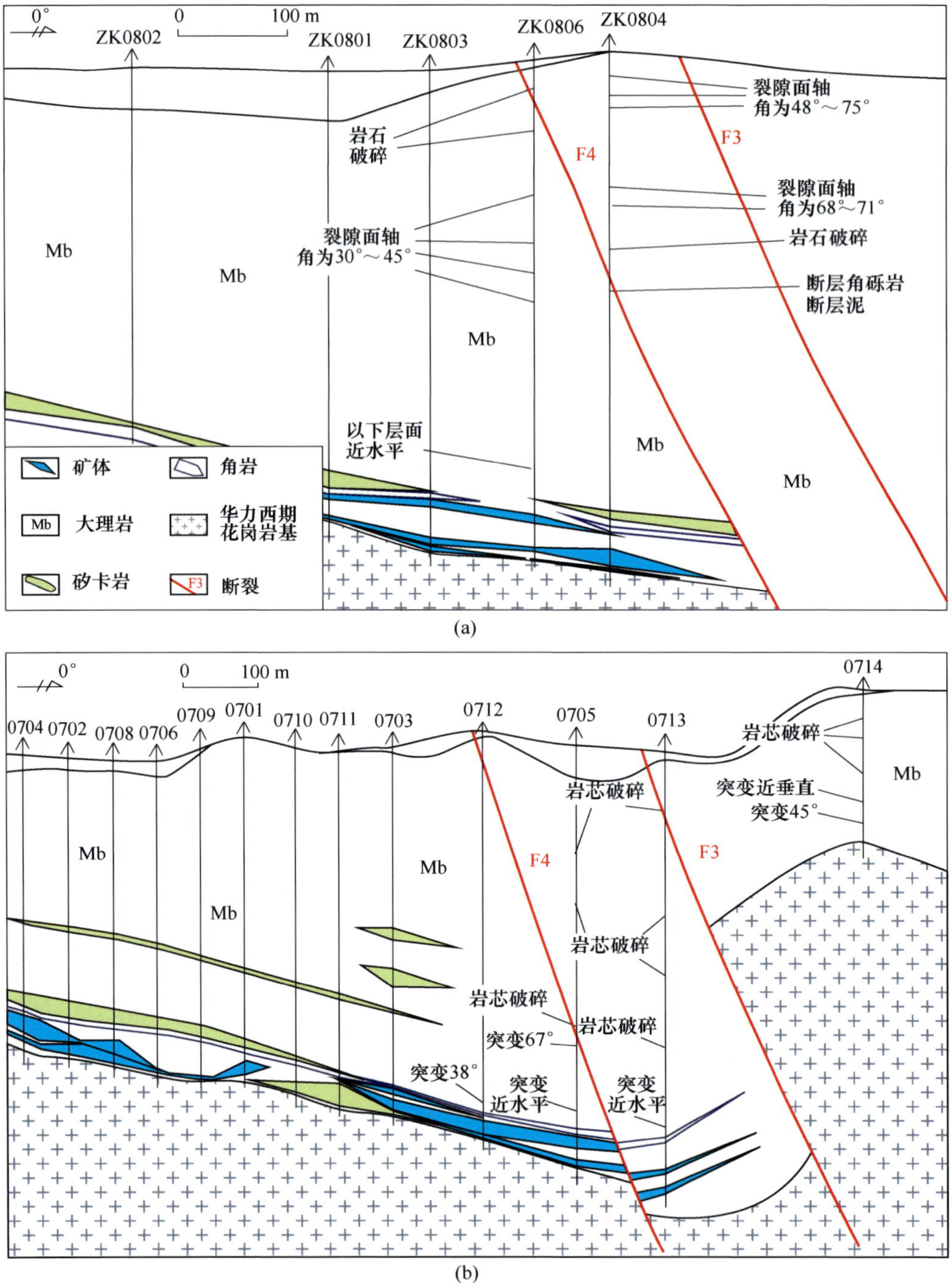

图 6-12　牛苦头矿区 M4 矿段 07 线（a）与 08 线（b）勘探线剖面（含 F3 和 F4 断裂）

考虑断层倾角多为 65°～75°、矿体埋深多为 500～600 m 的特点，推测 F4 断裂以北深部仍有 200～300 m 的找矿空间。

6.2.2.4　F5 和 F6 断裂

实测的 F5 断裂分布于四角羊矿区南侧的上石炭统滩间山群中，走向为 NWW 向，表现为区域性大断裂（在区域地质图上断裂编号为 F5），为一逆断层。该断裂位于矿区南侧，距离主成矿区相对较远，与区内矽卡岩铁锌多金属矿化关系不大。

牛苦头沟断裂为 F6 断裂。首先，最为显著的 NE—SW 向构造就表现为大量 NE—SW 向冲沟，如矿区内的四角羊沟和牛苦头沟。尤其是牛苦头沟西侧可见构造活动造成的拖曳构造（见图 6-13），进一步证实了这种 NE—SW 向构造的实际存在性，显示为左旋性质。

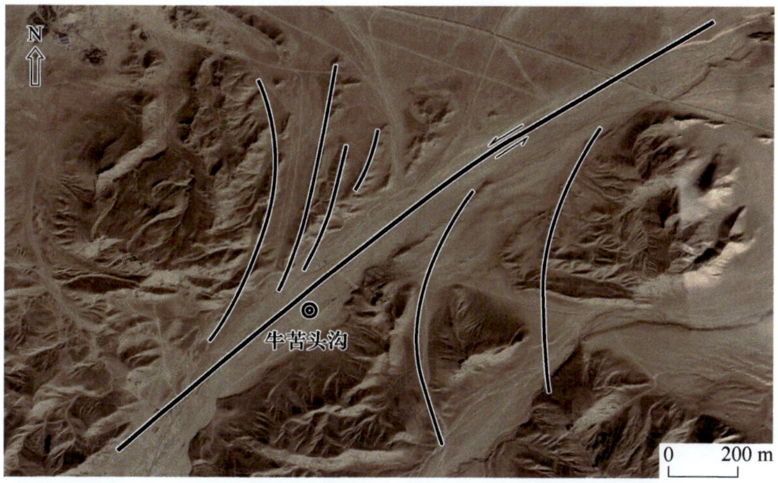

图 6-13 牛苦头沟（F6 断裂）（NE 向）西侧存在拖曳构造

6.2.2.5 F7 和 F13 断裂

地表实测 F7 和 F13 断裂为区域性大断裂。F7 断裂的走向为 NE—SW 向，为左旋性质，主要表现为地表地层、岩体被错断开，如 M2 地区 31~63 线的岩体被错断开，被错开的地层、岩体产状陡倾。F13 断裂位于 M2356 磁异常区东侧，地表表现为第四系地表的一个冲沟，其性质不明，根据断层两侧的标志性地层和岩浆岩，推测为左旋性质的断裂。

6.2.2.6 F8、F9 和 F10 断裂

F8、F9 和 F10 断裂为采坑实测断裂，3 条断裂走向均为 NE 走向。

F8 断裂：位于露天采场及外围，依据 24 号勘探线 OCTEM（等值反磁通瞬变电磁法）剖面圈定，南西依据 8、6、4、2、0 号勘探线 OCTEM 剖面推断。走向北东（40°左右），倾向 NW，倾角大于 75°，断层带宽度为 0.2~1.0 m，浅部断层带中主要为含泥破碎岩石或泥质物，下部为方解石及金属硫化物充填，上、下盘地层无明显错动（见图 6-14）。

F9 断裂：位于露天采场及外围，依据 24 号勘探线 OCTEM 剖面圈定，南西依据 10、8 号勘探线 OCTEM 剖面推断。走向为 NE（40°左右），倾向为 NW，倾角大于 75°，断层带宽度为 0.2~1.0 m，有分枝复合现象，断层带中充填方解石及金属硫化物，上、下盘地层无明显错动。

F10 断裂：位于露天采场及外围，依据 18 号勘探线 OCTEM 剖面（东）圈定。走向为 NE（40°左右），倾向为 NW，倾角大于 75°，断层带宽度为 0.2~2.0 m，断层带中主要为含泥破碎岩石或泥质物，断层导通性较好，上、下盘地层有错动，错动距离小于 5 m（见图 6-15）。

6.2.2.7 F11 和 F12 断裂

F11 断裂位于 M2 磁异常区 00 线以南，在 40~23 线等 9 条线中均有异常反映，走向

图 6-14　F8 断裂露天采坑内揭露情况

图 6-15　F10 断层采坑内揭露情况

为 NW—SE 向，由布格重力异常推断。布格重力异常图中表现为不同场区分界线和较为密集的梯级带，其东北侧为沿断裂分布的多个重力高异常，西南侧为变化略平缓的重力低异常。

F12 断裂位于 F11 断裂以南，走向与 F11 断裂一致，为 NW 向。在布格重力图中表现为梯级带和重力场区分界线，东北侧重力高、西南侧重力低，梯级带被 F6 断层的梯级带截切。经剖面拟合计算，该断层为倾向 WS 的隐伏逆断层，中部被 NE 向次级断裂截断。

7 矿床成因与成矿模式

7.1 矿床成因及成矿时代

7.1.1 矿床成因

综合前文研究，牛苦头矿区两期成矿作用均与矽卡岩化有密切关系：早期成矿作用交代滩间山群碳酸盐岩地层和角岩，形成一系列矽卡岩蚀变分带，靠近岩体为石榴子石、辉石矽卡岩带，对应的矿石矿物主要为磁黄铁矿、磁铁矿，少量黄铜矿；远离岩体为黑柱石、阳起石、绿帘石矽卡岩带，对应的矿石矿物组合主要为黄铁矿、闪锌矿、方铅矿等低温矿物组合。整个矽卡岩带呈现出自岩体向上的垂直蚀变分带，显示出典型的矽卡岩型矿床成因。

晚期成矿作用过程中，矽卡岩成矿也很明显，以 M1 矿段为例，由 M1 矿段采坑露天采场西南侧成矿岩体向外，呈现出带状分布，靠近该岩体的矽卡岩矿物组合为石榴子石、钾长石、辉石，对应的矿石矿物组合为黄铜矿、磁黄铁矿等高温蚀变矿物；远离该岩体蚀变主要为黑柱石化、绿帘石化、透闪石化，对应闪锌矿化、黄铁矿化。

两期成矿的矿体和矿化围岩为矽卡岩，这暗示成矿与矽卡岩作用密切相关，因此，牛苦头矿区两期成矿均属于矽卡岩型多金属矿床成因。

7.1.2 成矿时代

对于牛苦头铅锌多金属矿床的成矿时代，早先蒋成伍（2013）根据四角羊矿区的成矿岩体测年，认为其成矿时代为印支期晚三叠世。贾建团（2013）在四角羊—牛苦头矿区二长花岗岩中采集了 1 件锆石 U-Pb 同位素测试样品，获得该二长花岗岩同位素年龄为（224.81±2.53）Ma，认为岩浆岩侵入时代属于印支期。贾建团（2013）、蒋成伍（2013）通过研究钻孔底部二长花岗岩与矽卡岩矿化的空间分带关系，认为该二长花岗岩与成矿密切相关，因此也初步推断四角羊—牛苦头成矿时代为印支期。李加多等人（2019a）则通过 M1 和 M4 矿段东侧大量出露的、与成矿密切相关的华力西期花岗闪长岩进行 LA-ICP-MS 锆石精确测年，获得了（399±5）Ma 的年龄，初步认为矿区的成矿作用可能与泥盆纪岩浆活动有关。王新雨等人（2021）认为 M1 和 M4 矿段底部成矿岩体与铅锌多金属矿成矿关系密切，研究发现底部岩体由内至外至围岩，依次为新鲜花岗闪长岩→角岩→石榴子石、透辉石矽卡岩带→黑柱石、锰钙辉石、阳起石矽卡岩带→绿帘石化大理岩→新鲜大理岩带。明显的蚀变矿化分带显示了矽卡岩距离岩体较近的位置为石榴子石、辉石、磁铁矿、磁黄铁矿、黄铜矿等高温蚀变矿物，远离岩体为黑柱石、锰钙辉石、闪锌矿、方铅矿等中低温蚀变矿物。由此说明，M1 和 M4 矿段底部的二长花岗岩体为成矿岩体。成矿花岗闪长岩的地球化学性质、年代学研究显示，M1 和 M4 矿段底部的成矿二长花岗岩年龄为353~375 Ma，进一步确定了M1和M4矿段成矿时代。由此说明，M1和M4矿段存在华力西期晚泥盆世铅锌多金属成矿，该期铅锌成矿作用伴随一套锰质矽卡岩建造（以广泛发育锰钙铁辉石、锰钙辉石、锰质黑柱石为特征，石榴子石则主要以钙榴辉石为主；李加多，2019b；王新雨 等，2020）。

近年来，随着研究的不断深入，发现了M1矿段露天采场西南侧发育有晚三叠世斑状花岗岩（年龄为221~226 Ma），该花岗岩中发育一定程度的自变质（钾化和绢云母化），自该岩体至北东方向，靠近岩体发育钙铁榴石、钙铁辉石矽卡岩带及黄铜矿化、磁黄铁矿化，远离该岩体发育黑柱石、绿帘石矽卡岩带及黄铁矿、闪锌矿化，呈现一定程度的水平侧向分带。通过对靠近斑状花岗岩中的石榴子石进行LA-ICP-MS测年，获得其年龄为222 Ma，与西南侧晚三叠世斑状花岗岩时代一致，而与底部晚泥盆世花岗闪长岩不一致，进而表明了印支期晚三叠世铅锌多金属成矿的存在。

M4矿段底部的成矿岩体（黑云母花岗岩与花岗斑岩）的年龄为379~398 Ma，且自该成矿岩体至地层，呈现为明显的蚀变分带：靠近该岩体发育钙铁榴石、钙铁辉石、磁铁矿、黄铜矿等高温蚀变矿化，远离该岩体发育阳起石、黑柱石、方铅矿、闪锌矿等低温蚀变矿化。这表明了成矿岩体与铅锌成矿的密切关系，由此说明了M4矿段成矿作用时间属于华力西期晚泥盆世。

M2矿段发育大规模中-晚泥盆世岩浆岩，可能为M1矿段华力西期岩基向东延续。先前发现的所谓“印支期岩浆岩”，其数据较少，有待要进一步验证。

四角羊矿区岩浆岩的形态及时代更复杂，穿插关系也表现得很强烈。目前为止，对四角羊15线及35线两个钻孔的花岗岩岩芯进行了测年，时代均为华力西期中-晚泥盆世。但是该钻孔中石榴子石矽卡岩中的石榴子石测得年龄为印支期晚三叠世（220 Ma和213 Ma），可能表明矿区成矿作用为印支期。

以上说明，牛苦头M1矿段存在华力西期和印支两期成矿，M4矿段属于华力西期成矿，M2矿段的成矿时代不太确定，有可能为华力西期成矿。四角羊矿区根据石榴子石的形成时代，应属于印支期，但考虑到大规模的华力西期岩浆岩基的存在，也不排除该矿段具有两期成矿的可能。

7.1.3　成矿物质来源

收集祁漫塔格地区硫同位素数据，将表格制成频率分布直方图（见图7-1），区域上$\delta^{34}S$值相对集中，总$\delta^{34}S$值的变化范围为-3‰~13‰，主要集中于1‰~7‰，这表明区域上成矿物质主要来源于幔源岩浆，局部成矿物质来源于地层。四角羊-牛苦头矿区$\delta^{34}S$值集中于5.97‰~6.39‰，较高的$\delta^{34}S$值也暗示其成矿物质主要来源于幔源岩浆热液。$\delta^{34}S$值明显高于区域印支期硫化物，暗示着其与印支期矿床具有截然不同的S同位素组成。

印支期大部分样品的Pb同位素组成较为集中，仅虎头崖和尕林格个别点相对分散（见图7-2），反映了祁漫塔格成矿带形成于印支期的矽卡岩型矿床具有非常一致的铅来源和演化历史。然而，维宝及局部四角羊矿床的Pb同位素组成具有较低的$^{206}Pb/^{204}Pb$值，与前者具有较为不同的特征，这暗示着维宝及局部四角羊矿床可能为华力西期铅锌成矿作用，其硫化物的Pb同位素组成可能与印支期不同。

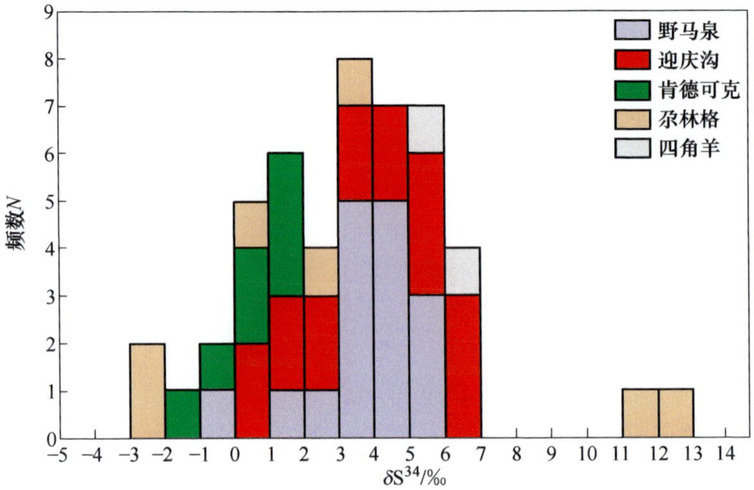

图 7-1　祁漫塔格地区硫同位素组成直方图

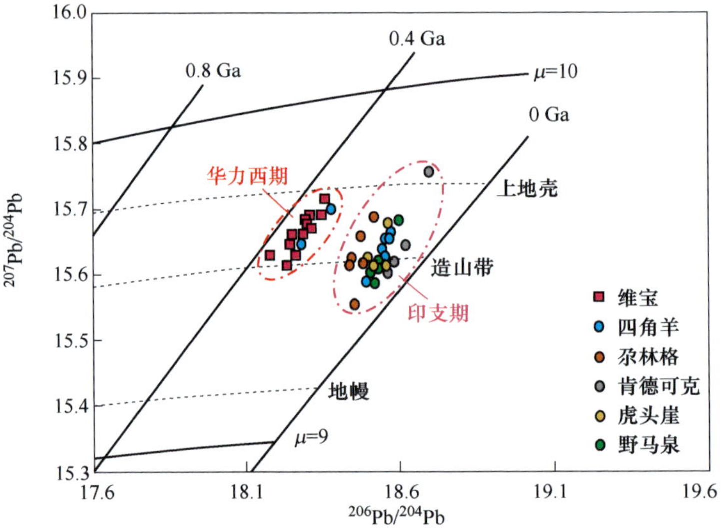

图 7-2　牛苦头地区矿石的 Pb 同位素图解

在 Doe 和 Zarman（1979）反映铅同位素来源的图解中，牛苦头-四角羊矿石铅同位素组成投点于造山带演化曲线附近，这也与这些矽卡岩型矿床与华力西-印支碰撞造山-后碰撞作用阶段相一致，同时四角羊投点位于造山带和上地壳之间，也表明硫化物矿石的 Pb 同位素部分源自上地壳地层。

7.2　M1 磁异常区两期成矿模式

根据成矿岩体接触关系、成矿构造及成矿结构面、成矿作用特征标志及地质-地球化学特征，初步构建了 M1 矿段两期成矿模式（见图 7-3），矿体和岩体产状及矽卡岩的特征均根据 M1 矿段实测剖面（4 线和 10 线）获得。成矿岩体为华力西期二长花岗岩及印支期斑状花岗岩，成矿构造为 NE 向导矿构造。成矿结构面为硅钙面、岩体与地层接触面，成矿作用特征标志表现为印支期岩浆岩在西南，往东北形成侧向分带，矽卡岩分带为石榴子石、辉石矽卡岩带→辉石、锰钙辉石矽卡岩带→阳起石、绿帘石矽卡岩带，矿化分带为黄铜矿、磁黄铁矿带→磁黄铁矿、铁闪锌矿带→闪锌矿、方铅矿带。华力西成矿为早期，表现底部华力西期二长花岗岩体向上垂向分带，矿化分带为磁黄铁矿、铁闪锌矿带→闪锌矿、方铅矿带，矽卡岩化分带为硅化、辉石带→阳起石、透闪石带（见图7-3）。

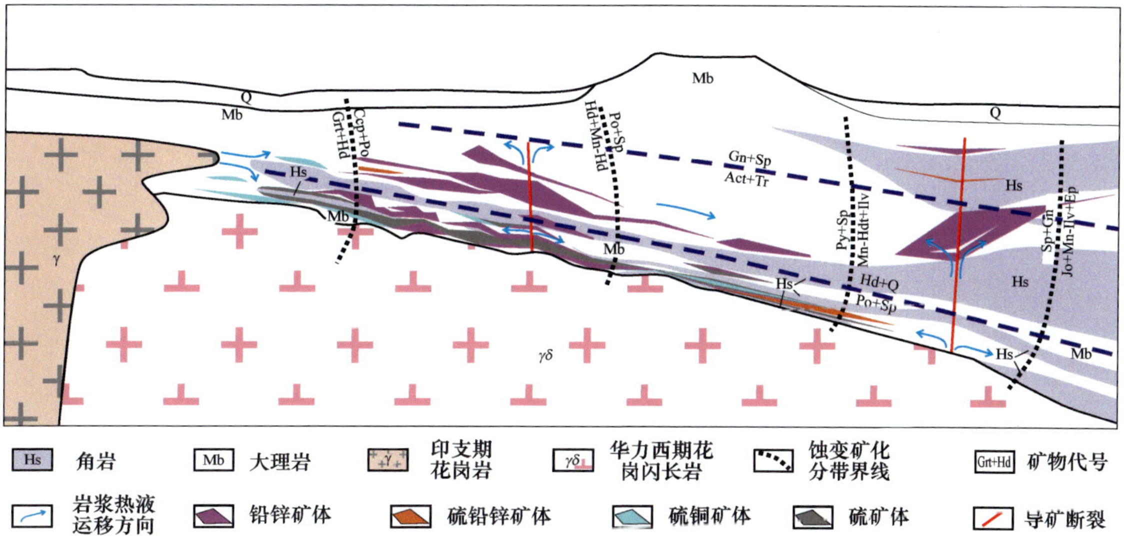

图7-3　牛苦头矿区两期成矿系统模型

（以M1矿段4、10号地质勘探线为基础）

两期成矿作用在局部位置叠加加强，尤其在华力西期成矿作用和印支期成矿作用叠加位置形成富厚矿体，如M1矿段10号勘探线，局部矿体厚大，在ZK1008与ZK1015位置，矿体往上延伸较厚（见图7-4）。

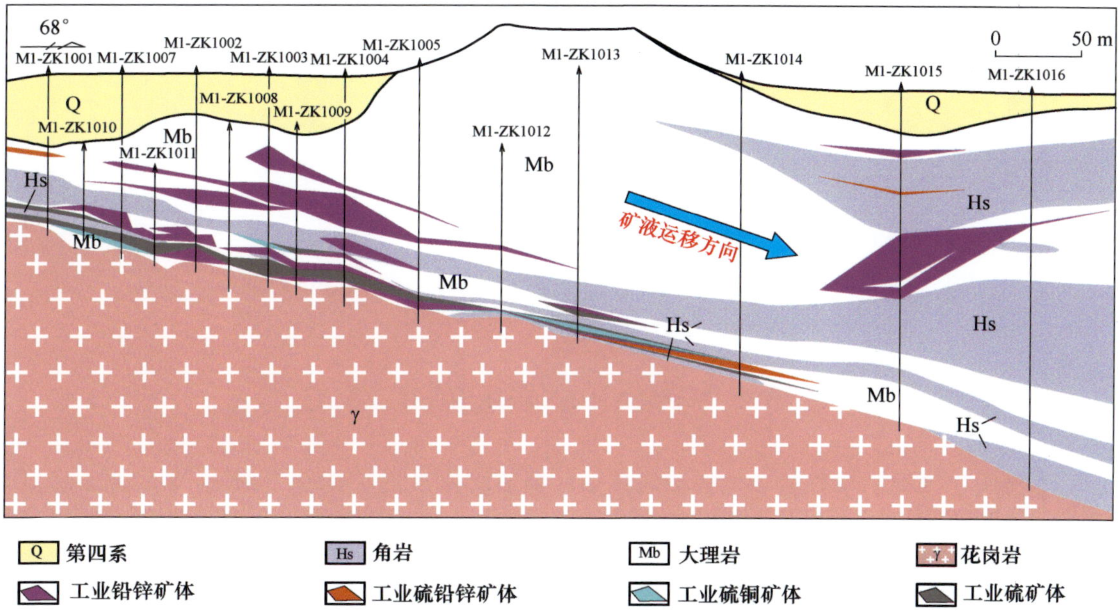

图7-4　牛苦头矿区M1矿段10号勘探线剖面地质图

牛苦头M1矿段两期成矿可描述为：华力西期晚泥盆世，底部华力西期成矿岩体经分异演化（见图7-5（a）），形成富挥发分成矿岩体及含矿热液，含矿热液沿断裂上升，在层间断裂和硅钙面附近发生强烈接触交代，形成层状、似层状矽卡岩及矿体，具有垂向蚀变分带。印支期晚三叠世花岗质岩体侵入，晚阶段的斑状二长花岗岩体向侧向接触交代蚀变，形成矽卡岩蚀变矿化分带（见图7-5（b）），该期矽卡岩及矿化交代早期矽卡岩及矿体，导致两期矿体在空间上有所叠加，叠加位置矿体及矽卡岩加大增厚。

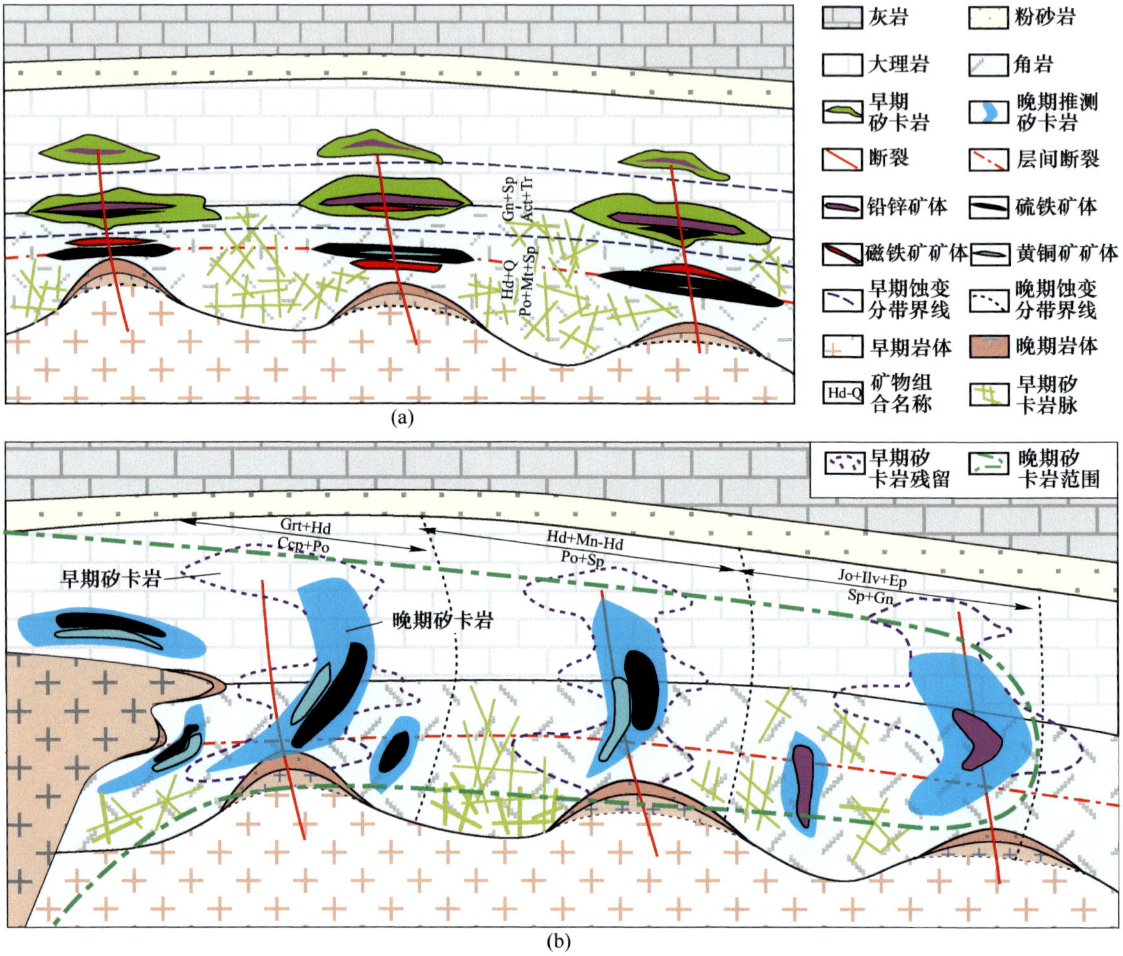

图7-5　牛苦头M1矿段两期（a）（b）成矿模式图

7.3　牛苦头矿区两期成矿模式

牛苦头矿区地质条件复杂，构造岩浆演化具有多期次的特征（王新雨 等，2021），其包含了牛苦头M1矿段、M4矿段、M2356矿段、四角羊矿段等。前人研究把各个矿段作为一个独立的研究对象，没有把整个牛苦头矿区作为有机的整体考虑。例如，曹永亮等（2012）、贾建团（2013）认为牛苦头—四角羊矿床形成于晚三叠世，把每个矿床作为一个成矿中心，研究其矿化特征及蚀变分带，李加多等人（2019a）、吴锦荣等人（2019，2021）、王新雨等人（2020，2021）认为牛苦头 M1、M4 和四角羊矿段形成于华力西期晚泥盆世，而牛苦头 M2356 矿段形成于印支期晚三叠世，也是把这些矿床作为独立的研究对象来分析。

然而，随着研究的不断深入，以及对整个矿区的研究程度的深化，北京矿产地质研究院有限责任公司研究团队逐渐发现，这几个矿床、矿段可能在时间、空间上有一定联系。例如岩体顶界面高程、矿化强度、矽卡岩类型均呈现出一定的规律，其中整个牛苦头—四角羊地区的底部岩体界面高程呈现出西南高、北东低的趋势（见图 7-6），这种岩体顶界面呈现出的规律，一方面受岩体下倾趋势的影响，另一方面受 NWW 向断裂影响，造成北东盘的下沉，导致局部岩浆岩及矿体的下降。

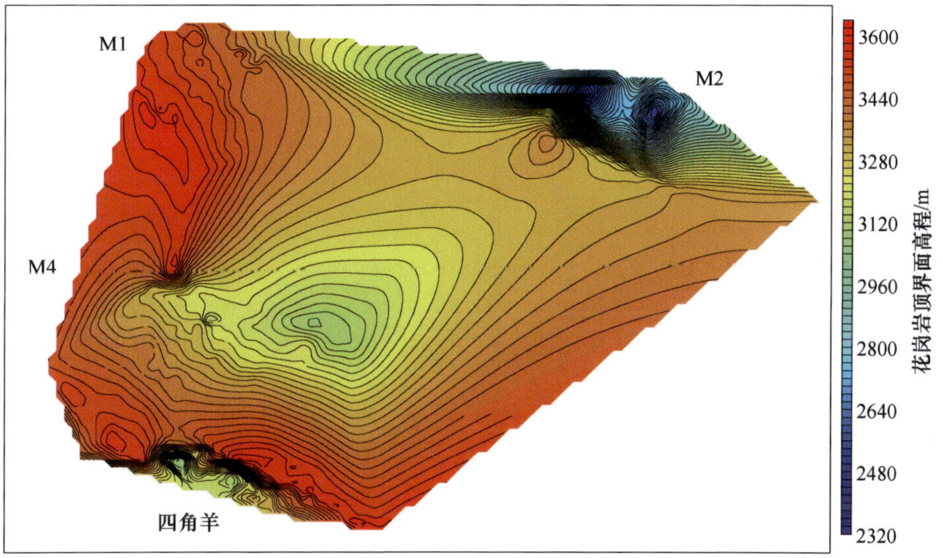

图 7-6 牛苦头-四角羊地区花岗岩顶界面高程等值线图

从矿化强度来看，Pb、Zn 矿化强度在 M1、M2 矿段最强，次为 M4、四角羊矿段；Fe（磁铁）矿化强度表现出四角羊矿段最强，其次为 M4 矿段，M1 矿段 Fe（磁铁）矿强度稍弱，M2356 矿段磁铁矿强度最弱；Cu 矿化强度在四角羊矿段最强，其次为 M4 矿段，再次为 M1 矿段，最弱的为 M2 矿段。在矽卡岩矿床中，Cu 和磁铁矿为中高温矿石矿物，其矿化强度与成矿温度密切相关，由此可以看出，四角羊—牛苦头地区矿化温度呈现西南高、东北低的趋势，暗示西南部为成岩成矿热液中心，但矿化及温度在局部 M1 矿段位置存在加强，可能与叠加成矿作用有关。

由矽卡岩化强度来看，石榴子石发育最强的位置为四角羊矿段，通过对四角羊矿段的调研，发现其矽卡岩中石榴子石的占比较高。在矽卡岩成矿系统中，石榴子石与辉石的比例与其离成岩成矿中心距离成反比，换言之，石榴子石与辉石的比例越高，反映其离成岩成矿中心越近（Meinert，2005）。四角羊矿段较高的石榴子石/辉石比值，表明其位于成矿中心附近。M4 矿段石榴子石/辉石比值略低于四角羊矿段，并且其石榴子石发育规模和强度均不如四角羊矿段，故其离成矿中心相对四角羊矿段稍远。M1 矿段摒弃晚期成矿作用的叠加，早期成矿作用的石榴子石矿化强度及规模很弱，M2 矿段的石榴子石发育也较弱，且大部分与区域变质作用有关。因此，石榴子石发育规模、强度及石榴子石/辉石比值也说明了四角羊、M4、M1、M2 矿段离成矿中心距离是越来越远的。

如图 7-7 所示，牛苦头-四角羊地区整体成矿中心位于四角羊矿段，由西南至北东，自四角羊至 M2 矿段，可以看出 Cu、磁铁矿化强度及矽卡岩发育程度的减弱，而 Pb、Zn 矿化强度有加强的趋势。这样便形成一种环状矽卡岩分带，靠近华力西期成矿中心为石榴子石、辉石矽卡岩带和磁铁矿、磁黄铁矽卡岩带，该位置包含四角羊及 M4 矿段；再往东北为 Px-Q 辉石、石英矽卡岩带，磁黄铁矿、闪锌矿带，该带包含 M1 矿段；最外带，位于整个矿区的东部偏北，包含 M2356 矿段及 M1 矿段北部，为绿泥石、阳起石、透闪石矽卡岩带，闪锌矿、铅锌矿、黄铁矿、磁黄铁矿带。

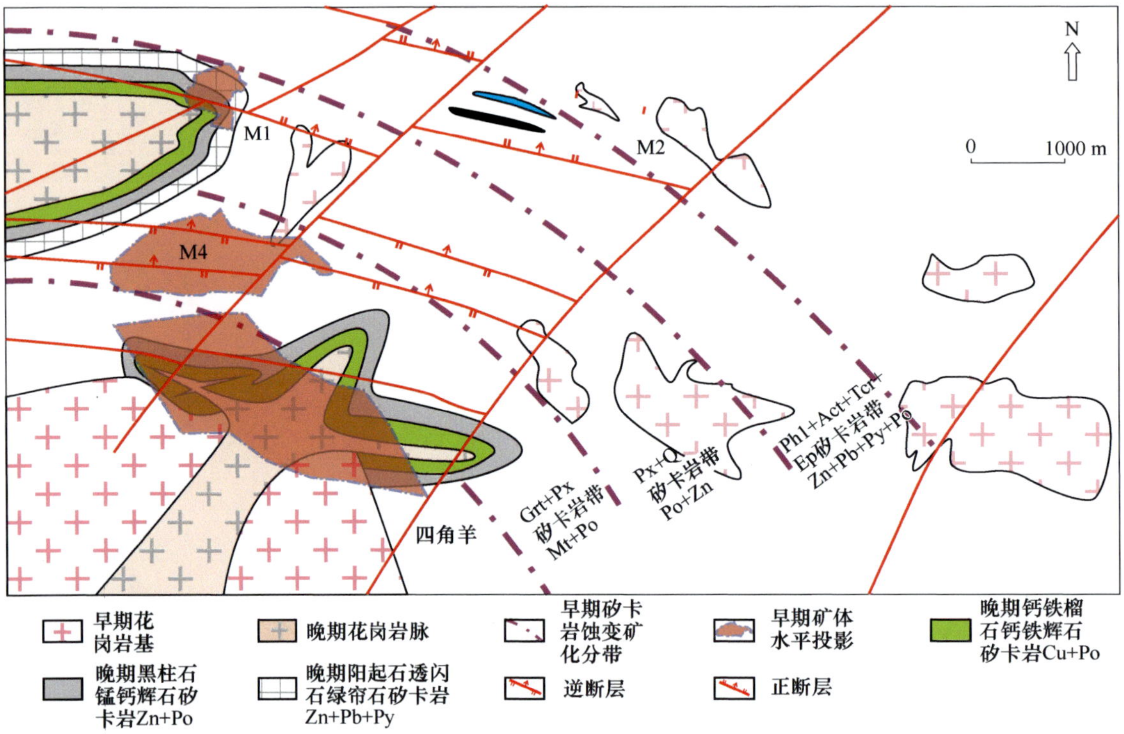

图 7-7　牛苦头-四角羊地区成矿规律及成矿预测平面图

晚期成矿岩体呈岩枝穿插早期岩浆岩及早期矽卡岩，形成晚期小范围的矽卡岩带，该矽卡岩带虽小，但成矿作用相当。由内向外形成了钙铁辉石-钙铁榴石（磁黄铁矿、黄铜矿矿化带）→黑柱石、锰钙辉石矽卡岩带（闪锌矿、磁黄铁矿化带）→透闪石、绿帘石矽卡岩带（闪锌矿、方铅矿、黄铁矿、磁黄铁矿化带）。

由于矿区构造发育复杂，成矿后构造发育位置对矿体具有一定破坏，对矿体有错断，M4 矿段及四角羊东部和 M2 矿段东南部是找矿较好的位置。M1 矿段北部受地层建造的影响，即 F1 断裂以北地层岩性为滩间山群碎屑岩，寻找矽卡岩型矿床的潜力较弱。

牛苦头—四角羊地区成矿模式（见图 7-8）可以归纳为：早期成矿作用与华力西期大岩体有关，但成矿中心位于四角羊地区，自西南至北东形成了较大范围的矽卡岩化及矿化，晚期岩脉、岩枝穿插早期矽卡岩形成了一定规模的矿化和矽卡岩化，范围相对早期矽卡岩范围较小，但强度相当。

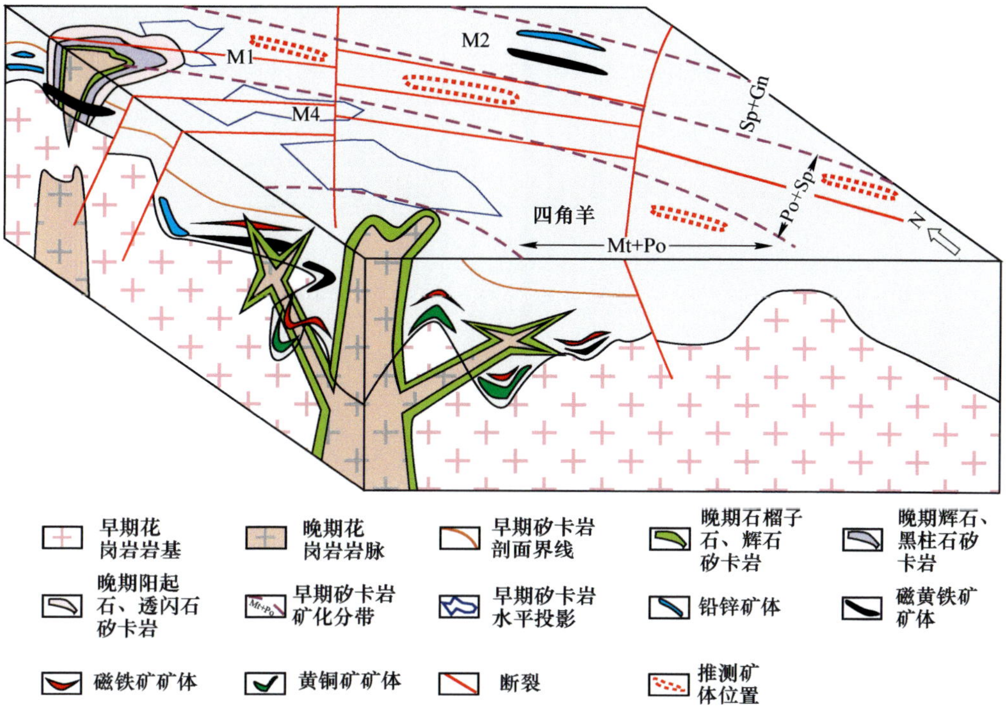

图 7-8 牛苦头-四角羊地区三维成矿模式及成矿预测图

根据图 7-7 和图 7-8，可以看出，M4、四角羊矿段东侧具有较好的找矿空间，另外 M1 矿段东侧也具有一定的找矿潜力。此外，考虑到晚期岩体具有“小岩体成大矿”的作用，寻找印支期具有成矿潜力的花岗岩岩脉、岩枝也是找矿的重点之一。

7.4 牛苦头地区两期岩浆岩演化模式

两期岩浆岩经历了复杂的演化与成矿作用，岩浆演化过程与成矿作用包括：

（1）华力西期岩浆岩与成矿作用演化过程为：中-晚泥盆世（375~362 Ma）后碰撞伸展背景下具有俯冲物质交代性质的亏损地幔在底侵作用与岩浆混合作用过程中形成花岗岩。其显示出准铝质-过铝质花岗岩的特征；稀土元素球粒陨石标准化配分曲线略向右倾，重稀土较平缓；微量元素蛛网图显示富集 Rb、Th、U 等元素，亏损 Nb、P、Ti 等元素特征；形成于后碰撞的伸展环境，幔源底侵。

（2）印支期岩浆岩与成矿作用演化过程为：早-中三叠世（225~201 Ma），幔源底侵作用导致加厚下地壳（古老地壳）的部分熔融，壳源岩浆与幔源岩浆混合形成母岩浆，母岩浆经历一定程度的分离结晶，形成牛苦头矿区印支期岩浆岩组合。其中，（辉长）闪长岩、花岗闪长岩显示出准铝质-过铝质花岗岩的特征，而斑状花岗岩显示出 A 型花岗岩的特征。印支期岩浆岩稀土元素球粒陨石标准化配分曲线略向右倾，重稀土较平缓，轻重稀土分异不明显；富集 Rb、Th、U 等元素，亏损 Nb、P、Ti 等元素特征。印支期的斑状花岗岩穿插闪长岩和花岗闪长岩，也见侵入华力西期岩体中。

8 找矿预测与靶区验证

8.1 找矿预测标志

牛苦头多金属矿区 M1、M4 等矿段成矿地质特征基本一致，其主要找矿评价标志如下。

8.1.1 成矿地质体标志

牛苦头多金属矿区两期成矿岩浆岩包括华力西期二长花岗岩和印支期斑状花岗岩。

该矿床为岩浆热液（矽卡岩）型矿床，存在两期岩浆岩成矿，成矿岩体为华力西期二长花岗岩和印支期斑状花岗岩；成矿地层岩性为上奥陶统滩间山群和上石炭统缔敖苏组地层，为一套以轻变质为主的碎屑岩、火山岩及碳酸盐岩，要形成一定规模的矿床，就需要一定规模的岩浆热液沿钙硅岩性界面交代碳酸盐岩围岩，因此围岩碳酸盐岩发育部位(如厚大白色大理岩发育区)，有利成矿。

8.1.2 （层间界面）构造标志

成矿岩体侵入时岩浆热液交代蚀变成矿，主要矿化形成在成矿岩体近接触界面及碳酸盐岩与硅质碎屑岩接触界面及层间破碎构造和断裂构造（特别是穿层的 NE 向陡倾断裂）等。成矿岩体侵入的断裂构造蚀变强度越大，影响矿化范围越广。

8.1.3 矽卡岩及分带特征

矽卡岩无疑是重要的直接找矿标志。华力西期矽卡岩蚀变矿化分带，自岩体向外高温蚀变向中温矽卡岩蚀变到远范围中低温热液蚀变，矿化表现为块状 Fe(Mt-Pyr)—Cu 矿化向浸染状 Pb-Zn 矿化到脉型 Pb-Ag 矿化的垂向分带规律。

印支期矽卡岩自内带向外围（西南向东北）分带，为石榴子石、辉石矽卡岩带→辉石、锰钙辉石矽卡岩带→透闪石、绿帘石矽卡岩带，矿化分带为黄铜矿、磁黄铁矿化带→磁黄铁矿、铁闪锌矿化带→闪锌矿、方铅矿化带。

8.1.4 地球物理标志

航磁特征：矿化区表现高磁异常。M2 矿段航磁异常与矿化对应较好，其中一类有长短轴比低（点圆状、馒头状）、强度大的特点。如表 8-1 和图 8-1 中 M3、M5 和 M6 矿段磁异常区，这类磁异常与 M1、M4 矿段磁异常特点十分相似。并且，在地表踏勘中发现，存在蚀变矿化，区内出露的地层岩性建造为碳酸盐岩类（纯大理岩与粉砂质凝灰岩或钙质粉砂岩等），为有利的成矿地层岩性建造，具有一定铅锌矿的找矿潜力。

表 8-1 牛苦头-野马泉地区磁异常特征及异常源定性推断对比

磁异常形态	典型矿床（段）	几何形态	成岩（矿）时代	矿种	异常成因
长轴状	尕林格	长轴状，长：宽比大于 3∶1	印支期（约 235）	磁铁矿为主，伴生少量闪锌矿和方铅矿	由磁铁矿及含磁铁矿地层综合导致
	野马泉 M4	长轴状，长：宽比大于 3∶1	印支期（225~216 Ma）	磁铁矿为主，伴生少量闪锌矿和方铅矿	由磁铁矿及多金属矿相关的矽卡岩导致
	牛苦头 M2	呈 NW—SE 向，长轴状分布，长度约为 4 km，宽度约为 1 km	印支期（216~212 Ma）	磁铁矿和磁黄铁矿为主，伴生少量闪锌矿和方铅矿	由磁黄铁矿、磁铁矿、多金属矿相关的矽卡岩及含矽卡岩地层共同导致
短轴状	牛苦头 M1	短轴状或椭圆状，长度为 950 m，宽度为 450 m，在东南尾部向南拖出 450 m	华力西期（约 365 Ma）	闪锌矿、方铅矿、磁黄铁矿为主，伴生少量磁铁矿	由磁黄铁矿、磁铁矿及多金属矿有关的矽卡岩引起
	牛苦头 M4	异常范围较大，呈椭圆形，轴向 EW 向，东西长度为 2.3 km，南北宽度为 1 km	华力西期（约 362 Ma）	磁铁矿、闪锌矿、方铅矿、磁黄铁矿为主	由磁铁矿、磁黄铁矿及多金属矿有关的矽卡岩引起
	牛苦头 M3	近等轴状，轴向分别为 NE、NW 向，南北长度为 1.5 km，东西宽度为 0.6 km	未知	未知	未知
	牛苦头 M5	呈椭圆形，NW 向展布，长度为 620 m，宽度为 350 m	未知	未知	未知
	牛苦头 M7	等轴状，异常 NW 走向，长度约为 1 km，宽度约为 0.8 km	未知	未知	未知

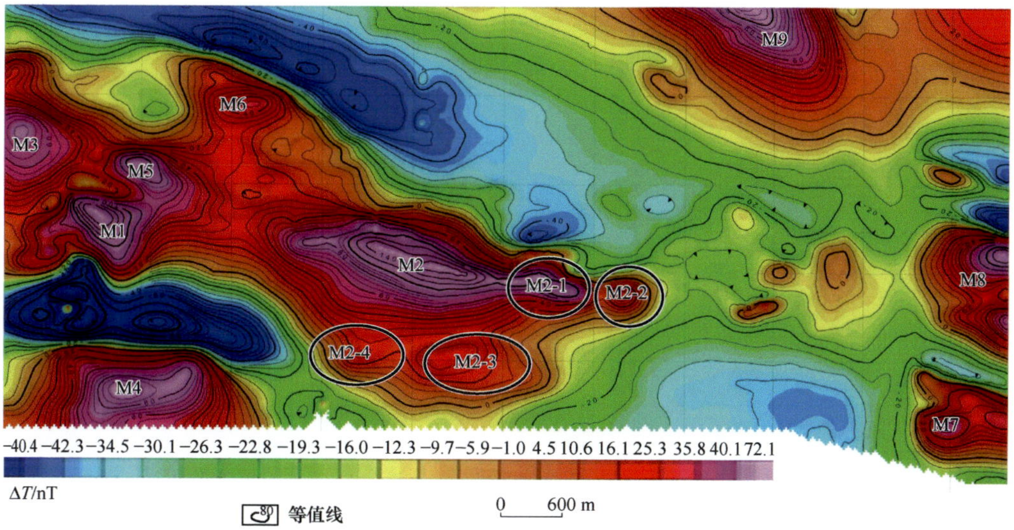

图 8-1　牛苦头矿区航磁异常分布图

高频大地电磁特征：矿化与高频大地电磁低阻异常一致。高频大地电磁测深（MT）能很好地反映深部低阻体的信息，对硫化物矿体找矿有较好的效果，尤其是大深度探测方面的优势明显。

牛苦头 MT1 剖面中，M4 矿段的低阻特点非常明显，M1 矿段也显示较好的低阻信息。其中，M1 与 M4 矿段之间的大断裂也有较明显的低阻异常显示，进而使 M1 矿段较 M4 矿段的异常更加明显。M1 矿段异常受南、北两个断裂的控制，部分地段沉积岩厚度较大，沉积岩中可能含有少量碳质，导致低阻区间的范围明显大于矿体或矽卡岩体的范围。

MT2、MT3 两条剖面皆通过 M2 矿段。MT3 布置于 0 号勘探线剖面上，MT 测量叠合地质剖面后，很清晰地显示出低阻凹陷与地质剖面上由两个断裂夹持的地层完全对应，断裂间的地层、含矿地质体均显示低阻特性，深度达 1000 m，与勘探的结果完全一致。

由此可以说明，MT 高频大地电磁测深剖面的低阻带与硫化物矿体对应较好，可作为找矿标志。

8.1.5　地球化学标志

主要的铅锌铜铁多金属矿分布在祁漫塔格铜锡铋铅多金属异常带内，牛苦头铅锌铁多金属矿区在 AS147 异常区内，主要成矿元素有铜、铅、锌、铁。区内的岩浆热液矽卡岩型矿化的发育程度与铅锌铜锡铁多金属地球化学异常关系密切，可以作为该类矿床的主要找矿评价标志。

8.2　找矿预测远景区圈定

根据本区的矽卡岩型铅锌多金属矿的找矿标志，通过综合研究，圈定区内找矿远景区 3 处：

（1）M1 矿段西侧远景区（Ⅰ）。在化探铅锌铜锡铁地球化学异常区内，物探低阻异常发育，位于 NE 向导矿断裂的向南延伸方向，也正好处于印支期成矿岩体两侧，矿化未完全封闭（见图 8-2）。该区钻探验证已打到厚大磁黄铁矿、闪锌矿矿体和矿化体，是重

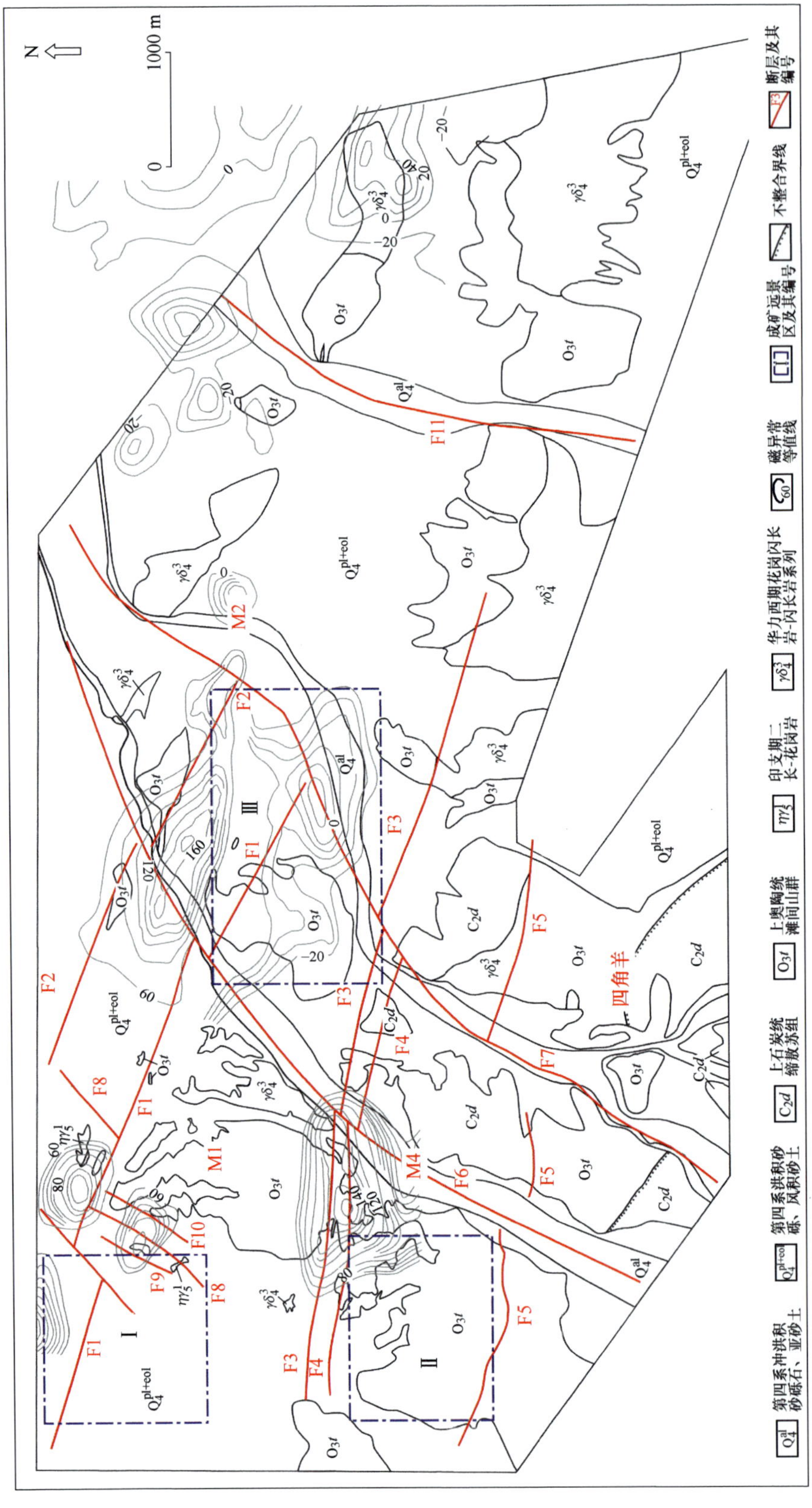

图 8-2　牛苦头-四角羊地区地质简图与成矿预测远景区图

要的找矿远景区。

（2）M4 矿段西南侧远景区（Ⅱ）。在 M4 矿段西南 20~32 号勘探线一带及南部地区，存在铅锌多金属异常，从矿化元素异常分带图来看，该区可能为 M4 矿段第二个矿化中心（第一个矿化中心为 00~16 号勘探线一带）。该区向南为四角羊矿区，四角羊矿区往北矿化并未封闭，可能与之相连接。

（3）M2 矿段南侧远景区（Ⅲ）。区内发育高磁异常，地表已发现蚀变和矿化线索，且处于 F1 断裂以南，其位于整个牛苦头—四角羊地区所划分的硅化、辉石矽卡岩带内，并且以往工程在该远景区已发现磁黄铁矿化、闪锌矿化的存在。

8.3 牛苦头矿区近外围地质条件分析及找矿靶区优选

矿化自然（地质）边界是一个立体的边界。矿区自然边界的确定是矿区找矿预测的关键科学问题，它决定了现有矿区深边部是否具有进一步的找矿前景。牛苦头矿区矿化边界的确定为 2006—2011 年青海省柴达木综合地质矿产勘查院经过系统的钻探控制，基本查明了详查区内铁多金属矿体的形态、规模、产状、厚度和品位及其变化、矿石类型、矿石物质组成、矿石结构构造等特征。求得 M1 矿段 332+333 铜+铅+锌金属量 42 万吨，M4 矿段铜+铅+锌金属量 41.8 万吨，并确定了 M1 矿段为首采区。经过两轮勘查控制的矿化边界是否就是牛苦头矿化区的自然边界，换言之，除了现有的勘查（开采）区段，是否还有进一步的找矿前景，都是需要研究的问题。

研究表明，牛苦头 M1 矿段是一个受 NWW 向与 NE 向断裂控制的两期岩浆-矽卡岩成矿系统，其北部边界为 F1 断裂，南部矿化边界未封边（与 M4 矿段相接），西部矿化边界为牛苦头 M1 矿段 32 号勘探线及以南位置，东部边界为其东部出露的花岗闪长岩岩体及牛苦头沟断裂。M4 矿段受 NWW 向断裂与 NE 向断裂控制，其北部矿化边界为 F3 断裂。其南部与四角羊矿区紧邻，并且矿化向南并未控制，矿化可能延伸至四角羊矿区，因此其南部自然边界未定。东部边界为东侧花岗闪长岩岩体与牛苦头沟断裂，西部边界至少在 79 号勘探线以西部位。

牛苦头矿区近外围找矿靶区主要包括：

（1）M1 矿段西北侧预测靶区（Ⅰ）。该区位于 F1 断裂以南，发育厚层大理岩建造，靠近印支期成矿岩体，低阻异常连续，尤其在 28~32 号勘探线一带，已对低阻异常进行钻探验证，存在矿化，说明该区有寻找铜锌硫化物矿床的潜力。

（2）M1 矿段东北侧预测靶区（Ⅱ）。在 F1 断裂以南 06~18 号勘探线之间的区域，具有寻找铅锌硫化物矿床的可能性。西南侧，尤其是出露印支期斑状花岗岩两侧（见图 8-3），具有探寻铜矿化和铅锌矿化的可能性，这一点从施工的钻孔（ZK0411 和 ZK0307）已经得到初步证实。

（3）M1 矿段东南侧预测靶区（Ⅲ）。该区位于矿体侧伏方向，原认为向东可能不过 07 号勘探线，然而近期在 09 号勘探线发现了大规模的矿化，证明铅锌矿化边界已越过 07 号勘探线，因此向东仍有探寻铅锌矿化的可能性。

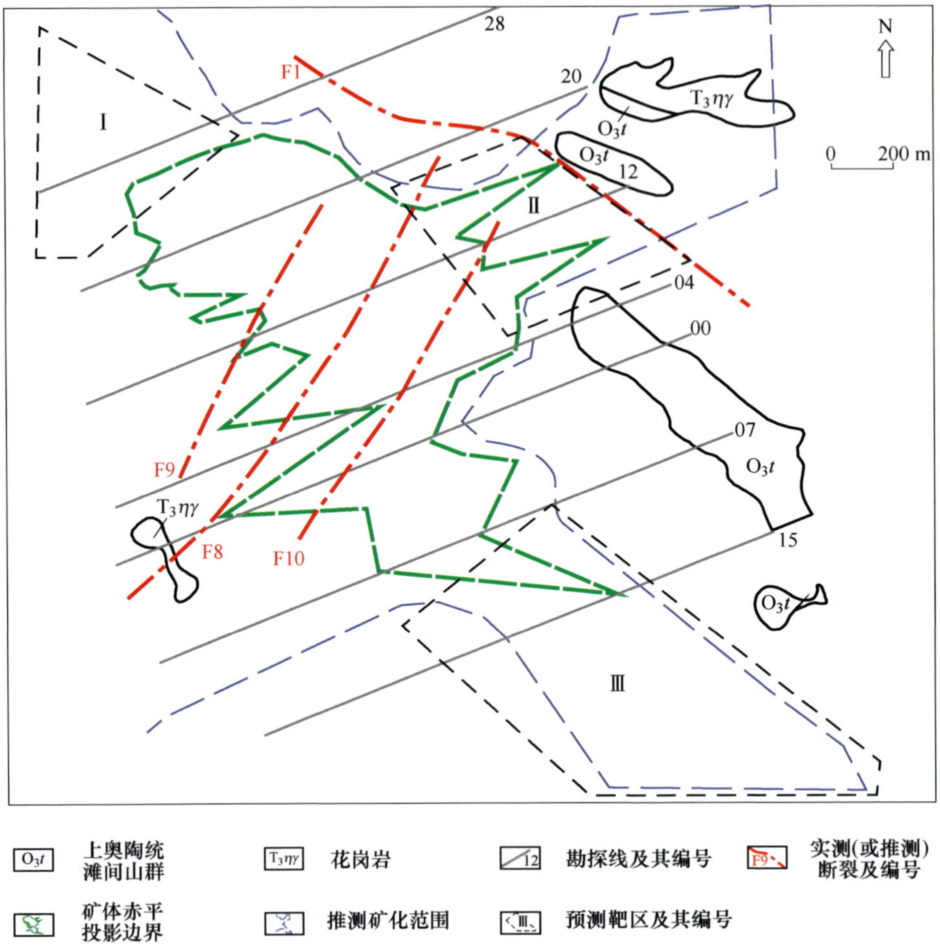

图 8-3　牛苦头矿区 M1 矿段地质简图与成矿预测靶区图

（4）M4 矿段以北预测靶区（Ⅳ）。与 M1 矿段毗邻，可能为深部基底华力西期岩体凹陷的“凹兜”部位。目前，钻孔已证实该区存在矿化与蚀变。M4 矿段东、西两侧，由于钻探未封边，应重视延矿体倾向两侧的追索。

（5）M4 矿段西南侧预测靶区（Ⅴ）。近期证实前期钻探未控制的部位出现厚大锰质矽卡岩和铅锌矿体，中南侧与四角羊之间的空白区，矿体及矿化中断（见图 8-4）。

此外，在 M2356 矿段东，应重视高磁异常内 07 号勘探线以东铅锌矿化的线索，已有的钻孔证实该部位发育有大规模磁黄铁矿等金属硫化物。

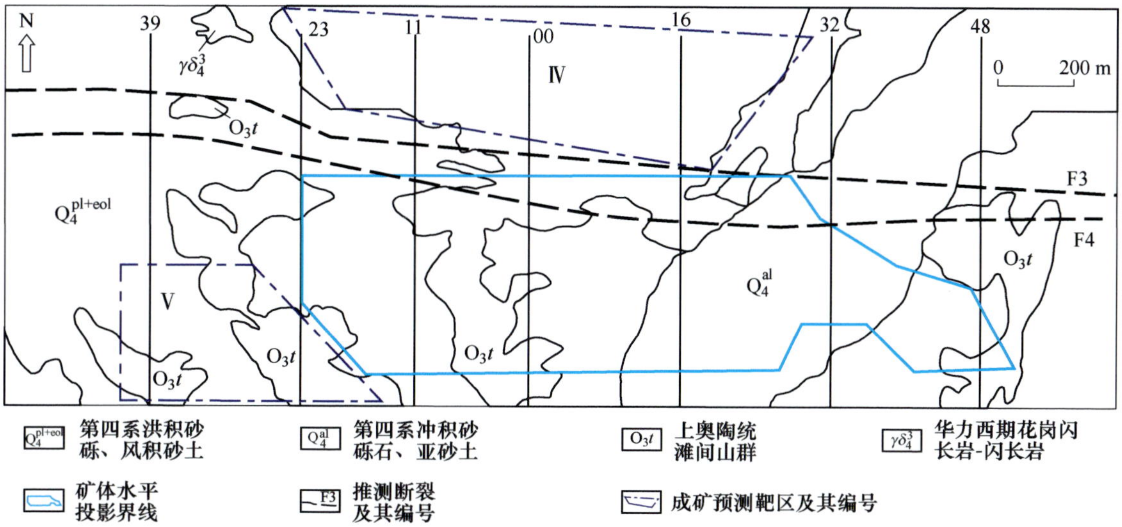

图 8-4 牛苦头矿区 M4 矿段地质简图与成矿预测靶区图

8.4 靶区验证及勘查效果

根据上述找矿预测，矿山及时应用在牛苦头矿区和外围勘查区找矿评价中。在 3 个预测远景区和 5 个找矿靶区内，通过施工验证，取得了良好的找矿效果，实现祁漫塔格成矿带该类型矿床的找矿突破。

9　结　　语

9.1　取得的主要进展与认识

针对祁漫塔格成矿带牛苦头矿区成矿地质条件复杂，成矿具有多期叠加，研究工作程度较低等主要问题，北京矿产地质研究院有限责任公司与矿山一起开展两期成矿岩体和两期矽卡岩分带类型、成矿流体和矽卡岩元素地球化学等成矿理论研究，在总结成矿规律和找矿标志的基础上进行找矿预测，取得了一些新的认识与进展。

（1）创新性提出牛苦头矿区两期岩浆成矿作用，并建立了矿区两期成矿作用找矿模式。1）划分了矿区两期岩浆岩岩石组合，牛苦头矿区发育两期岩浆岩岩石组合，其中早期岩浆岩岩石组合和演化序列为辉长闪长岩→闪长岩→石英闪长岩→花岗闪长岩→二长花岗岩，晚期岩浆岩岩石组合和演化序列为辉长岩→闪长岩→石英闪长斑岩→黑云母花岗闪长岩→斑状花岗岩。2）对两期岩浆岩地球化学性质进行了详细的分析，华力西期成矿岩体为二长花岗岩，地球化学特征表现为：钾质、高钠钙、高钾钙碱性系列，具有准铝质成因，属于I型花岗岩，稀土元素球粒陨石标准化配分曲线略向右倾，也相对富集轻稀土元素，亏损重稀土元素。表现出相对高的Rb/Sr值，显示出较高的分异程度；印支期成矿岩体为斑状花岗岩，地球化学特征表现为高SiO_2、高钾钙碱性系列，Zr+Nb+Ce+Y含量高，显示出A型花岗岩特征，稀土弱负Eu异常，配分曲线略向右倾，相对富集轻稀土元素，亏损重稀土元素。3）理清了两期岩浆岩与成矿之间的关系，早期成矿主要集中于M1、M4、四角羊矿段，自底部岩体至地层，表现出垂向明显矽卡岩分带：石榴子石、辉石矽卡岩带→黑柱石、绿帘石矽卡岩带，主要矿化为磁铁矿化、磁黄铁矿化、闪锌矿化、方铅矿化；印支期成矿作用主要集中于M1和四角羊矿段，自成矿岩体向外，形成一系列侧向蚀变分带，依次为石榴子石带—钙铁辉石带—锰钙铁辉石-黑柱石带—锰钙辉石-黑柱石-绿帘石带，主要矿化为黄铁矿化、黄铜矿化、磁黄铁矿化、闪锌矿化、方铅矿化。4）揭示了两期岩浆岩的成矿时代、成因、地球动力学背景，以及岩浆侵入与成矿作用的关系，华力西期岩浆岩形成于晚泥盆世特提斯洋后碰撞伸展阶段，幔源物质底侵下地壳致使其重熔，两者混合形成早阶段岩体，经分异演化形成成矿岩体，与滩间山群发生接触交代作用，成矿元素Cu、Pb、Zn、Ag富集形成含矿热液，在硅钙面或构造薄弱面卸载，形成铅锌多金属矿化或矿体。印支期岩浆岩形成于晚三叠世后碰撞伸展阶段，壳幔混合作用形成早阶段中基性岩体，经结晶分异形成晚阶段的成矿斑状花岗岩，含矿岩浆热液交代围岩地层，形成一系列晚期矽卡岩化及多金属矿化。

（2）明确了牛苦头矿区关键控矿要素，总结了矿区成矿规律和找矿标志，圈定了找矿远景区和找矿靶区，进行成矿潜力评价。1）确认早期成矿岩体为华力西期晚泥盆世二长花岗岩，晚期成矿岩体为印支期斑状花岗岩。2）厘定了成矿构造与成矿结构面，早期成矿构造为 NE 向断裂，成矿结构面为角岩与大理岩和泥质碎屑岩与大理岩界面，其中角岩与碳酸盐岩互层，即角岩之间的碳酸盐岩空间成矿好（角岩互层隔挡）；晚期成矿构造为层间断裂、地层节理，成矿结构面为岩体与地层接触面。3）识别了矿区两期成矿作用特征标志，华力西期矽卡岩形成了一套内、外矽卡岩组合，自岩体向外依次为蚀变花岗岩→矽卡岩化花岗岩→次生石英岩，矽卡岩矿物组合自内向外依次为钙铁榴石-钙铁辉石→阳起石-透闪石-黑柱石，矿化分带自内向外依次为磁铁矿、磁黄铁矿、铁闪锌矿化→磁黄铁矿、铁闪锌矿、方铅矿、黄铁矿化→浅棕色闪锌矿、方铅矿、黄铁矿化；印支期内矽卡岩化不如早期矽卡岩明显，矽卡岩分带自成矿岩体向外表现为蚀变（含 Cu 矿化）岩体→石榴子石矽卡岩带→钙铁辉石矽卡岩带→锰钙铁辉石、黑柱石矽卡岩带→锰钙辉石、阳起石、绿帘石矽卡岩带。4）总结了该区矽卡岩型铅锌多金属矿找矿标志，开展成矿预测，取得铅锌找矿突破。根据成矿岩体、蚀变矿化分带、矿物组合、地层建造、成矿构造、成矿结构面，总结了矿区成矿规律，构建了矿区两期成矿构造模式，结合地球物理、地球化学特征标志，构建了牛苦头-四角羊综合找矿模式。开展成矿预测，圈定找矿远景区 3 处，找矿靶区 5 处。经初步工程验证，已经获得 Cu+Pb+Zn 金属量 16.5 万吨的找矿突破。

9.2 存在的问题及下一步工作建议

本研究虽然取得了上述一些成果，但有关牛苦头矿区矽卡岩及矿化分带仍然存在争议。例如，目前为止，探矿一直围绕浅部岩浆岩和地层接触带，深部的斑岩矽卡岩成矿系统暂未研究，其牛苦头矿区深边部找矿问题仍值得进一步探索。另外，两期成矿作用的成矿规律需要进一步总结，如晚期矽卡岩流体包裹体的微量元素研究、成矿物质来源、矿物 Re-Os 年代学等基础研究工作仍需补充和深入。两期成矿岩体的成矿作用范围仍然不明确，矿区多数为华力西期岩体，成矿范围可能占据了整个牛苦头地区，然而印支期成矿范围仅仅发现在 M1 矿段露天采场西南侧，岩体虽小但成矿作用较强，该岩体的延伸空间及成矿作用意义重大。因此，印支期岩体成矿作用范围及矿化边界仍然需要进一步探索。最后，针对该矿区地质与地形条件的找矿预测方法组合仍需总结，牛苦头矿区覆盖较强，地表很难采集到蚀变矿化信息，局部地层具有磁性，但很难分辨磁异常是矿致异常还是非矿致异常。今后仍需进一步总结有效的找矿预测方法组合来指导勘查工作。这些问题均有待在下一步工作中继续研究完善。

参考文献

白宜娜，孙丰月，钱烨，等，2016. 青海东昆仑尕林格铁多金属矿床辉石闪长岩 U-Pb 年代学及地球化学特征［J］. 世界地质，35（1）：17-27.

曹永亮，铁樱，祁燕，等，2012. 牛苦头矿区隐伏矿床预测方法及其勘查成果［J］. 西北地质，45（1）：244-248.

谌宏伟，罗照华，莫宣学，等，2006. 东昆仑喀雅克登塔格杂岩体的 SHRIMP 年龄及其地质意义［J］. 岩石矿物学杂志，25（1）：25-32.

丰成友，李东生，屈文俊，等，2009. 青海祁漫塔格索拉吉尔矽卡岩型铜钼矿床辉钼矿铼-锇同位素定年及其地质意义［J］. 岩矿测试，28（3）：223-227.

丰成友，王松，李国臣，等，2012. 青海祁漫塔格中晚三叠世花岗岩：年代学、地球化学及成矿意义［J］. 岩石学报，28（2）：665-678.

丰成友，王雪萍，舒晓峰，等，2011a. 青海祁漫塔格虎头崖铅锌多金属矿区年代学研究及地质意义［J］. 吉林大学学报（地球科学版），41（6）：1806-1817.

丰成友，王雪萍，舒晓峰，等，2011b. 青海祁漫塔格虎头崖铅锌多金属矿区年代学研究及地质意义［J］. 吉林大学学报（地球科学版），41（6）：1806-1817.

高永宝，2013. 东昆仑祁漫塔格地区中酸性侵入岩浆活动与成矿作用［D］. 西安：长安大学：1-226.

高永宝，李文渊，2011. 东昆仑造山带祁漫塔格地区白干湖含钨锡矿花岗岩：岩石学、年代学、地球化学及岩石成因［J］. 地球化学，40（4）：324-336

高永宝，李文渊，钱兵，等，2014. 东昆仑野马泉铁矿相关花岗质岩体年代学、地球化学及 Hf 同位素特征［J］. 岩石学报，30（6）：1647-1665.

耿建珍，李怀坤，张健，等，2011. 锆石 Hf 同位素组成的 LA-MC-ICP-MS 测定［J］. 地质通报，30（10）：1508-1513

耿健，2023. 青海牛苦头矿区两期岩浆岩与成矿研究［D］. 北京：中国地质大学（北京）：1-79.

何书跃，李东生，李良林，等，2009. 青海东昆仑鸭子沟斑岩型铜（钼）矿区辉钼矿徕-锇同位素年龄及地质意义［J］. 大地构造与成矿学，33（2）：236-242.

贾建团，2013. 青海祁漫塔格地区牛苦头铁多金属矿床地质特征研究［D］. 北京：中国地质大学（北京）：1-39.

坚润堂，赵献昆，杨帆，等，2017. 青海牛苦头铁多金属矿床找矿新进展［J］. 矿物学报（增刊）：821-822.

姜齐节，梅友松，1982. 我国大陆中东部基底地层成份分区与金属成矿分区［J］. 地质与勘探，（1）：7-16.

蒋成伍，2013. 青海格尔木市四角羊-牛苦头地区矽卡岩型铁多金属矿矿化特征及成矿模式研究［D］. 北京：中国地质大学（北京）：1-35.

李加多，王新雨，祝新友，等，2019a. 祁漫塔格地区黑柱石的发现及其地质意义——以牛苦头铅锌矿为例［J］. 矿产勘查，10（7）：1550-1558.

李加多，王新雨，祝新友，等，2019b. 蒋斌斌. 青海祁漫塔格华力西期成矿初探——以牛苦头 M1 铅锌矿床为例［J］. 矿产勘查，10（8）：1775-1783.

李荣社，计文化，杨永成，等，2008. 昆仑山及邻区地质［M］. 北京：地质出版社：1-400.

李荣社，计文化，赵振明，等，2007. 昆仑早古生代造山带研究进展［J］. 地质通报，26（4）：373-382.

李世金，孙丰月，王力，等，2008. 青海东昆仑卡尔却卡多金属矿区斑岩型铜矿的流体包裹体研究［J］. 矿床地质，27（3）：399-406.

李世金，孙丰月，王力，等，2009. 青海东昆仑卡尔却卡地区多金属矿区斑岩型铜矿的流体包裹体研究

[J]. 矿床地质，39（3）：400-406.
刘彬，马昌前，张金阳，等，2012. 东昆仑造山带东段早泥盆世侵入岩的成因及其对早古生代造山作用的指示 [J]. 岩石学报，28（6）：1785-1807.
刘建楠，2018. 青海野马泉铁锌矿床多期次构造-岩浆热年代学成矿意义 [D]. 北京：中国地质科学院：4-159.
罗照华，柯珊，曹永清，等，2002. 东昆仑印支晚期幔源岩浆活动 [J]. 地质通报，21（6）：292-297.
吕志成，段国正，董广华，2003. 大兴安岭中南段燕山期三类不同成矿花岗岩中黑云母的化学成分特征及其成岩成矿意义 [J]. 矿物学报，23（2）：177-184.
吕志成，李鹤年，刘丛强，等，2000. 大兴安岭中南段花岗岩中黑云母矿物学地球化学特征及成因意义 [J]. 矿物岩石，20（3）：1-8.
马圣钞，丰成友，张道俊，等，2013. 青海虎头崖矽卡岩型多金属矿床蚀变矿化分带特征研究 [J]. 矿床地质，32（1）：109-121.
毛景文，周振华，丰成友，等，2012. 初论中国三叠纪大规模成矿作用及其动力学背景 [J]. 中国地质，39（6）：1437-1471.
莫宣学，罗照华，邓晋福，等，2007. 东昆仑造山带花岗岩及地壳生长 [J]. 高校地质学报，13（3）：403-414.
宋忠宝，张雨莲，贾群子，等，2014. 东昆仑祁漫塔格地区野马泉地区深部的华力西期花岗闪长岩 U-Pb 年龄及意义 [J]. 现代地质，28（6）：1161-1169.
王秉璋，罗照华，李怀毅，等，2009. 东昆仑祁漫塔格走廊域晚古生代-早中生代侵入岩岩石组合及时空格架 [J]. 中国地质，36（4）：769-782.
王盘喜，郭峰，王振宁，等，2021. 东昆仑祁漫塔格拉陵灶火中游基性变质岩年代学、地质及地球化学特征 [J]. 高校地质学报，27（4）：408-421.
王新雨，王书来，刘明，等，2024. 青海省祁漫塔格牛苦头铅锌矿床年代学与矿物微量元素特征研究 [J]. 地学前缘，https：//doi. org/10. 13745/j. esf. sf. 2024. 11. 27.
王新雨，王书来，吴锦荣，等，2023. 青海省牛苦头铅锌矿床成矿时代和成矿物质来源研究——来自成矿岩体年代学和黄铁矿 Re-Os 地球化学证据 [J]. 西北地质，56（6）：71-81.
王新雨，祝新友，李加多，等，2020. 青海牛苦头矿区锰质黑柱石成因及其地质意义 [J]. 地质学报，94（8）：2279-2290
王新雨，祝新友，李加多，等，2021. 青海牛苦头矿区两期岩浆岩及其矽卡岩型成矿作用 [J]. 岩石学报，37（5）：1567-1586.
王移生，1994. 铁矿床中黑柱石富集特例剖析 [J]. 青海地质，2：19-20.
王玉往，解洪晶，李德东，等，2017. 矿集区找矿预测研究——以辽东青城子铅锌-金-银矿集区为例 [J]. 矿床地质，36（1）：1-24.
吴福元，李献华，杨进辉，等，2007. 花岗岩成因研究的若干问题[J]. 岩石学报，23（6）：1217-1238.
吴锦荣，李加多，王新雨，等，2021. 青海牛苦头矿区两期成矿系统简析 [J]. 矿产勘查，12（4）：934-944.
吴锦荣，王新雨，祝新友，等，2019. 青海迎庆沟铅锌多金属矿床地质特征与成因 [J]. 矿产勘查，10（10）：2558-2564.
吴祥珂，孟繁聪，许虹，等，2011. 青海祁漫塔格玛兴大坂晚三叠世花岗岩年代学、地球化学及 Nd-Hf 同位素组成 [J]. 岩石学报，27（11）：3380-3394.
解洪晶，王玉往，李德东，等，2018. 辽东青城子矿集区双顶沟岩体年代学及地球化学研究 [J]. 地质学报，92（6）：1264-1279.
徐国端，2010. 青海祁漫塔格多金属成矿带典型矿床地质地球化学研究 [D]. 云南：昆明理工大学：

1-159.
徐夕生，邱检生，2010. 火成岩岩石学［M］. 北京：科学出版社：1-346.
许志琴，杨经绥，李海兵，等，2007. 造山的高原—青藏高原的地体拼合、碰撞造山及隆升机制［M］. 北京：地质出版社.
薛宁，安勇胜，李五福，等，2009. 青海野马泉地区正长花岗岩的基本特征及成因［J］. 青海大学学报（自然科学版），27（2）：18-22.
杨宝凯，徐美君，苏旭亮，等，2019. 青海祁漫塔格成矿带骆驼峰铜钼矿床地质特征及成因探讨［J］. 地质学报，93（增刊 1）：12-18.
姚磊，2015. 青海祁漫塔格地区三叠纪成岩成矿作用及地球动力学背景［D］. 北京：中国地质大学（北京）：1-171.
姚磊，吕志成，于晓飞，等，2015. 青海祁漫塔格地区虎头崖矿床Ⅵ矿带花岗岩的成岩时代、地球化学特征和成因［J］. 吉林大学学报（地球科学版），45（3）：743-758.
姚磊，吕志成，赵财胜，等，2016. 青海祁漫塔格地区牛苦头矿床和卡而却卡矿床 B 区花岗质岩石 LA-ICP-MS 锆石 U-Pb 年龄——对泥盆纪成岩成矿作用的指示［J］. 地质通报，35（7）：1158-1169.
于娟，易立文，谢炳庚，等，2020. 青海卡而却卡铜多金属矿床矿石矿物化学成分特征研究［J］. 地质学报，94（12）：3776-3789.
于淼，2017. 青海祁漫塔格尕林格矽卡岩铁多金属矿成矿机理研究［D］. 北京：北京大学：1-377.
于淼，丰成友，刘洪川，等，2016. 青海尕林格地区矽卡岩铁多金属矿床 Fe-Ti 氧化物及其热动力学意义［J］. 地球学报，37（2）：204-214.
张爱奎，2012. 青海野马泉地区晚古生代-早中生代岩浆岩作用与成矿研究［D］. 北京：中国地质大学（北京）：1-144.
张爱奎，莫宣学，袁万明，等，2016. 东昆仑西部野马泉地区三叠纪花岗岩成因与构造背景［J］. 矿物学报，36（2）：157-173.
赵献昆，坚润堂，余璨，等，2018. 青海省牛苦头铁铅锌多金属矿地质特征及找矿标志［J］. 现代矿业，585：10-16.
赵一鸣，丰成友，李大新，等，2013. 青华力西部祁漫塔格地区主要矽卡岩铁多金属矿矿床成矿地质背景和矿化蚀变分带特征［J］. 矿床地质，32（1）：1-19.
赵一鸣，林文蔚，1990. 中国矽卡岩矿床［M］. 北京：地质出版社：1-354.
赵一鸣，谭惠静，许振南，等，1983. 闽西南地区马坑式钙夕卡岩型铁矿床专辑［J］. 中国地质科学院矿床地质研究所所刊，72-75.
赵振明，马华东，王秉璋，等，2008. 东昆仑早泥盆世碰撞造山的侵入岩证据［J］. 地质论评，54（1）：47-56.
钟世华，2018. 新疆维宝铜铅锌矿床成因研究［D］. 北京：中国地质科学院：1-177.
钟世华，丰成友，李大新，等，2017a. 新疆维宝矽卡岩铜铅锌矿床维西矿段矿物学特征［J］. 地质学报，91（5）：1066-1082.
钟世华，丰成友，李大新，等，2017b. 新疆维宝多金属矿区辉绿岩脉 SIMS 年代学和地球化学［J］. 地质学报，91（4）：762-775.
钟世华，丰成友，任雅琼，等，2017c. 新疆维宝矽卡岩铜铅锌矿床维西矿段成矿流体性质和来源［J］. 矿床地质，36（2）：483-500.
周建厚，丰成友，王辉，等，2014. 新疆祁漫塔格于沟子铁多金属矿辉钼矿 Re-Os 年龄及其地质意义［J］. 地质与勘探，50（1）：1-7.
祝新友，李加多，王新雨，等，2019. 牛苦头地区多金属矿矿区成矿规律及成矿预测研究报告［R］. 1-213.
ALDANMAZ E，PEARCE J A，THIRLWALLM，et al.，2000. Petrogenetic evolution of late Cenozoic，post-

collision volcanism in western Anatolia, Turkey [J]. Journal of Volcanology and Geothermal Research, 102 (1): 67-95.

ANDERS M, GREVESSE N, 1989. Abundances of the elements: Meteoritic and solar [J]. Geochimica Cosmochimica Acta, 53: 197-214.

ANDERSEN T, 2002. Correction of common lead in U-Pb analyses that do not report ^{204}Pb. Chemical Geology, 192 (1/2): 59-79.

BALLOUARD C, POUJOL M, BOULVAIS P, et al., 2016. Nb-Ta fractionation in peraluminous granites: A marker of the magmatic-hydrothermal transition [J]. Geology, 44 (3): 231-234.

BARTHOLOMÉ P, EVRARD P, 1970. On the genesis of the zoned skarn complex at Temperino, Tuscany [A]. Problems of Hydrothermal Ore Deposition [C]. International Union of Geological Sciences A, N2. Schweizerbart, Stuttgart, Germany, 53-57.

BAU M, 1996. Controls on the fractionation of isovalent trace elements in magmatic and aqueous systems: evidence from Y/Ho, Zr/Hf, and lanthanide tetrad effect [J]. Contributions to Mineralogy and Petrology, 123 (3): 323-333.

BAU M, 1991. Rare-earth element mobility during hydrothermal and metamorphic fluid-rock interaction and the significance of the oxidation state of europium [J]. Chemical. Geology. 93 (3/4): 219-230.

BONEV I K, VASSILEVA R D, ZOTOV N, et al., 2005. Manganilvaite, $CaFe^{2+}Fe^{3+}(Mn, Fe^{2+})(Si_2O_7)O(OH)$, a new mineral of the ilvaite group from Pb-Zn skarn deposits in the Rhodope Moutntains, Bulgaria [J]. Canadian Mineralogist, 43 (3): 1027-1042.

BURT D M, 1982. Mineralogy and petrology of skarn deposits [J]. Rendiconti Della Societa Italiana Di Mineralohia E Fetrologia, 33 (2): 859-873.

CANDELA P A, 1989. Felsic magmas, volatiles and metallogenesis [A] //WHITNEY J A and NALDRETT A J (eds). Ore depos with magmas [C]. Reviews in Economic Geology, 4: 223-233.

CANDELA P A, 1997. A review of shallow, ore-related granites: Textures, volatiles, and ore metals [J]. Journal of Petrology, 38 (12): 1619-1633.

CAPITANI G C, GROBÉTY H B, MELLINI M, 2003. Reaction sequences, polysomatic faults and chemical compositions of manganese pyroxenoids from Campiglia Marittima skarn [J]. European Journal of Mineralogy, 15 (2): 381-391.

ČERNÝ P, BLEVIN P L, CUNEY M, 2005. Granite-related ore deposits [C]. Economic Geology 100th Anniversary Volume: 337-370.

CERVANTES P, WALLACE P J, 2003. Role of H_2O in subduction-zone magmatism: New insights from melt inclusions inhigh-Mg basalts from central Mexico [J]. Geology, 31 (3): 235-238.

CHAPPELL B W, WHITE A J R, 2001. Two contrasting granite types: 25 years later [J]. Australian Journal of Earth Sciences, 48 (4): 489-499.

CHEN B, ZHAI M G, 2003. Geochemistry of late Mesozoic lamprophyre dykes from the Taihang Mountains, north China, and implications for the sub-continental litho spheric mantle [J]. Geological Magazine, 140 (1): 87-93.

CORSINI F, CORTECCI G, LEONE G, et al., 1980. Sulfur isotope study of the skarn-(Cu-Pb-Zn) sulfide deposit of Valle del Temperino, Campiglia Marittima, Tuscany, Italy [J]. Economy Geology, 75 (1): 83-96.

DELGADO J, SOLER A, 2010. Ilvaite stability in skarns from the northern contact of the Maladeta batholith, Central Pyrenees (Spain) [J]. European Journal of Mineralogy, 22 (3): 363-380.

DIETVORST E J L, 1982. Retrograde garnet zoning at low water pressure in metapeletic rocks from kemio, SW

Finland [J]. Contributions to Mineralogy and Petrology, 79 (1): 37-45.

DOE B R, ZARTMAN H E, 1979. Plumbotectonic, the phanerozoic [M] // Barnes H L. Geochemistry of Hydrothermal Ore Deposits. 2nd. New York: John Wiley: 509-567.

DZIGGEL A, WUL K, KOLB J, et al., 2009. Significance of oscillatory and bell-shaped growth zoning in hydrothermal garnet: Evidence from the Navachab gold depo sit, Namibia [J]. Chemical Geology, 262 (3/4): 262-276.

FLYNN R T, BURNHAM C W, 1978. An experimental determination of rare earth partition coe cients between a chloride containing vapor phase and silicate melts [J]. Geochimical Cosmochimical Acta., 42 (6): 685-701.

GASPAR M, MEINERT L D, MORETTI R, 2008. REE in skarn systems: A LA-ICP-MS study of garnets from the Crown Jewel gold deposit [J]. Geochimical Cosmochimical Acta., 72 (1): 185-205.

GASPARON M, VARNE R, 1998. Crustal assimilation versus subducted sediment input in west Sunda arc volcanics: An evaluation [J]. Mineralogy and Petrology, 64 (1): 89-117.

GRASER G, MARKL G, 2008. Ca-rich ilvaite-epidote-hydrogarnet endoskarns: A record of latemagmatic fluid influx into the persodic Ilímaussaq Complex, South Greenland [J]. Jouranl of Petrology, 49 (2): 239-265.

HASTIE A R, MITCHELL S F, TRELOAR P J, et al., 2013. Geochemical components in a Cretaceous island arc. The Th/La (Ce/Ce) Nd diagram and implications for subduction initiation in the inter-Americanregion [J]. Lithos, 162-163: 57-69.

INGUAGGIATO C, CENSI P, ZUDDAS P, et al., 2015. Geochemistry of REE, Zr and Hf in a wide range of pH and water composition: The Nevado del Ruiz volcano-hydrothermal system (Colombia) [J]. Chemical Geology, 417: 125-133.

JOHNSON M C, RUTHERFORD M J, 1989. Experimental calibration of the aluminous-in-hornblende geobarometer with application to Long Valley caldera (California) volcanic rocks [J]. Geology, 17: 837-841.

KESSEL R, SCHMIDT M W, ULMER P, et al., 2005. Trace element signature of subduction zone fluids, melts and supercritical liquidsat 120~180 km dept. Nature, 437 (7059): 724-727.

KOLB J, 2008. The role of fluids in partitioning brittle deformation and ductile creep in auriferous shear zones between 500 and 700 ℃ [J]. Tectonophysics, 446 (1/2/3/4): 1-15.

LIU C D, MO X X, LUO Z H, et al., 2004. Mixing events between the crust-and mantle-derived magmas in eastern Kunlun: Evidence from zircon SHRIMP Ⅱ chronology [J]. Chinese Science Bulletin, 49 (8): 828-834.

LIU Y S, GAO S, HU Z C, et al., 2010. Continentaland oceanic crust recycling-induced melt-peridotite interactions in the Trans-North China Orogen: U-Pb dating, Hf isotopes and trace elements in zircons from mantle xenoliths. Journal of Petrology [J]. Journal of Petrology, 51 (1/2): 537-571.

MANIAR P D, PICCOLI P M, 1989. Tectonic discrimination of granitoids [J]. Geological Society of America Bulletin, 101 (5): 635-643.

MAZZEO F D, ANTONIO M, ARIENZO I, et al., 2014. Subduction-related enrichment of the Neapolitan volcanoes (SouthernItaly) mantlesource: New constantson the characteristics of the slab-derived components [J]. Chemical Geology, 386: 165-183.

MEINERT L D, DIPPLE G M, NICOLESCU S, 2005. World skarn deposits [C]. Economic Geology 100th Anniversary Volume: 299-366.

MEINERT L D, 1987. Skarn zonation and fluid evolution in the Groundhog mine, Central mining district, New Mexico [J]. Economy Geology, 82: 523-545.

MEINERT L D, 1995. Compositional variation of igneous rocks associated with skarn deposits-chemical evidence for a genetic connection between petrogenesis and mineralization [M] // Thompson J F H, eds. Magmas, fluids and ore deposits. Minera logical Association of Canada Short Course, 23: 401-418.

MEINERT L D, 1993. Igneous petrogenesis and skarn deposits [J]. Geological Association of Canada Special Paper, 40: 569-583.

MISRA K C, 2000. Understanding mineral deposits [M] Springer: 414-449.

MUNOZ J L, 1992. Calculation of HF and HCl fugacities from biotite compositions: Revised equations [J]. Geological Society of American Abstracts with Programs, 24: 221.

PANINO D A E, 1999. What do experiments tell us about the relative contributions of crust and mantle to the origin of granitic magmas [M] //CATRO A, FERNANDEZ C, VIGNE RESSE J L. Understanding Granites: Integrating New and Classical Techniques. Geological Society, London, Special Publications, 168: 55-75.

PARK C Y, SONG Y G, KANG I M, et al., 2017. Metasomatic changes during periodic fluid flux recorded in grandite garnet from the Weondong W-skarn deposit, South Korea [J]. Chemical Geology, 451: 135-153.

PEARCE J A, BENDER J, DE L, et al., 1990. Genesis of collision volcanism in Eastern Anatolia, Turkey [J]. Journal of Volcanology and Geothermal Research, 44 (1): 189-229.

PEARCE J A, HARRIS N B , TINDLE A G, 1984. Trace element discrimination diagrams for the tectonic interpretation of granitic rocks [J]. Journal of petrology, 25 (4): 956-983.

PECCERILLO A, TAYLOR S R, 1976. Geochemistry of Eocene calc-alkaline volcanic rocks from the Kastamonu area, northern Turkey [J]. Contributions to Mineralogy and Petrology, 58 (1): 63-81.

PECCERILLO A, 1998. Relationships between ultrapotassic and carbonate-rich volcanic rocks in central Italy: Petrogenetic and geodynamic implications [J]. Lithos, 43 (4): 267-279.

PENG H J, ZHANG C Q, MAO J W, et al., 2015. Garnets in porphyry-skarn systems: A LA-ICP-MS, fluid inclusion, and stable isotope study of garnets from the Hongniu-Hongshan copper deposit, Zhongdian area, NW Yunnan Province, China [J]. Journal of Asian Earth Sciences, 103 (1): 229-251.

PETFORD N, ATHERTON M, 1996. Na-rich partial melts from newly underplated basaltic crust: The Cordillera Blanca Batholith, Peru [J]. Journal of Petrology, 37 (6): 1491-1521.

POLI G E, TOMMASINI S, 1991. Model for the origin and significance of microgranular enclaves in calc-alkaline granitoids [J]. Journal of Petrology 32, (3): 657-666.

PÉREZ-SOBA C, VILLASECA C, 2010. Petrogenesis of highly fractionated I-typeper aluminous granites: La Pedriza pluton (Spanish Central System) [J]. Geologica Acta, 8 (2): 131-149.

RAPP R P, WATSON E B, 1995. Dehydration melting of metabasalt at 8-32 kbar: Impli cations for continental growth and crust-mantle recycling [J]. Journal of Petrology, 36 (4): 891-931.

REED W P, 1992. Certificate of Analysis: Standard reference materials 610 and 611 [S]. National Institute of Standards and Technology.

RIEDER M, CAVAZZINI G, D'YAKONOV Y S, et al., 1998. Nomenclature of micas [J]. Canadian Mineralogist, 36: 905-912.

ROGULINA L I, SVESHNIKOVA O L, 2008. The Nikolaevsky base-metal skarn deposit, Primorye, Russia [J]. Geology of Ore Deposit, 50 (1): 60-74.

ROMAN D C, CASHMAN K V, GARDNER C A, et al., 2005. Storage and interaction of compositionally heterogeneous magmas from the 1986 eruption of Augustine Volcano, Alaska [J]. Bulletin of Volcanology, 68 (3): 240-254.

SMITH M P, HENDERSON P, JEFFRIES T E R, et al., 2004. The rare earth elements and uranium in garnets from the Beinn an Dubhaich Aureole, Skye, Scotland, UK: Constraints on processes in a dynamic hydrothermal system [J]. Journal of Petrology, 45 (3): 457-484.

SUN S S, MCDONOUGH W F, 1989. Chemical and isotopic systematics of oceanic basalts: Implications for mantle composition and processes [J]. Geological Society, London, Special Publications, 42 (1): 313-345.

UCHIDA E, ENDO S, MAKINO M, 2007. Relationship between solidification depth of granitic rocks and formation of hydrothermal ore deposits [J]. Resource Geology, 57 (1): 47-56.

VAN WESTERNEN W, ALLAN N L, BLUNDY J D, et al., 2000. Atomistic simulation of trace element incorporation into garnets-comparison with experimental garnet-melt partition data [J]. Geochimical Cosmochimical Acta. 64 (9): 1629-1639.

WANG X Y, WANG S L, ZHANG H Q, et al., 2023. Geochemical characteristics of the mineral assemblages from the Niukutou Pb-Zn skarn deposit, East Kunlun Mountains, and their metallogenic implications [J]. Minerals, 13 (18): 1-25.

WANGY H, ZHANG F E, LIU J J, et al., 2016. Genesis of the Fuxing porphyry Cu deposit in Eastern Tianshan, China: Evidence from fluid inclusions and C-H-O-S-Pb isotope systematics [J]. Ore Geology Reviews, 79: 46-61.

WEAVER B L, 1991. Trace element evidence for the origin of ocean-island basalts [J]. Geology, 19 (2): 123-126.

WEIS D, KIEFFER B, MAERSCHALK C, et al., 2006. High-precision isotopic characterization of USGS reference materials by TIMS and MC-ICP-MS [J]. Geochemistry Geophysics Geosystems, 2006, 7 (8): 1-30.

WHALEN J B, CURRIE K L, CHAPPELL B W, 1987. A-type granites: Geochemical characteristics, discrimination and petrogenesis [J]. Contributions to Mineralogy and Petrology, 95: 407-419.

WIEDENBECK M, ALLÉ P, CORFU F, et al., 1995. Three natural zircon standards for U-Th-Pb, Lu-Hf, trace element and REE analyses [J]. Geostandards Newsletter, 19 (1): 1-23.

WOOD S A, 2003. The geochemistry of rare earth elements and yttrium in geothermal waters [J]. Special Publications Society of Economic Geologists, 10: 133-158.

XIA L Q, 2014. The geochemical criteria to distinguish continental basalts from arc related ones [J]. Earth-Science Reviews, 139: 195-212.

XIAO X, ZHOU T F, WHITE N C, et al., 2018. The formation and trace elements of garnet in the skarn zone from the Xinqiao Cu-S-Fe-Au deposit, Tongling ore district, Anhui province, Eastern China [J]. Lithos, 302: 467-479.

YU M, FENG C Y, MAO J W, et al., 2017. The Qiman Tagh Orogen as a window to the crustal evolution in northern Tibetan Plateau [J]. Earth Science Review, 167: 103-123.

YUAN S D, WILLIAMS JONES A E, MAO J W, et al., 2018. The origin of the Zhangjialong tungsten deposit, South China: Implications for W-Sn mineralization in large granite batholiths [J]. Economic Geology, 113 (5): 1193-1208.

ZHONG S H, FENG C Y, SELTMANN R, et al., 2018a. Sources of fluids and metals and evolution models of skarn deposits in the Qimantagh metallogenic belt: A case study from the Weibao deposit, East Kunlun Mountains, northern Tibetan Plateau [J]. Ore Geology Reviews, 93: 19-37.

ZHONG S H, FENG C, SELTMANN R, et al., 2018b. Geochemical contrasts between Late Triassic ore-bearing and barren intrusions in the Weibao Cu-Pb-Zn deposit, East Kunlun Mountains, NW China: Constraints from accessory minerals (zircon and apatite) [J]. Mineralium Deposita, 53 (6): 855-870.

ZHONG S H, FENG C, SELTMANN R, et al., 2017. Middle Devonian volcanic rocks in the Weibao Cu-Pb-Zn deposit, East Kunlun Mountains, NW China: Zircon chronology and tectonic implications [J]. Ore Geology Reviews, 84: 309-327.